清中晚期岭南地区
建筑陶塑屋脊研究

佛山市博物馆　编

王海娜　著

文物出版社

图书在版编目（CIP）数据

清中晚期岭南地区建筑陶塑屋脊研究/王海娜著；
佛山市博物馆编．—北京：文物出版社，2016.5

ISBN 978-7-5010-4584-6

Ⅰ.①清…　Ⅱ.①王…　②佛…　Ⅲ.①建筑装饰－
研究－中国－清代　Ⅳ.①TU-092.49

中国版本图书馆CIP数据核字(2016)第088316号

清中晚期岭南地区建筑陶塑屋脊研究

编　　者：佛山市博物馆
著　　者：王海娜

责任编辑：李　飏
责任印制：陈　杰

出版发行：文物出版社
地　　址：北京市东直门内北小街2号楼
邮　　编：100007
网　　址：http：//www.wenwu.com
邮　　箱：web@wenwu.com
制版印刷：北京荣宝燕泰印务有限公司
经　　销：新华书店
开　　本：787mm×1092mm　　1/16
印　　张：20
版　　次：2016年5月第1版
印　　次：2016年5月第1次印刷
书　　号：ISBN 978-7-5010-4584-6
定　　价：320.00元

从真爱到真懂
——为王海娜博士书序

　　说真话，作为导师，王海娜博士的论文《清中晚期岭南地区建筑陶塑屋脊研究》的写作内容，我真的不懂。既不懂又何以为师，又何以指导写作？因为爱！我真的很爱岭南建筑的独特风格，我真的很爱岭南建筑的装饰艺术。

　　十年前，我第一次来广州，站在陈家祠广场，面对正面排房屋脊上的陶塑时，感到强烈的震撼和深深的感染。数十米长的陶塑屋脊或花鸟树木，或珍禽异兽，或亭台楼阁，或粤剧中的人物故事，琳琅满目，色彩斑斓，美不胜收。陪我参观的市文化局陈玉环副局长告诉我，这些陶塑屋脊是晚清佛山石湾窑制品。

　　说真话，王海娜博士在写作博士论文之前，她也不是很懂其论文的写作内容。既不懂又何以选题，又何以写作？因为爱！她真的很爱岭南独特的建筑风格，她真的很爱岭南独特的建筑艺术。

　　王海娜于2002年从吉林大学硕士毕业后，到佛山市博物馆工作，那时的博物馆在祖庙办公。佛山祖庙与广州陈家祠、德庆龙母庙合称为岭南古建筑三大瑰宝。佛山祖庙始建于宋代，后经明代重修，现存建筑以清代晚期为主，是一组装饰工艺精美的岭南古建筑群。其陶塑屋脊主要装置在三门、前殿、正殿、前殿两廊和庆真楼等建筑的屋顶之上，几乎遍及祖庙建筑群。以戏曲故事为主要题材，兼有珍禽异兽、花草树木，釉色高贵华丽，古朴典雅，经百年风雨，仍光亮如新。六载春秋，出入于祖庙三门，徜徉于祖庙庭院，靓丽多姿的陶塑屋脊无时不撞开眼帘，闯入心扉。

　　岭南的明清古建数量众多，遍布城镇乡村，以此为博士论文的写作对象，分量是足够的。但是真正要研究时就发现，除广州陈家祠、佛山祖庙、德庆龙母庙等少数最著名的建筑外，很少有见诸著录者。《清中晚期岭南地区建筑陶塑屋脊研究》一书的资料，主要来自王海娜博士的田野调查。在论文的资料准备阶段，王海娜田野调查的足迹遍布广东、广西两省和香港、澳门使用陶塑屋脊的地方，调查和记录的清代学宫、庙宇、祠堂、会馆、门楼等古建约计百处。我和王海娜博士一起出的田野主要有三次，一次是2012年国庆期间沿西江西上至广西梧州，沿路主要考察了德庆龙母庙、梧州龙母庙和苍梧粤东会馆；一次是2013年6月去粤东，主要考察了潮州开元寺、饶平张氏大宗祠、三饶城隍庙、揭阳学宫；一次是2013年国庆期间去粤北，主要考察了始兴大成殿、英德白沙邓氏宗祠和韶关南华寺。王海娜读的是在职研究生，她的田野调查更多的是利用节假日，开私家车，老公充当司机的情况下完成的。王海娜大量的田野调查资料主要记录在《岭南地区建筑陶塑屋脊的现状调查》一章以及《清中晚期岭南地区建筑陶塑屋脊现状调查表》、《清中晚期岭南地区建筑陶塑屋脊的生产店号简表》、《岭南地区建筑陶塑屋脊传承店号简表》三个附表中。

在学界研究石湾窑者很多，研究陶塑屋脊者也有一些，然而多是从建筑学的角度和艺术学的角度研究，考古学角度的研究尚无先例。王海娜的考古学博士论文该如何做？那就是要坚持用考古学的理论与方法来指导研究和处理分析材料。

《清中晚期岭南地区建筑陶塑屋脊研究》使用的考古学理论是苏秉琦的区系类型理论，考古学文化的区系类型理论特别强调考古学文化的分区研究，以及区域之间的联系和区别。陶塑屋脊建筑是广府文化在建筑形式上的重要标志，这种建筑形式主要分布在以广州为中心的珠江三角洲地区，以及讲粤语的港澳地区，还有广府人商业活动活跃的西江上游的广西境内；陶塑屋脊建筑与嵌瓷屋脊建筑俨然有别，后者是潮汕文化在建筑形式上的重要标志，主要分布在讲潮汕话的粤东潮汕地区；而主要分布在粤北地区的讲客家话的客家文化的建筑则没有独特的屋脊装饰，其屋脊的装饰采用了广府文化的陶塑屋脊和潮汕文化的嵌瓷屋脊两种形式。

《清中晚期岭南地区建筑陶塑屋脊研究》使用的考古学的方法是考古类型学、考古年代学和历史考古学。类型学的方法研究主要表现在对陶塑屋脊的分类上，首先按照屋脊的位置分为正脊、垂脊、戗脊、角脊、围脊、看脊六类，每类之下再按花鸟、祥瑞动物、器物纹样、戏剧故事人物等装饰题材分为若干型，每型之下再按题材不同分为若干式，这是规范的考古类型学。类型学的研究还体现在对使用陶塑屋脊的建筑分类上，即学宫、庙宇、祠堂、会馆和门楼五类建筑。年代学的方法研究主要表现在对陶塑屋脊的分期和年代的研究上，首先是以有纪年题记的陶塑屋脊为坐标点，确定每型屋脊的式别，发现其演变规律；其次是归纳和总结年代相同或年代接近的陶塑屋脊的风格特征，将其分为三期，即嘉庆至道光早期，道光中期至咸丰时期，同治至宣统时期；最后是根据分期的认识阐发不同时期陶塑屋脊的流行题材，以及由此反映的岭南地区的社会生活。王海娜的硕士研究生是在吉林大学古籍研究所随吕文郁先生读的先秦史，有着比较坚实的文献学功底，这在《岭南地区建筑陶塑屋脊的生产与销售》一章中的历史考古学研究中得到较好的表现。石湾窑陶塑屋脊生产沿革的梳理；石湾窑产品销售的渠道和销往地区的归纳；陶瓷制品的塑形技法、施釉方法和烧窑方法等制作技艺的记述；典型陶窑的形制与结构、燃料的选用和窑温的把控等烧窑方法的总结；陶塑屋脊的花卉瓜果、祥瑞动物、纹样器物、人物故事等诸类题材中的具体题材的出处和含义的逐一考证；石湾窑行会及陶塑屋脊生产店号的创业和生产及歇业时期、生产规模、特色产品、款号形式的深度发掘，等等，都主要是依据乾隆《佛山忠义乡志》、道光《佛山忠义乡志》、民国《佛山忠义乡志》、光绪《南海乡土志》、宣统《南海县志》等地方文献和《明清佛山碑刻文献经济资料》、《香港碑铭汇编》等收入的碑刻材料写成的。

《清中晚期岭南地区建筑陶塑屋脊研究》一书可以说是一部考古学论著，之所以这样讲就是因为本书是以考古学的理论为指导，以考古学的方法为研究方法所做的古建筑材料的研究。在没有或缺乏先例的情况下，对于本书的作者而言是一次尝试，对于学界同仁而言是一例垂范。我本人认为，这次尝试是成功的，垂范是可借鉴的。王海娜本科和硕士学的是历史学，博士是随我读的考古学。在如今的教育体制下，这种跨学科读研读博是一种比较常见的现象。跨学科读研利弊共存，利在于知识结构多元化，适于做跨学科的整合研究；弊在于专业基础薄弱，不易做出纯正的专业研究。王海娜读博期间恶补了考古学的专业知识，博士论文的选题和写作又很好地发挥了史学的基础，于是做出了既使用考古类型学和考古年代学方法研究，又具历史考古学特点的考古学论文。王海娜博士论文的成功写作同时也为本科非专业出身的硕士和博士研究生们做出了垂范，她的成功之处就在于对所研究课题的挚爱和研究过程的刻苦。

岭南建筑的内涵博大精深，王海娜的研究仅是其房屋类建筑的屋顶之屋脊的装饰，权可喻之为沧海一粟，即使是陶塑屋脊的研究也大有深度开掘的必要和可能。诸如：装饰题材中的历史人物和戏剧故事的关系研究，哪些人物表现的是哪一出剧目的哪一情节，该剧目流行的年代如何，该剧目和该装饰题材流行年代的国之大势和民之风情如何？陶塑屋脊题材与嵌瓷屋脊题材的比较研究，相同题材何者出现得早，何者出现得晚，何为影响者，何为接纳者，不同题材又与怎样的文化背景相联系？陶塑屋脊与其文化主人的关系研究，广府商人何时沿西江上溯进入今广西境内，使用陶塑屋脊的建筑形式又是何时出现在今广西境内，两者是否同步？

岭南建筑研究的领域十分广阔，只要王海娜博士对岭南建筑的痴情不渝，沿着这条研究之路一直走下去，就会不断地取得令人瞩目的研究成果。

许永杰

2014年6月22日

目 录

第一章

绪 论

一 选题意义和研究思路

（一） 选题意义

中国建筑文化源远流长，古代建筑的装饰范围极为广泛。古代房屋建筑由屋顶、屋身、台基三部分组成，其中屋顶可分为硬山、悬山、歇山、庑殿、卷棚、攒尖等形制。屋脊是屋顶相对的斜坡或相对的两边之间顶端的交汇线，按照其所处屋顶位置的不同，可分为正脊、垂脊、戗脊、博脊、角脊、围脊等不同类型。由于屋脊位于屋顶最高的位置，是人们远眺或近观的视线焦点，因此成为房屋建筑装饰的重点部位。早在汉代就有用鸱尾作为屋脊上的装饰物，中唐以后演变为鸱吻，自宋代至清代逐渐演变为龙吻。琉璃建筑构件具有吸水率低、表面光洁、雨水流动顺畅、耐风雨侵蚀、色彩绚丽等特点，中国古代重要建筑多用琉璃作为装饰材料。北宋和清代都有对琉璃屋脊装饰构件的使用等级、数量及尺寸的详细规定。北宋李诫编撰了我国第一部建筑技术著作《营造法式》，其中详细地记述了砖、瓦和琉璃的配料及烧制方法。清工部颁布的《工程做法则例》是一本关于建筑的术书，记载了琉璃制作的一些具体操作要求，琉璃屋脊作为建筑装饰，也在规范之列。琉璃屋脊的出现，将屋脊从最初压住瓦片的使用功能，逐渐发展成为以装饰为主并以建筑装饰显示等级地位的多重功能。

岭南地区位于我国南方，北枕五岭，面临大海，是一个相对独立的地理单元。在这种既相对封闭又开放的地理环境中，形成了富有地域特色的自然环境、社会历史、建筑风格。明清时期，岭南地区经济发达，富商大贾们大兴土木，修建学宫、庙宇、祠堂、会馆等大型公共建筑，炫耀于市廛乡里。岭南地区建筑十分注重装饰，广泛采用石雕、砖雕、木雕、灰塑、陶塑、嵌瓷以及彩画等工艺，形成了独特的建筑装饰风格。清中晚期，岭南地区的学宫、庙宇、祠堂、会馆等重要建筑的屋顶上，流行用陶塑屋脊作为装饰。

对清中晚期岭南地区建筑陶塑屋脊进行研究，在了解此时期岭南地区建筑装饰风格的同时，进一步探讨岭南地区建筑风格与地域经济、文化、民系之间的关系，并且为今后岭南地区传统建筑陶塑屋脊的保护与传承提供宝贵的资料和依据——这是开展此课题研究重大意义之所在。

（二） 研究思路

通过对清中晚期岭南地区房屋建筑现存陶塑屋脊进行田野调查，结合历史文献中陶塑屋脊的相关记载，综合运用考古学、历史学、建筑学等多学科知识，开展这一时期岭南地区建筑陶塑屋脊的现存状况、生产与销售、类型学分析、历史分期、地域分布、保护与传承等相关问题研究。

二 研究对象的界定

对象的确立是任何一项科学研究工作的前提和基础。本课题研究选取"清中晚期"这一特定时间，"岭南地区"这一特定地域，"陶塑屋脊"这一特定对象，进行历时性与共时性综合研究。

（一） 地域的界定

"岭南地区"是指五岭以南的广大地区。五岭即大庾、越城、萌渚、骑田、都庞，大体分布在今广西东部至广东东部与湖南、江西交界的地方。《史记·秦始皇本纪》记载："三十三年，发诸尝逋亡人、赘婿、贾人略取陆梁地，为桂林、象郡、南海，以适遣戍。"[1]《晋书·地理志下》亦记载："秦始皇既略定扬越，以谪戍卒五十万人守五岭。自北徂南，入越之道，必由岭峤，时有五处，故曰五岭。后使任嚣、赵他攻越，略取陆梁地，遂定南越，以为桂林、南海、象等三郡。"[2]自此，岭南的范围得以明确。汉武帝平南越后，将其地分置为九郡：南海、苍梧、郁林、合浦、日南、九真、交趾、儋耳、珠崖。三国时，吴国始分交州置广州，以番禺为州治，辖今两广地区的大部。唐代分天下为十道，其地曰

---

[1] 司马迁：《史记》卷六《秦始皇本纪第六》，北京：中华书局，1959年版，第253页。

[2] 房玄龄：《晋书》志第五《地理下》，北京：中华书局，1974年版，第464页。

岭南道。宋代分天下为十八路，其地曰广南东路、广南西路，即今广东、广西，治所分别在广州和桂州。元代，广东境内设立广东道和海北海南道，广东道由江西行省管辖，海北海南道由湖广行省管辖。明代，广东成为十三行省之一，清沿明制。五岭山脉犹如一道天然屏障，把广东、广西与中原地区分隔开来，从而形成了一个北枕五岭、南临南海的地理区域。

岭南地区河网密布，包括珠江水系、韩江水系以及数目众多的沿海水系。岭南地区气候湿热，四季不明显，受季风和台风的影响严重，属热带、亚热带季风气候类型。岭南地区独特的自然地理条件，孕育了独特的岭南文化，直接影响着体现岭南文化特征的岭南建筑的发展。"在所有岭南的建筑中，只有那些具有岭南文化的主导精神和统一风格的建筑，或者说，只有那些具有岭南文化地域性性格的建筑，才称得上岭南建筑。"[1]岭南建筑是中国建筑的重要组成部分，既承袭了中原传统，又融入了自身的创造，具有鲜明的地域特色。本课题研究对象所涉及的岭南地域范围界定在广东、广西两省和港澳地区。

（二）　历史时期的界定

清代自1644年顺治皇帝即位，到1911年宣统皇帝逊位，共计268年。清代是中国封建经济经历了最后的繁荣并走向瓦解、资本主义经济逐渐发展的历史时期，对物质文化、精神文化的发展都产生了巨大的影响，直接影响了建筑的规模、数量、技术、装饰风格等。

清顺治初年至雍正朝，当时国内初定，国力不裕，清初三代帝王在兴造方面皆极为节俭，以实用为主[2]。清雍正时期内政趋于平稳，朝廷着手建立一系列规章制度，并于雍正十二年（1734年）颁布了清工部《工程做法则例》，将当时通行的27种建筑类型的基本构件作法、实在尺寸、工料估计等逐一列出，统一房屋营造标准，加强宫廷内外的工程管理。清代琉璃瓦依尺度可分为十种规格，称"十样"，最大的规格是"一样"，最小的规格是"十样"。现在还没有发现"一样"和"十样"建筑实例，实际使用的仅八种。北京故宫太和殿为明清两代最尊贵最庞大的殿宇，屋顶使用的也仅为"二样"琉璃瓦件。每一样的吻、兽、脊、砖、瓦等琉璃瓦件都有成套的配件，品种繁多，形状复杂[3]。琉璃在颜色方

[1] 唐孝祥：《近代岭南建筑美学研究》，北京：中国建筑工业出版社，2003年版，第15页。

[2] 孙大章：《中国古代建筑史》第五卷《清代建筑》，北京：中国建筑工业出版社，2002年版，第3页。

[3] 李金庆、刘建业：《中国古建筑琉璃技术》，北京：中国建筑工业出版社，1981年版，第83～92页。

面，以黄色最为尊贵，为皇帝专用；绿色次之，用于王府庙宇；蓝、黑、紫、白色瓦各有专用，如紫色用于天坛，黑瓦用在祭祀建筑等。以颜色划分等级在清代建筑中更为鲜明[1]。

乾隆时期，社会经济繁荣，全国各地的土木建筑迅速发展，建筑装饰艺术也丰富多彩。此时，清政府对官民府第房屋的规制限定并不严格，只是沿用明制的三间五架，不许用斗拱、彩绘的规定，至于装修、装饰方面，并无更多的明文禁令[2]。因此，琉璃屋脊等建筑装饰艺术异常繁荣，在官方、民间的建筑装饰中得到广泛的应用和发展。

清代岭南地区经济发达，由于受手工业和商业的带动，岭南地区建筑装饰艺术也独树一帜，石雕、砖雕、木雕、灰塑、陶塑、嵌瓷以及彩画等装饰工艺广泛使用，实用与装饰相结合，形成了独特的岭南地域风格。特别是清中期以后，岭南地区重要建筑的屋顶上，大量采用陶塑屋脊作为装饰，而这一时期的建筑陶塑屋脊实物遗存众多，类型多样，题材丰富，地域特征明显，是研究中国古建筑文化发展史重要的资料。

（三） 陶塑屋脊的命名

琉璃是一种低熔点玻璃质半透明物质，可用作陶瓷釉料。在建筑业中指表面烧结有各种颜色琉璃的陶制建筑材料，如釉料用于陶土砖表面称为琉璃砖，用于陶瓦表面称为琉璃瓦[3]，用于陶制屋脊表面称为琉璃屋脊。

西周以前，中国已经开始有意识地烧制琉璃制品。西汉初期，汉武帝好大喜功，追求豪华，大建宫室、苑囿，促使琉璃工艺得到较快的发展。南北朝时期，琉璃技术得到了真正的长足发展，琉璃的烧制技术已经公开化，琉璃窑也越来越多，琉璃制品被广泛应用于建筑[4]。《太平御览》引《郡国志》言北朝已应用琉璃瓦："朔方太平城，后魏穆帝治也。太极殿琉璃台及鸱尾，类以琉璃为之。"在山西大同北魏故城遗址中，曾发现过一些琉璃瓦的碎片，胎质含细砂，釉作浅绿色，比唐三彩质地稍粗[5]。琉璃在隋、唐、宋、辽时期更为流行。明代的琉璃制作有了更大的发展，皇家的宫廷建筑、陵墓照壁、宗教庙宇、佛塔供器以及器

---

[1] 孙大章：《中国古代建筑史》第五卷《清代建筑》，北京：中国建筑工业出版社，2002年版，第412页。

[2] 孙大章：《中国古代建筑史》第五卷《清代建筑》，北京：中国建筑工业出版社，2002年版，第452页。

[3] 中国大百科全书总编辑委员会：《中国大百科全书·建筑园林城市规划》，上海：中国大百科全书出版社，1988年版，第305页。

[4] 李金庆、刘建业：《中国古建筑琉璃技术》，北京：中国建筑工业出版社，1981年版，第1~2页。

[5] 蒋玄怡：《古代的琉璃》，《文物》1959年第6期。

具饰件，很多都用琉璃制品。其中山西地区的琉璃烧造最为兴盛，包括照壁、塔、建筑屋脊、鸱吻、建筑用瓦等，很多制品上面还留下了制作工匠的姓名[1]。明代还出现了琉璃陶塑艺术，即在塑成的各种形态的陶胎上涂铅釉，烧成如琉璃佛像、仙人、动物、玩偶等形态各异的琉璃工艺品，在艺术上远远超过瓷塑[2]。

　　清中晚期岭南地区建筑陶塑屋脊为釉陶，属于琉璃屋脊的范畴，但更注重陶塑艺术和岭南地域文化特征，工匠用陶土塑造出各种造型来装饰屋脊，题材丰富，形象生动，色彩艳丽，制作精良。陶塑屋脊为广东石湾窑烧制的产品，当地人称其为"花脊"或"瓦脊"，其中以人物作为装饰的又被称为"人物脊"或"公仔脊"，也有人将其统称为"石湾瓦脊"，并把屋脊上面所塑的人物称为"瓦脊公仔"。鉴于本课题是以考古学理论为指导，在中国建筑史的框架下，立足于岭南地区建筑的屋脊实例，因此在研究对象命名上引用"陶塑屋脊"这一通用概念，开展清中晚期岭南地区建筑陶塑屋脊的综合研究。

三　前人成果和研究现状

　　目前，尚未有人对清中晚期岭南地区建筑陶塑屋脊进行过系统的研究。现有的相关的研究主要是从三个角度：一是从建筑学角度对岭南地区建筑陶塑屋脊进行初步论述；二是从广东石湾窑陶塑角度对岭南地区建筑陶塑屋脊进行研究；三是各地文物志中对当地现存个别建筑上的陶塑屋脊进行简单记录。大致情况概括如下：

（一）　研究成果综述

1. 从建筑学角度对陶塑屋脊进行论述

　　由于清中晚期岭南地区陶塑屋脊属于建筑装饰范畴，因此在一些建筑学研究著作和论文中对其进行了简要的介绍和论述。

[1] 中国硅酸盐学会：《中国陶瓷史》，北京：文物出版社，2004年版，第396页。
[2] 李金庆、刘建业：《中国古建筑琉璃技术》，北京：中国建筑工业出版社，1981年版，第7页。

　　李金庆、刘建业的《中国古建筑琉璃技术》[1]一书，以明清两代官式建筑的做法为标准，以北方的一些著名古建筑为实例，介绍了建筑琉璃从烧制到组装的全部工艺过程，对清中晚期岭南地区陶塑屋脊研究具有重要的指导和借鉴意义。

　　孙大章主编的《中国古代建筑史》第五卷《清代建筑》，对岭南地区建筑的代表作佛山祖庙、广州陈家祠的陶塑屋脊进行了介绍。其中关于佛山祖庙的描述为："建筑装饰异常富丽繁琐，各个庙堂的屋脊皆为石湾陶塑制品，脊吻高耸，布满千万人物组成的传说故事，琳琅满目，五彩争辉，就像一册连环画书平展眼前。"关于广州陈家祠的描述为："所有建筑的内外均布满陶塑、灰塑、砖雕、木雕、石刻，有如一座雕刻博物馆。题材除习用的山水、花卉、戏剧人物外，尚有珠海风光、岭南佳果、仙翁神女、亭台楼阁等，是业主的精神意境通过建筑装饰的表现。"[2]

　　陈泽泓的《岭南建筑志》[3]是一本通志体例的岭南建筑史，结合考古发现、史料和建筑实例，对岭南地区建筑的起源和发展做了较完整的综述，也零星地提到了岭南地区个别建筑屋顶上的陶塑屋脊装饰。

　　《岭南古建筑》编辑委员会编辑的《岭南古建筑》[4]一书，只对岭南古建筑进行了概括性的介绍，简单地提及了"陶塑与嵌瓷"装饰手段，并在岭南建筑图录部分保留一些珍贵的陶塑屋脊图片资料。

　　楼庆西在《装饰之道》一书中，对广州陈家祠和广东东莞南社村的谢氏大宗祠陶塑屋脊进行了较为详细的描述，还简要地介绍了石湾窑的陶塑屋脊情况[5]。

　　张驭寰的《中国古建筑装饰讲座》一书，在阐述"重要的建筑、尊贵的装饰——殿顶跑龙"时，介绍了各地文庙的大成殿顶也常做跑龙，列举了广东省梅州市五华县长乐学宫，即"广东五华县城文庙的大成殿，殿顶正脊上有两条跑龙相对，屈身相斗，生动异常。"[6]

　　吴庆洲在《建筑哲理、意匠与文化》[7]一书中，从城市规划、建筑和园林设计，建筑的装饰艺术和文化融合等多个方面探讨建筑的哲理、意匠及其文化内

[1]　李金庆、刘建业：《中国古建筑琉璃技术》，北京：中国建筑工业出版社，1981年版。

[2]　孙大章：《中国古代建筑史》第五卷《清代建筑》，北京：中国建筑工业出版社，2002年版，第475页。

[3]　陈泽泓：《岭南建筑志》，广州：广东人民出版社，1999年版。

[4]　《岭南古建筑》编辑委员会：《岭南古建筑》，广州：广东省房地产科技情报网、广州市房地产管理局出版，（91）穗印准字第0255号，1991年版。

[5]　楼庆西：《装饰之道》，北京：清华大学出版社，2011年版，第167~169页。

[6]　张驭寰：《中国古建筑装饰讲座》，合肥：安徽教育出版社，2005年版，第74页。

[7]　吴庆洲：《建筑哲理、意匠与文化》，北京：中国建筑工业出版社，2005年版。

涵，并引用了广州番禺学宫大成殿、广州陈家祠、佛山祖庙正殿、德庆悦城龙母祖庙等建筑陶塑屋脊的装饰图案。

马素梅的《屋脊上的愿望》[1]，是一本以香港地区中国传统建筑屋脊装饰为例，探讨其文化内涵，注重艺术创作思维与主题教学的著作。包涵了文学、艺术、人类学、历史学、建筑学等内容，对香港地区中国传统建筑的陶塑屋脊进行了大量的文字阐述和图片说明。

刘淑婷的《中国传统建筑屋顶装饰艺术》[2]是一本全面介绍中国传统建筑屋顶装饰艺术的书籍。书中阐述了中国传统建筑屋顶装饰构件、屋顶装饰的材料和工艺、屋顶装饰构件分类、屋顶装饰构件的功能及其文化探源，集知识性与趣味性于一体。书中也包含了岭南地区的广州陈家祠、东莞南社村谢氏大宗祠、佛山祖庙等典型建筑的陶塑屋脊装饰图片和文字介绍资料。

广东民间工艺博物馆、华南理工大学编著的《广州陈氏书院实录》[3]，书中对广州陈氏书院建筑陶塑屋脊进行了详细的介绍，并附有大量图片资料。

广东民间工艺博物馆编著的《陈氏书院建筑装饰中的故事和传说·陶塑》[4]，采用图文并茂的形式，对广州陈氏书院建筑陶塑屋脊的题材内容进行了详细的解释。

佛山市博物馆编著的《佛山祖庙》[5]，对佛山祖庙建筑陶塑屋脊以及佛山祖庙公园内陈列展示的陶塑屋脊，均进行了详细的说明，并附有清晰的图片资料。

程建军的《三水胥江祖庙》[6]一书，以高清照片、手绘纹样以及文字描述等，对广东省佛山市三水胥江祖庙建筑陶塑屋脊进行了详细的介绍。

黄如琅在其文章《明清广府地区屋面瓦作初探》[7]中，对广府地区的琉璃屋脊构件及颜色、筑脊工艺等，均进行了初步的论述。

吴庆洲在文章《中国古建筑脊饰的文化渊源初探》[8]中，考证了不同历史时期的各种脊饰，指出中国古建筑脊饰的发展和演变与中国历史文化的发展密切相关，说明脊饰是中国建筑文化的一个不可缺少的组成部分。

[1]　马素梅：《屋脊上的愿望》，香港：三联书店（香港）有限公司，2002年版。
[2]　刘淑婷：《中国传统建筑屋顶装饰艺术》，北京：机械工业出版社，2008年版。
[3]　广东民间工艺博物馆、华南理工大学：《广州陈氏书院实录》，北京：中国建筑工业出版社，2011年版。
[4]　广东民间工艺博物馆：《陈氏书院建筑装饰中的故事和传说》，广州：岭南美术工业出版社，2010年版。
[5]　佛山市博物馆：《佛山祖庙》，北京：文物出版社，2005年版。
[6]　程建军：《三水胥江祖庙》，北京：中国建筑工业出版社，2008年版。
[7]　黄如琅：《明清广府地区屋面瓦作初探》，华南理工大学硕士学位论文，2011年。
[8]　吴庆洲：《中国古建筑脊饰的文化渊源初探》，《华中建筑》1997年第2、3、4期。

程建军的《岭南古建筑脊饰探源》[1]一文，从图腾崇拜、生活方式与风俗、文化圈特征等角度阐述了影响脊饰内容的文化因素，还探讨了影响脊饰风格的地理经济因素，翔实地论述了岭南建筑脊饰深远的历史渊源。

周彝馨的《岭南传统陶塑脊饰与岭南传统建筑关系研究》[2]一文，以岭南地区陶塑屋脊保存比较完好的广州陈氏书院、佛山祖庙、三水胥江祖庙、德庆悦城龙母祖庙和惠州罗浮山冲虚古观为考察对象，阐述了在与岭南传统建筑空间的关系上，陶塑脊饰首先强化了建筑空间的边界，引导了建筑空间的序列；其次界定了人的心理空间范围；最后营造了建筑空间的氛围，象征了建筑空间的性质。

此外，还有一些对岭南地区建筑个案研究的论文，介绍了岭南地区建筑屋顶上的陶塑屋脊。主要有：陆元鼎的《广州陈家祠及其岭南建筑特色》[3]、吴庆洲的《陈家祠的建筑装饰艺术》[4]和《龙母祖庙的建筑与装饰艺术》[5]、罗雨林的《广州陈氏书院建筑艺术》[6]、梁正君的《广州陈氏书院建筑装饰工艺中的吉祥文化》[7]和《广州陈氏书院建筑装饰工艺中的辟邪物》[8]等。

2. 从石湾窑陶塑艺术角度对陶塑屋脊进行论述

由于清中晚期岭南地区建筑陶塑屋脊是由广东石湾窑烧制的，因此在一些关于石湾窑及其陶塑艺术研究的著作和论文中，对陶塑屋脊或多或少有所论述。主要著作有：陈少丰的《中国雕塑史》[9]、张维持的《广东石湾陶器》[10]、林明体的《石湾陶塑艺术》[11]、佛山大学石湾陶瓷艺术研究课题组编著的《石湾陶瓷艺术史》[12]、佛山市陶瓷工贸集团公司编著的《佛山市陶瓷工业志》[13]、申家仁的

[1] 程建军：《岭南古建筑脊饰探源》，《古建园林技术》1988年第4期。
[2] 周彝馨：《岭南传统陶塑脊饰与岭南传统建筑关系研究》，《顺德职业技术学院学报》2011年第3期。
[3] 陆元鼎：《广州陈家祠及其岭南建筑特色》，《南方建筑》1995年第4期。
[4] 吴庆洲：《陈家祠的建筑装饰艺术》，《广东建筑装饰》1997年第1期。
[5] 吴庆洲：《龙母祖庙的建筑与装饰艺术》，《华中建筑》2006年第8期。
[6] 罗雨林：《广州陈氏书院建筑艺术》，《华中建筑》2001年第3期。
[7] 梁正君：《广州陈氏书院建筑装饰工艺中的吉祥文化》，《岭南文史》2003年第2期。
[8] 梁正君：《广州陈氏书院建筑装饰工艺中的辟邪物》，《东南文化》2003年第6期。
[9] 陈少丰：《中国雕塑史》，广州：岭南美术出版社，1993年版。
[10] 张维持：《广东石湾陶器》，广州：广东旅游出版社，1991年版。
[11] 林明体：《石湾陶塑艺术》，广州：广东人民出版社，1999年版。
[12] 佛山大学石湾陶瓷艺术研究课题组：《石湾陶瓷艺术史》，广州：中山大学出版社，1996年版。
[13] 佛山市陶瓷工贸集团公司：《佛山市陶瓷工业志》，广州：广东科技出版社，1991年版。

《岭南陶瓷史》[1]、中国硅酸盐学会编著的《中国陶瓷史》[2]等。

另外，关于石湾窑及其陶塑作品研究的论文中，也有一些专家、学者对陶塑屋脊进行论述，但多为介绍性文章，均不够详尽和系统。主要有：

李景康的《石湾陶业考》[3]、曾广亿的《石湾窑的起源及其发展》[4]、黄笃维的《石湾人物陶塑初探》[5]、罗雨林的《浅论石湾陶塑艺术的形成与发展》[6]、何炽垣的《陶塑"瓦脊公仔"与粤剧、建筑艺术》[7]、黄松坚的《石湾瓦脊公仔的技艺特色及其发展》[8]、马素梅的《阅读石湾瓦脊：香港"大夫第"的郭子仪》[9]和《佛山祖庙三门上瓦脊装饰的意涵》[10]、王莎维的《佛山陶瓷瓦脊的特点及影响其发展的因素》[11]、李健敏的《屋脊民俗风情画——论石湾瓦脊公仔的艺术》[12]等。

3. 各地文物志中对陶塑屋脊的记录

清中晚期岭南地区建筑陶塑屋脊广泛地分布在广东、广西、香港、澳门等地，这些陶塑屋脊所在的建筑物都具有一定的历史、建筑和艺术价值，被评定为各级文物保护单位，因此在各地文物志中对这一时期的陶塑屋脊也有简要的记录。

（二） 研究现状的分析

清中晚期，陶塑屋脊作为一种兼具实用性和装饰性于一身的建筑材料，在岭南地区重要的建筑上被广泛地使用。但是，这门传统陶塑技艺从其诞生，就主要靠口传心授得以流传，有关的文献史料极为稀缺。此外，陶塑屋脊大多散布在

[1] 申家仁：《岭南陶瓷史》，广州：广东高等教育出版社，2003年版。

[2] 中国硅酸盐学会：《中国陶瓷史》，北京：文物出版社，2004年版。

[3] 广东省文史研究馆：《广东文物》，上海：上海书店，1990年版，第1019～1027页。

[4] 《石湾艺术陶器》编委会：《石湾艺术陶器》，广州：岭南美术出版社，1987年版，第12～22页。

[5] 《石湾艺术陶器》编委会：《石湾艺术陶器》，广州：岭南美术出版社，1987年版，第23～25页。

[6] 罗雨林：《浅论石湾陶塑艺术的形成和发展》，《中国陶瓷》1986年第5期。

[7] 何炽垣：《陶塑"瓦脊公仔"与粤剧、建筑艺术》，《陶瓷科学与艺术》2002年第5期。

[8] 黄松坚：《石湾瓦脊公仔的技艺特色及其发展》，《雕塑》1997年第4期。

[9] 马素梅：《阅读石湾瓦脊：香港"大夫第"的郭子仪》，《石湾陶》2009年第2期。

[10] 马素梅：《佛山祖庙三门上瓦脊装饰的意涵》，《石湾陶》2009年第4期。

[11] 王莎维：《佛山陶瓷瓦脊的特点及影响其发展的因素》，《佛山陶瓷》2009年第7期。

[12] 李健敏：《屋脊民俗风情画——论石湾瓦脊公仔的艺术》，《佛山陶瓷》2008年第12期。

广东、广西、香港、澳门等地的建筑屋顶上，地域空间跨度大，分布零散，全面掌握岭南地区建筑陶塑屋脊材料是相当困难的。目前，关于清中晚期岭南地区建筑陶塑屋脊的研究，仍处于起步阶段，主要表现在个案的研究较多，而整体的综合研究还很薄弱，尚未有人对岭南地区建筑陶塑屋脊进行全面、系统的调查和研究，更没有人深入地探讨其发生、发展和演变的过程以及影响其变化的社会历史因素。改革开放以来，岭南地区经济快速发展，各地都逐渐认识到传统建筑的价值以及保护的重要性，可惜有些陶塑屋脊已被无情地拆除或者错误地修缮。因此，开展清中晚期岭南地区建筑陶塑屋脊的研究是十分必要和迫切的。

四 研究方法

清中晚期岭南地区建筑陶塑屋脊属于建筑装饰范畴，但是仅依赖建筑学的理论框架对其进行研究，显然是不够的。因此，本课题将在考古学的类型学理论指导下，吸纳考古学、历史学、建筑学等各学科的研究成果，通过田野调查获取实物图片资料，拓展研究的视野与方法。

（一） 考古学的区系类型理论

1981年，著名考古学家苏秉琦先生提出了考古学的"区系类型理论"，将我国的新石器时代划分为"陕豫晋邻境地区"、"山东及邻省一部分地区"、"湖北和邻近地区"、"长江下游地区"、"以鄱阳湖—珠江三角洲为中轴的南方地区"和"以长城地带为重心的北方地区"等六个地区，他同时强调："人们所在活动地域的自然条件不同，获取生活资料的方法不同，他们的生活方式也应该是各有特色的。这样，表现在他们的产品，即我们今天接触到的生产工具、生活用器以至其他遗存所表现出的差异也就可以理解了。当时，人们以血缘为纽带，并强固地维系在民族、部落之中。这样，不同的人们共同体所遗留的物质文化遗存有其独特的特征也是必然的。今天我们恰可根据这些物质文化面貌的特征去区分不同的文化类型，同时，通过文化类型的划分和文化内涵的深入了解以及它们之间相互关系的探索，以达到恢复历史原貌的目的。"[1]考古学文化区系类型理论的提出，在中国考古学史上具有划时代的里程碑意义。这一理论提出后，中国考古学便自觉应用这一理论指导考古实践[2]。区系类型理论是考古学重要的理论研究方法之一。

徐苹芳先生进一步提出："秦汉以后中国历史考古学文化分区……强大的政治因素在文化的发展中起了决定性的作用，它同时也成了维系中国历史文化传统的支柱。但是，在全国各地民间（或民族）文化风俗方面，却保留着某些差异，这些差异便构成了历史考古学文化分区的主要内容。……居住建筑形式因气候、地理以及民族习俗之不同，地域差别十分明显。在西北黄土高原上有窑洞居室，东南和西南有干栏式建筑，东南有客家的土楼建筑。但是，中原和北方的土木建筑，一直是中国建筑的主流，初期以夯土承重，后期发展为木结构（梁柱）承重。土木建筑在以长江为界的北方和南方，其细部结构和装饰上也多有不同。宋代以后，在中央政府颁布的《营造法式》的影响下，官式建筑逐步统一。民间在营造保存的地方特色，则成为建筑风格分区的重要标志。"[3]

本课题以考古学的区系类型理论为指导，对清中晚期岭南地区建筑陶塑屋脊进行分类、分期和地域分布研究，并将其整合到由历史、地域和民系等组成的一个大系统内，综合探讨岭南地区建筑陶塑屋脊装饰的地域特征，进一步阐述、剖析当时岭南地区的社会历史、建筑风格和地域民俗，从而促进中国历史考古学文化分区的研究。

（二）　文献收集法

张光直先生认为："在有史时期的考古研究中，古代文字可以给我们的分类以不可或缺的帮助。……要复原古代饮食、祭祀等文化内容，还要结合文献做大量工作。"[4]因此，在本课题的研究过程中，关于清中晚期岭南地区建筑陶塑屋脊的文献资料收集与整理是非常重要的，文献收集法也是课题采取的研究方法之一。

文献收集法即通过查阅有关历史文献、碑刻资料、今人著作、期刊资料以及

[1] 苏秉琦、殷玮璋：《关于考古学文化的区系类型问题》，《文物》1981年第5期。

[2] 许永杰：《黄土高原仰韶晚期遗存的谱系》，北京：科学出版社，2007年版，第9页。

[3] 徐苹芳：《中国历史考古学分区问题的思考》，《考古》2000年第7期。

[4] 张光直：《考古学专题六讲》，北京：文物出版社，1986年版，第65～67页。

其他记载，收集与本课题相关的史料、著作和论文，全面占有文献材料后，再进行具体分析和学术研究的方法。

（三） 田野调查法

田野调查法是一种在文化研究过程中，直接进行实地调查并获取资料的方法，也是考古学、建筑学极为重视的一种方法。

因清中晚期岭南地区建筑陶塑屋脊散布在广东、广西、香港、澳门等地的学宫、庙宇、祠堂、会馆等大型公共建筑上，地域分布广，而相关文献资料的记载极其简略，根本无法满足本课题研究的材料需求。因此，本课题研究需要进行大量田野调查，拍摄岭南地区各种建筑物屋顶上陶塑屋脊的照片，详细记录各建筑物及其陶塑屋脊的现状，丰富研究的实物材料，以弥补文献资料的欠缺和不足。

为了能够较系统地阐述清中晚期岭南地区建筑陶塑屋脊的制作工艺、保护与传承情况，本课题在写作过程中还走访了在陶塑屋脊修复和仿制方面富有经验的陶塑艺人，并请教了一些卓有声望的专家，希望能全面地记录陶塑屋脊的保护与传承的状况。

第二章

岭南地区建筑陶塑屋脊的现状调查

清代官式建筑在庑殿、歇山、悬山、硬山四种基本形制的基础上，通过重檐的组合方式和卷棚的派生方式，逐步形成了区别屋顶等级的九种形制，其高低等级次序为：重檐庑殿、重檐歇山、单檐庑殿、单檐歇山、单檐卷棚式歇山、悬山、卷棚式悬山、硬山、卷棚式硬山（图2-1）。凡属重要的建筑，例如宫殿、学宫、寺庙等主要殿堂多用庑殿顶和歇山顶，学宫、寺庙等的次要建筑以及一般性建筑多用悬山顶和硬山顶。

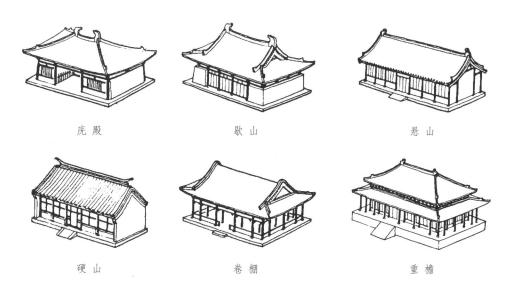

庑 殿　　　　　　　　　歇 山　　　　　　　　　悬 山

硬 山　　　　　　　　　卷 棚　　　　　　　　　重 檐

图2-1　中国古建筑屋顶形式示例[1]

因屋顶造型不同，屋脊也有正脊、垂脊、戗脊、博脊、角脊、围脊之分（图2-2）。正脊是屋顶前后两个斜坡相交而成的屋脊。垂脊是庑殿顶正面与侧面相交处的屋脊，歇山顶、悬山顶和硬山顶的建筑上自正脊两端沿着前后坡向下，都叫垂脊。清代官式建筑以垂兽为界，分为两大段，其中垂兽以前的部分叫兽前，垂兽以后的部分叫兽后。在垂兽之前有一排走兽作为装饰，位于最前端的是一位骑在鸡上的仙人，仙人之后排列着一系列的走兽，其顺序依次为龙、凤、狮子、天马、海马、狻猊、押鱼、獬豸、斗牛、行什，使用多少个走兽要视建筑物本身的等级而定，但必须是三、五、七、九等单数，最少的只有一个。只有北京故宫太和殿垂脊上排列着十个琉璃走兽，为清制最高等级（图2-3）。地方建筑仍按照本地习惯，多不从清代官制。但是，卷棚歇山顶、悬山顶、硬山顶，因其等级

[1]　图片源自刘敦桢：《中国古代建筑史》，北京：中国建筑工业出版社，1984年第2版，第15页。

较低，一般不安置垂兽。戗脊是歇山顶自垂脊下端至屋檐部分、与垂脊在平面上成45度角的屋脊。戗脊上也安放戗兽，以戗兽为界，分为兽前和兽后两大段。博脊是歇山顶建筑在山花板与其下山面屋面相交处平置的屋脊。角脊是指垂脊的垂

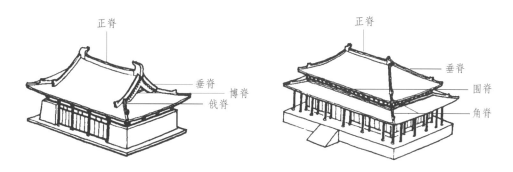

图2-2　中国古建筑屋脊形式示例

图2-3　北京故宫太和殿垂脊上的琉璃走兽

兽之前的三分之一部分，庑殿顶或重檐歇山顶下层檐的四角，亦称角脊。围脊是重檐式建筑的下层檐和屋顶相交的屋脊。清代官式建筑屋顶上的各类屋脊均采用琉璃构件，等级繁多，形制复杂。

清中晚期，岭南地区政治比较安定，经济十分繁荣，岭南建筑文化也形成了具有鲜明地方特色的体系，学宫、庙宇、祠堂、会馆等大型公共建筑组群在各地陆续兴建或维修。岭南地区建筑较多采用歇山顶、硬山顶，学宫、庙宇等重要建筑的主殿则采用重檐歇山顶，并大量使用陶塑屋脊作为装饰。岭南地区建筑的陶塑屋脊除正脊、垂脊、戗脊、角脊、围脊等不同类型外，还有看脊。所谓看脊就是安装在建筑物院落两侧墙上的装饰脊。这些屋脊都是由一块块分段烧制的陶塑构件拼接而成，没有官式琉璃屋脊构件那么繁复，装饰题材也相当丰富；没有官式琉璃屋脊构件那么严肃，既承袭了官式做法的技术规范，又融入了岭南地区的民俗风情。此外，在岭南地区建筑的墀头上，也流行用陶塑作为装饰。笔者实地调查获取的清中晚期岭南地区建筑陶塑屋脊的现状资料，按照其所在建筑物的类别初步整理如下。

一 学宫建筑

学宫也称孔庙、文庙，是古代祭祀孔子和教育生员的场所。孔子逝世后，众弟子在他的老家陬邑（今山东曲阜东南）"立庙旧宅，置卒守，岁时奉祀"。汉代开创了孔庙与学堂相结合的先河，"凡始立学者，必释奠于先圣、先师"[1]。唐贞观四年（630年），太宗下诏要求全国各州县建立孔庙，奠定了孔子作为天下儒学正宗先师的至尊地位。宋代正式形成"庙学合一"的体制，在全国各地的州县都设有学宫，学宫里供奉孔子像。

元、明、清三朝，全国各地孔庙形制依循山东曲阜孔庙，一般位于各地的府、州、县城中，其建筑规模和标准虽有所差别，但在当地都属于很高的。地方官学孔庙的基本制度是：大成殿居中，前有月台，殿前左右设东西庑，殿前为大成门（也称为戟门），再前为棂星门和万仞宫墙照壁，泮池位于棂星门内外，崇

---

[1] 孙希旦：《礼记集解》《文王世子第八》，北京：中华书局，1989年版，第560页。

圣祠位于大成殿的北部或东北[1]。各地也可以根据具体情况，增加孔庙中的建筑物，从而形成地方风格特色。清代是学宫发展的鼎盛时期，现存的孔庙建筑基本都是这一时期的遗存。

岭南地区学宫的核心建筑为大成殿。由于岭南地处亚热带气候，炎热多雨，空气潮湿，因此各地学宫的大成殿一般为通透的重檐歇山顶建筑形制。有些学宫建筑的屋顶上，使用陶塑屋脊作为装饰，具有鲜明的岭南地域风格。

（一）　广东地区学宫建筑

1. 番禺学宫

番禺学宫[2]位于广东省广州市越秀区中山四路42号，清代以前为番禺县的县学和祭祀孔子的文庙。据清同治年间《番禺县志》记载，学宫创建于宋淳祐元年（1241年），后来被毁。明洪武三年（1370年），由知县吴忠、训导李昕建于东城内，后被火焚毁；洪武十三年（1380年）于本址重建，为当时番禺地区最高学府，建成后再次被火焚毁，大部分建筑被毁坏；清乾隆十二年（1747年）、道光十五年（1835年）、光绪三十三年（1907年）曾进行大规模重修。番禺学宫大体上保留了清代的建筑风格，广三路，深五进，布局规整。现左右两路除尚存明伦堂、光霁堂外，大部分建筑已毁坏。中路现存棂星门、泮池拱桥、大成门、大成殿、崇圣殿及东西廊庑。1926年，毛泽东同志在此举办农民运动讲习所第六期，1953年被辟为广州农民运动讲习所旧址纪念馆。1961年，广州农民运动讲习所旧址被公布为全国重点文物保护单位。

（1）大成门陶塑正脊、垂脊

番禺学宫大成门面阔五间，进深两间，硬山顶，黄色琉璃瓦屋面（图2-4）。

正脊下方为灰塑，在灰塑的上方装饰有一条双面龙纹、花卉图案陶塑屋脊，分为上、下两层。该脊下层由31块陶塑构件拼接而成，正面中间一块为鲤鱼跳龙门图案；两侧对称依次各为四块一组的云龙纹，一块内嵌"寿"字的镂空方框，四块一组的牡丹花鸟图案，一块内嵌蝙蝠祥云图案的镂空方框，三块一组的花卉图案，其中左侧为荷花，右侧为兰花；两侧脊端对称各为两块一组的夔龙纹。下层背面中间一块为鲤鱼跳龙门图案；两侧对称依次各为四块一组的云龙纹，一块内嵌"寿"字的镂空方框，四块一组的牡丹图，一块内嵌蝙蝠祥云图案的镂空方

---

[1] 张亚祥、刘磊：《孔庙和学宫的建筑制度》，《古建园林技术》2001年第4期。

[2] 《广州市文物志》编委会：《广州市文物志》，广州：岭南美术出版社，1990年版，第174~175页。

图2-4 番禺学宫大成门（由南往北）

图2-5 番禺学宫大成殿（由南往北）

框，三块一组的花卉图案，其中左侧为梅花，右侧为菊花；两侧脊端对称各为两块一组的夔龙纹。上层中间为双鱼、花卉、宝珠脊刹，左右两侧对称各为一条相向倒立的陶塑鳌鱼。

　　四条垂脊分别由七块卷草纹图案的陶塑构件拼接而成，脊角向上翘起，呈卷尾状，在两条垂脊相交处各共用一块祥云纹屋脊构件。在垂脊脊角的前方各安装有一只陶塑狮子。

(2) 大成殿陶塑正脊、垂脊、戗脊

大成殿是番禺学宫的主体建筑，建在1米多高的石台基上，四周用石栏杆环绕。大成殿规模较大，面阔五间约25米，进深三间约14米，高约13米，单檐歇山顶，黄色琉璃瓦屋面（图2-5）。

正脊下方为灰塑，在灰塑的上方装饰有一条双面花卉陶塑屋脊，分为上、下两层。下层由23块陶塑构件拼接而成。下层正面中间15块为牡丹花卉图案，其中左侧外端塑有"光绪戊申"（1908年）年款，右侧外端塑有"文如璧造"店号；两侧对称依次各为一块内嵌蝙蝠捧双桃图案的镂空方框，一块内嵌暗八仙的镂空方框，两侧脊端对称各为两块一组的夔龙纹。下层背面中间15块为缠枝牡丹花卉图案，其中左侧外端塑有"光绪戊申"（1908年）年款，右侧外端塑有"文如璧造"店号；两侧对称依次各为一块内嵌蝙蝠捧双桃图案的镂空方框，一块内嵌暗八仙的镂空方框；两侧脊端对称各为两块一组的夔龙纹。屋脊上层中间为卷草纹、宝珠脊刹，左右两侧对称各为一条相向的三拱跑龙、一条灰塑鲤鱼、一条相向倒立的陶塑鳌鱼。

四条垂脊分别由10块卷草纹图案的陶塑构件拼接而成，脊角向上翘起，呈卷尾状，在两条垂脊相交处各共用一块祥云纹陶塑。在垂脊脊角的前方，各安装有一只陶塑狮子。

四条戗脊分别由九块卷草纹图案的陶塑构件拼接而成，脊角向上翘起，呈卷尾状。在戗脊脊角的前方，各安装一只陶塑狮子。

(3) 崇圣殿陶塑正脊、垂脊、戗脊

崇圣殿面阔五间，进深三间，单檐歇山顶，黄色琉璃瓦屋面（图2-6）。

图2-6　番禺学宫崇圣殿（由南往北）

正脊下方为二龙戏珠图案的灰塑，在灰塑上方装饰有一条双面花卉陶塑屋脊，分为上、下两层。下层由23块陶塑构件拼接而成，正面、背面构图相同。正面中间九块为牡丹花鸟图案，两侧对称依次各为一块内嵌博古架、花瓶、瓜果的镂空方框，三块一组的花卉图案，其中左侧为荷花、石榴，右侧为菊花、茶花，一块内嵌蝙蝠祥云图案的镂空方框；两侧脊端对称各为两块一组的夔龙纹。上层中间为鳌鱼、花卉、宝珠脊刹，两侧对称各为一条相向倒立的陶塑鳌鱼。

四条垂脊分别由九块卷草纹图案的陶塑构件拼接而成，脊角向上翘起，呈卷尾状，在两条垂脊相交处各共用一块祥云纹陶塑构件。在垂脊脊角的前方各安装有一只陶塑狮子。

四条戗脊分别由11块卷草纹图案的陶塑构件拼接而成，脊角向上翘起，呈卷尾状。在戗脊脊角的前方，各安装有一只陶塑狮子。

（4）东、西廊庑陶塑正脊、垂脊

番禺学宫东、西两侧廊庑的屋顶正脊上分别装饰有一条陶塑屋脊。这两条屋脊均由49块陶塑构件拼接而成，中间45块为牡丹花鸟图案，两侧对称各为两块一组的夔龙纹。东、西两侧廊庑的四条垂脊各由四块蝙蝠花卉图案陶塑构件拼接而成，脊角向上翘起，呈卷尾状，在两条垂脊相交处各共用一块祥云纹陶塑。

2. 增城学宫

增城学宫位于广东省广州市增城区荔城街文化路11号原区政府大院内，始建于南宋开禧元年（1205年），曾于宋末和明洪武十四年（1381年）两次毁于兵灾。从明永乐朝起的历朝历代均有重修、改建或扩建，至清光绪十四年（1888年）对学宫进行了一次有史以来最大规模的改建和扩建，整体建筑群雄伟壮观。日军侵占增城后，学宫遭日军破坏及飞机轰炸，新中国成立时仅存一间大成殿。增城学宫大成殿坐西北向东南，面阔五间，悬山顶，黄色琉璃瓦屋面，两侧为配殿，总面阔36.7米，进深两间10.7米[1]。1984年，增城学宫被公布为增城县文物保护单位。

增城学宫大成殿正脊装饰有一条双面陶塑屋脊。该脊由31块陶塑构件拼接而成，正面、背面图案相同。中间25块均为二龙戏珠图案；两侧脊端对称各为三块一组的卷草纹，脊角向上翘起，呈龙船状。屋脊的两侧还各装饰有一块相向的夔龙纹陶塑。从屋脊上层残存的痕迹判断，原先中间应有宝珠脊刹、两侧应为跑龙和鳌鱼。

---

[1] 增城学宫资料由广东省第三次全国文物普查办公室负责人提供。

增城学宫大成殿四条垂脊分别由八块卷草纹陶塑构件拼接而成，两侧的脊角向上翘起，呈卷尾状。其中两侧垂脊相交之处，还共用一块卷草纹陶塑构件。

3. 从化学宫大成殿

从化学宫大成殿位于广东省广州市从化区街口镇从化中学校园内，为明弘治八年（1495年）知县刘宏所建，清代重修，殿前屋檐下的"万世师表"横匾为清康熙二十三年（1684年）颁制。从化学宫原为一座规模宏大的群体建筑，有棂星门、泮池石桥、戟门、祭庭、大成殿、崇圣殿，还有乡贤祠、名宦祠，两侧有廊庑、斋房，四周建有宫墙。现仅存大成殿，面阔五间12米，进深五间10米，高15米，重檐歇山顶，檐廊置附阶周匝，1992年重修[1]。1993年，从化学宫大成殿被公布为广州市文物保护单位。

从化学宫大成殿正脊装饰有一条双面陶塑屋脊，分为上、下两层。下层由17块陶塑构件拼接而成，正面、背面图案相同。中间15块均为二龙戏珠图案，两侧脊端对称各为一块卷草纹陶塑，脊角向上翘起，呈龙船状。上层中间为宝珠脊刹，两侧对称各为一条相望的三拱跑龙和一条相向倒立的鳌鱼。从崭新的釉色可以看出，应为1992年重修时新塑。

4. 始兴大成殿

始兴大成殿位于广东省韶关市始兴县太平镇始兴中学校园内，始建于南宋嘉定年间（1208～1224年），清乾隆四十六年（1781年）拆旧新建。大成殿坐东北向西南，面阔三间，月台高出地面0.8米，四周走廊置石柱，面阔20.2米，进深13.9米，高13.8米，卷棚重檐硬山顶。前有金水桥，后有明伦堂[2]。1990年，始兴大成殿被公布为始兴县文物保护单位。

始兴大成殿屋顶正脊装饰有二龙戏珠陶塑。屋脊中间为莲花托黄宝珠脊刹，两侧对称各为一条黄色的跑龙。从宝珠脊刹和跑龙古朴、简洁的造型推断，其大概为清嘉庆时期（1796～1820年）的风格。

5. 兴宁学宫

兴宁学宫位于广东省梅州市兴宁市兴民中学内，始建于明洪武四年（1371年），明成化三年（1467年）重建，此后历经多次重修和扩建。学宫现存主体建

[1]　杨森：《广东名胜古迹辞典》，北京：北京燕山出版社，1996年版，第127页。
[2]　始兴大成殿资料由广东省第三次全国文物普查办公室负责人提供。

图2-7　兴宁学宫大成殿（由南往北）

筑坐北朝南，为清道光年间（1821～1850年）所建，现保留有棂星门、泮池、大成门、大成殿、尊经阁、东西廊庑等，是粤东北地区保存最完好、结构最全、建筑面积最大的学宫建筑。1989年，兴宁学宫被公布为广东省文物保护单位。

（1）大成门陶塑正脊

兴宁学宫大成门面阔三间，硬山顶。正脊为双面陶塑屋脊，分为上、下两层。下层由41块陶塑构件拼接而成，正面与背面的图案相同，中间37块均为草龙纹图案，两侧脊端对称各为两块一组的卷草纹，脊角向上翘起，呈龙船状。上层装饰有两条相向倒立的陶塑鳌鱼。从崭新的釉色可以判断，应为近年重修时新塑。大成门屋顶的四条垂脊为双面灰塑脊，上面为嵌瓷花鸟图案。

（2）大成殿陶塑正脊

大成殿是兴宁学宫的主体建筑，面阔五间，进深五间，重檐歇山顶，黄色琉璃瓦屋面（图2-7）。屋顶正脊为双面陶塑屋脊，分为上、下两层。下层由39块陶塑构件拼接而成，正面与背面的图案相同，中间35块均为草龙纹图案，两侧脊端对称各为两块一组的卷草纹，脊角向上翘起，呈龙船状。上层中间为葫芦脊刹，两侧对称各为一条相向倒立的陶塑鳌鱼。从崭新的釉色可以判断，应为近年重修时新塑。大成殿上层檐的四条垂脊和下层檐的四条角脊均为双面灰塑脊，上面为嵌瓷花鸟图案。

6. 长乐学宫

长乐学宫位于广东省梅州市五华县长乐镇（今华城镇）五华中学校园内，始建于宋朝，后随县治迁徙、天灾人祸等有所变迁和重建。元代元贞年间（1295～1297年），再建于长乐镇西门外，后毁于战乱。明洪武三年（1370年）

重建，明成化五年（1469年）建成坐落于长乐镇城内紫禁山下的长乐学宫。清同治六年（1867年）因洪水冲崩殿宇，复在原址重建。长乐学宫坐北向南，左右对称，规模宏伟，设有照壁、棂星门、泮池、大成门、大成殿、明伦堂、崇圣殿、东庑、西庑、尊经阁等，是嘉应地区规模最大的学宫。1989年，长乐学宫被公布为广东省文物保护单位。

（1）大成门陶塑正脊

长乐学宫大成门面阔三间，硬山顶，黄色琉璃瓦屋面。大成门正脊为双面陶塑屋脊，分为上、下两层。下层由25块陶塑构件拼接而成，正面与背面的图案相同，中间23块为花卉纹图案，从中间向左侧数第八块方框内有"同治七年"（1868年）年款，向右侧数第八块方框内有"奇玉造"店号款识；两侧脊端对称

图2-8　长乐学宫大成殿（由南往北）

各为一块卷草纹，脊角向上翘起，呈龙船状。上层中间为莲花、红宝珠脊刹，两侧对称各为一条相向倒立的陶塑鳌鱼。

（2）大成殿陶塑正脊

大成殿是长乐学宫的主体建筑，面阔五间约24米，进深六间约20米，殿高10米，重檐歇山顶，黄色和孔雀蓝琉璃瓦屋面（图2-8）。屋顶正脊为双面陶塑屋脊，分为上、下两层。下层由25块陶塑构件拼接而成，正面与背面图案相同，中间23块为牡丹花卉纹，从中间向左侧数第八块方框内有"同治七年"（1868年）年款，向右侧数第八块方框内有"奇玉造"店号；两侧脊端对称各为一块卷草纹，脊角向上翘起，呈龙船状。上层装饰有二龙戏珠陶塑，中间为红色宝珠脊刹，两侧对称各为一条相望的二拱跑龙、一条相向倒立的陶塑鳌鱼。

7. 新会学宫

新会学宫又称孔庙、文庙，位于广东省江门市新会区马山西侧，始建于北宋庆历四年（1044年），当时是按照山东曲阜孔庙布局，因地制宜建造。元代毁于兵乱，明洪武三年（1370年）重建，以后历代均有重修。1939年遭受日军破坏，仅存棂星门、化龙桥、泮池和大成殿。1956年维修，并在原遗址上重建大成门、

图2-9　新会学宫大成殿（由南往北）

东西廊庑和尊经阁[1]。1989年，新会学宫被公布为广东省文物保护单位。

（1）大成殿上层檐陶塑正脊、垂脊、戗脊

新会学宫大成殿面阔七间，进深五间，重檐歇山顶，黄色琉璃瓦屋面（图2-9）。大成殿正脊装饰有一条双面陶塑屋脊，分为上、下两层。下层由33块陶塑构件拼接而成，正面、背面图案相同，中间25块均为镂空的二龙戏珠图案；两侧对称依次各为一块蝙蝠图案，左侧塑有"咸丰辛酉"（1861年）年款，右侧塑有"如壁店造"店号；两侧脊端对称各为三块一组的草龙纹，脊角向上翘起，呈龙船状。屋脊的两端还各装饰有一块相望的凤凰衔书陶塑。上层中间为双夔龙、花瓶、蝙蝠托起的红宝珠脊刹，东西两侧对称各为一条相望的三拱跑龙。

新会学宫大成殿上层檐四条垂脊分别由15块卷草纹陶塑构件拼接而成，两侧

[1]　笔者根据2007年10月12日在新会学宫调查时，所见新会学宫院内《广东省文物保护单位新会学宫》碑文资料整理。该碑由新会市人民政府于1996年5月所立。

的脊角向上翘起，呈卷尾状。

新会学宫大成殿上层檐四条戗脊分别由三块卷草纹陶塑构件拼装而成，两侧的脊角向上翘起，呈卷尾状。

（2）大成殿下层檐陶塑角脊

新会学宫大成殿下层檐四条角脊分别由七块卷草纹陶塑构件拼装而成，两侧的脊角向上翘起，呈卷尾状。

（二） 广西地区学宫建筑

1. 恭城文庙

恭城文庙位于广西壮族自治区桂林市恭城县西山南麓，是广西地区保存最完整的孔庙。恭城文庙创建于明永乐八年（1410年），原址在恭城县城西北凤凰山，明成化十三年（1477年）迁至县西黄牛岗，即今天的地址。清康熙四十年（1701年）重修，清道光二十三年（1843年），恭城人认为文庙规模小，于是官府派人到山东曲阜考察孔庙，按照曲阜孔庙的格局绘制图纸，捐资筹款，并从广东、湖南等地请来工匠，扩建文庙。此后，文庙历经了二十多次修缮[1]。恭城文庙坐北朝南，现存状元门、棂星门、泮池、大成门、东西廊庑、大成殿、崇圣祠等，占地面积3600平方米，建筑面积1300平方米。2006年，恭城文庙被公布为全国重点文物保护单位。

（1）状元门上方陶塑正脊

恭城文庙状元门原为封闭式照壁，在古代只有等到恭城有人考中状元才能打开；两侧有耳门供人们出入，左侧为礼门，右侧为义路。

恭城文庙状元门上方现安装有一条双面人物、花卉陶塑屋脊，分为上、下两层。下层由七块陶塑构件拼接而成，正面中间五块为以亭台楼阁为背景的戏剧故事人物，但毁损严重，人物均已无存；两侧对称各为一块镂空方块，方框内所塑物件已缺损。下层背面中间五块为花卉图案；两侧对称各为一块镂空方块，方框内所塑物件已缺损，其中左侧塑有"道光癸卯岁"（1843年）年款，右侧塑有"粤东美玉造"店号。上层中间为红宝珠脊刹，两侧对称各为一条相向倒立的陶塑鳌鱼，右侧鳌鱼的尾部已缺损。

（2）大成门陶塑正脊

恭城文庙大成门高4米，由22扇木结构门叶组成，中间为四根木柱，前后各

---

[1] 王咏：《恭城文庙、武庙》，北京：中国文献出版社，2004年版，第12～14页。

图2-10 恭城文庙大成门（由南往北）

有四根石柱，硬山顶（图2-10）。

恭城文庙大成门正脊安装有一条双面人物花卉陶塑屋脊，分为上、下两层。下层由29块陶塑构件拼接而成，正面中间九块为以亭台楼阁为背景的戏剧故事人物；两侧对称依次为一块内塑博古架、花瓶、瓜果的镂空方框，两块一组的戏剧故事人物，一块内嵌果盘、蝴蝶的镂空方框，其中左侧方框的外端塑有"同治壬申岁"（1872年）年款，右侧方框的外端塑有"石湾均玉造"店号，三块一组的动物图案，左侧为"教子朝天图"，右侧为"太狮少狮图"，一块内塑蝙蝠衔祥云的镂空方框；两侧脊端对称各为两块一组的凤凰衔书图案。下层背面的装饰内容与正面基本一致，只是将正面的"太狮少狮图"和"教子朝天图"对应的背面位置，分别塑成石榴图和荷花图。上层中间为禹门、宝珠脊刹，宝珠四周的火焰有残缺，两侧对称各为一条三拱跑龙、一条相向倒立的陶塑鳌鱼和一只回首相望的陶塑狮子。

（3）大成殿陶塑正脊

大成殿为恭城文庙的主体建筑，面阔五间，进深三间，重檐歇山顶，黄色琉璃瓦屋面。灰塑正脊的上方中间为陶塑的禹门、宝珠脊刹，其两侧对称各为一条相望的陶塑三拱跑龙和一条相向倒立的陶塑鳌鱼。两侧灰塑垂脊上分别安装有一只回首相望的陶塑狮子。

此外，在大成门与大成殿之间的东西两侧廊庑灰塑正脊的上方，中间为陶塑禹门宝珠脊刹，两侧分别为一对相向倒立的陶塑鳌鱼。从跑龙、宝珠、鳌鱼的釉色和造型判断，其应与大成门正脊一起，同为清同治时期（1862～1874年）的制品。

2. 玉林大成殿

玉林大成殿位于广西壮族自治区玉林市城区解放路西段的古定小学内，始建于宋至道二年（996年），元至元三年（1337年）迁建今址。明清屡次重修，现存大成殿是清嘉庆十七年（1812年）重修，坐北朝南，殿前设月台，占地面积约500平方米。大成殿面阔五开间，重檐歇山顶，黄色琉璃瓦屋面。1999年，玉林大成殿被公布为玉林市文物保护单位（图2-11）。

（1）大成殿陶塑正脊

玉林大成殿正脊为双面陶塑屋脊，分为上、下两层。下层由21块陶塑构件拼装而成，正面中间五块为以亭台楼阁为背景的戏剧故事人物，人物大部分已破损，只剩下作为背景的亭台楼阁；两侧对称依次各为一块内嵌花草纹图案的镂空方框，三块一组的花卉图案，其中左侧为菊花，右侧为牡丹花，一块内嵌金钱纹的镂空方框；两侧脊端对称各为三块一组的卷草纹，脊端向上翘起，呈龙船状，其中左侧的下方塑有"嘉庆壬申"（1812年）年款，右侧的下方塑有"英玉店造"店号。下层背面中间五块为云龙纹图案；两侧对称依次各为一块内嵌花草纹的镂空方框，三块一组的卷草纹，一块内嵌金钱纹的镂空方框；两侧脊端对称各为三块一组的卷草纹，脊端向上翘起，呈龙船状。从陶塑正脊顶部的残痕可以看出，其上方原先装饰有脊刹和跑龙。

图2-11 玉林大成殿（由北往南）

（2）大成殿陶塑围脊

玉林大成殿围脊由19块陶塑构件拼装而成，中间七块为二龙戏珠图案；左侧为一块如意草龙纹，其他为后拼装的素面构件；右侧为九块如意草龙纹、一块花卉纹、一块夔龙纹。其应与正脊一起，同为清嘉庆十七年（1812年）重修时安装的。

二　庙宇建筑

岭南地区建筑遗物以庙宇为最多。岭南自古就有一套多神崇拜体系的民间信仰，庙宇的兴建即源于人们对神明的崇拜和对宗教的信仰。《史记·封禅书》记载："越人勇之乃言：'越人俗鬼，而其祠皆见鬼，数有效。昔东瓯王敬鬼，寿百六十岁。后世怠慢，故衰耗。'乃令越巫立越祝祠，安台无坛，亦祠天神上帝百鬼，而以鸡卜。上信之，越祠鸡卜始用。"[1]《汉书·郊祀志》记载："粤人勇之言粤人俗鬼，而其祠皆见鬼，数有效。粤巫立粤祀祠，安台无坛，亦祠天神帝百鬼，而以鸡卜，上信之。粤祠鸡卜，自此始用。"《魏书·僚书》记载：岭南僚民"其俗畏鬼神，尤尚淫祀"。因粤人迷信鬼神，于是粤巫广建祠庙。

清初屈大均的《广东新语》一书记载："汉武帝迷于鬼神，尤信越巫。尝令越巫立越祝祠，安台无坛，亦祠天神上帝百鬼，而以鸡卜。至今越祠多淫，以鬼神方惑民蕾祥者，所在皆然。诸小鬼之神者，无贵贱趋之。"[2]

到了清雍正二年（1724年），雍正皇帝本着神道设教的精神，发出《谕沿海居民敬神》训示："上谕沿海居民人等，朕思天地之间，惟此五行之理，人得之以生全，物得之以长养。而主宰五行者，不外夫阴阳。阴阳者，即鬼神之谓也。孔子言：'鬼神之德，体物而不可遗。'岂神道设教哉？盖以鬼神之事，即天地之理，故不可以偶忽也。凡小而邱陵，大而川岳，莫不有神焉主之，故当敬信而尊事，况海为四渎之归宿乎！使以为不足敬，则尧舜之君，何以柴望秩于山川；文武之君，何以怀柔百神，及河乔岳？今愚民昧于此理，往往淫祀，而不信明神，傲慢亵渎，致于天谴。夫善人多，而不善人少，则天降之福，即稍有不善

[1] 司马迁：《史记》卷二八《封禅书》。

[2] 屈大均：《广东新语》卷六《神语》。

者，亦蒙其庇；不善人多，而善人少，则天降之罚，虽善者，亦被其殃。"[1]

从此，岭南地区巫鬼信仰得到政府的承认，百姓可以光明正大地信奉自己的神灵。岭南庙宇建筑包括佛教寺院、道教宫观以及种类繁多的民间祠庙，其建筑的形式和布局大体相似，通常采用硬山顶，重要庙宇的主殿则采用歇山顶或重檐歇山顶。许多庙宇建筑的屋顶都装饰有陶塑屋脊，使整个建筑显得庄重华丽。

（一）　广东地区庙宇建筑

1. 广州五仙观

广州五仙观位于广东省广州市越秀区惠福西路，是一座祭祀五仙的谷神庙。该庙始建年代不详，北宋时址在十贤坊，南宋后期至元代在古西湖畔，明洪武十年（1377年）迁建于现址。五仙观坐北朝南，依地势而建，原有照壁、牌坊、山门、中殿、后殿，两侧还有东西斋、三元殿、廊庑等，现仅存头门、后殿、东斋与西斋[2]。2013年，五仙观及岭南第一楼被公布为全国重点文物保护单位。

广州五仙观后殿面阔三间12.4米，进深三间10米，高3米多，重檐歇山顶，殿内脊砖底部有"时大明嘉靖拾陆年龙集丁酉拾壹月贰拾壹日丙申吉旦建"字样，可知其建于明嘉靖十六年（1537年），木构架保存完好，是广州现保存较好的明代建筑（图2-12）。明清两代，五仙观景观均入选羊城八景。

（1）后殿上层檐陶塑正脊、垂脊、戗脊

广州五仙观后殿上层檐正脊为双面龙纹陶塑屋脊，分为上、下两层（图2-12）。下层由11块陶塑构件拼接而成，正面与背面的装饰图案相同，中间五块为二龙戏珠图案，两侧对称各为一块内塑博古架瓜果的镂空方框，两侧脊端对称各为两块一组的夔龙纹。上层为两条相向倒立的陶塑鳌鱼。

广州五仙观后殿上层檐四条垂脊分别由七块卷草纹陶塑构件拼接而成，脊角向上翘起，呈卷尾状，在脊角的上方分别装饰有一只回首相望的陶塑狮子。四条戗脊分别由三块卷草纹陶塑构件拼接而成，脊角向上翘起，呈卷尾状。

（2）后殿下层檐陶塑角脊

广州五仙观后殿下层檐四条角脊分别由七块蝙蝠云纹陶塑构件拼接而成，脊角向上翘起，呈卷尾状。

---

[1] 张一兵点校：《深圳旧志三种》，深圳：海天出版社，2006年版，第593~595页。

[2] 《广州市文物志》编委会：《广州市文物志》，广州：岭南美术出版社，1990年版，第191~192页。

图2—12 广州五仙观后殿背面（由北往南）

2. 广州纯阳观

广州纯阳观位于广东省广州市海珠区五凤村东漱珠岗上，为广州著名道观，由清代岭南高道李明彻开山祖师于清道光四年（1824年）所建。寺观大殿坐北向南，依山而建，现存建筑包括山门、灵官殿、拜亭、大殿、慈航殿、朝斗台等[1]。1983年，纯阳观被公布为广州市文物保护单位。2003年开始，纯阳观进行大规模重修。

（1）纯阳宝殿陶塑正脊

广州纯阳观大殿即纯阳宝殿，供奉全真派开宗祖王重阳祖师、全真龙门派立派之祖邱处机祖师，坐北向南，面阔三间，硬山顶。

纯阳宝殿正脊为双面人物陶塑屋脊，分为上、下两层。下层由19块陶塑构件拼接而成，正面中间七块为以亭台楼阁为背景的人物，以"牛郎织女"为题材；两侧对称依次各为一块方框，左侧方框塑有"癸未年造"（2003年）[2]年款，右侧方框塑有"菊城陶屋"店号，两块一组的山公人物，一块内塑人物的方框；两侧脊端分别为两块一组的夔龙纹。下层背面中间七块为以亭台楼阁为背景的人

---

[1] 《广州市文物志》编委会：《广州市文物志》，广州：岭南美术出版社，1990年版，第195页。

[2] 广州纯阳观于2003年进行重修，该脊由中山菊城陶屋所塑，由此可知此处的癸未年为2003年。

物；两侧对称各为一块方框，其中左侧方框塑有"癸未年"（2003年）年款，右侧方框塑有"纯阳观"，其他部分的装饰题材与正面相同。上层中间为鲤鱼托起红宝珠脊刹，两侧对称分别为一条相望的二拱云龙、一条相向倒立的陶塑鳌鱼。

（2）慈航殿陶塑正脊

广州纯阳观慈航殿于2007年开光，坐东向西，供奉慈航真人、关圣帝君、财神赵公明元帅，面阔三间，硬山顶。

广州纯阳观慈航殿正脊为双面人物陶塑屋脊，分为上、下两层。该脊下层由21块陶塑构件拼接而成，正面中间九块为以亭台楼阁为背景的戏剧故事人物；两侧对称依次各为一块方框，其中左侧塑有"乙酉年造"（2005年）[1]年款，右侧塑有"纯阳观"，两块一组的山公人物，一块内塑二龙戏珠纹的镂空方框；两侧脊端对称各为两块一组的夔龙纹。下层背面中间九块为以亭台楼阁为背景的人物；两侧对称各为一块方框，其中左侧方框塑有"乙酉年造"（2005年）年款，右侧方框塑有"菊城陶屋"店号，其他部分的装饰题材与正面相同。上层中间为鲤鱼托红宝珠脊刹，两侧对称分别为一条相望的二拱云龙、一条相向倒立的陶塑鳌鱼。

（3）文昌殿陶塑正脊

广州纯阳观文昌殿坐西向东，供奉文昌帝君，面阔三间，硬山顶。文昌殿正脊为双面人物陶塑屋脊，分为上、下两层。下层由17块陶塑构件拼接而成，正面、背面装饰题材相同，正面中间七块为以亭台楼阁为背景的戏剧故事人物；两侧对称依次各为一块方框，左侧方框塑有"纯阳观"，右侧方框塑有"菊城陶屋"店号，两块一组的花鸟图案，其中左侧为牡丹凤凰，右侧为松鹤延年，一块内塑二龙戏珠纹的镂空方框；两侧脊端对称分别为一块夔龙纹。上层中间为鲤鱼托起红宝珠脊刹，两侧对称各为一条相望的二拱云龙、一条相向倒立的陶塑鳌鱼。

此外，广州纯阳观的纯阳宝殿、慈航殿和文昌殿的垂脊，分别由卷草纹陶塑屋脊构件拼接而成，脊端为博古纹。

3. 广州仁威庙

广州仁威庙位于广东省广州市荔湾区龙津西路仁威庙前街，是一座供奉道教真武帝的庙宇。该庙始建于宋仁宗皇祐四年（1052年），历代多次重修、重建，其中明天启年间（1621～1627年）、清乾隆年间（1736～1795年）和清同治年间

---

[1]　慈航殿于2007年开光，该脊由中山菊城陶屋所塑，由此可知此处的乙酉年为2005年。

（1862～1874年）都进行过较大规模的修葺和扩建。仁威庙坐北朝南，占地面积2200平方米，主体建筑平面略呈梯形，广三路，深五进，每路各面宽三间，中路与东西两路之间有青云巷作为衔接[1]。中路主体建筑沿南北中轴线依次为头门、拜亭、正殿和中殿，以青云巷相隔，两侧为配殿，五进为斋室和后楼，布局平衡紧凑。1983年，仁威庙被公布为广州市文物保护单位（图2-13）。

（1）中路头门陶塑正脊

广州仁威庙中路头门面阔三间11米，进深三间8米，硬山顶。中路头门正脊为双面人物、蝙蝠云纹陶塑屋脊，分为上、下两层。下层由15块陶塑构件拼接而成，正面中间九块为以亭台楼阁为背景的戏剧故事人物，人物破损严重，其中左侧塑有"同治丁卯年"（1867年）年款，右侧塑有"文如璧店造"店号；两侧对称各为一块内塑时钟的镂空方框；两侧脊端对称各为两块一组的凤凰图案。下层背面中间九块为蝙蝠云纹图案，其他部分与正面装饰题材相同，但没有年款、店号款识。上层中间为红宝珠脊刹，两侧对称分别为一条相向的二拱跑龙、一条相向倒立的陶塑鳌鱼。鳌鱼、跑龙为近年重修时新塑。

（2）中路正殿陶塑正脊

广州仁威庙中路正殿面阔三间，进深三间，硬山顶。中路正殿正脊为双面花卉陶塑屋脊，分为上、下两层。下层由15块陶塑构件拼接而成，正面与背面图案相同，中间五块均为云纹图案；两侧对称依次各为两块一组的花卉图案，其中左侧为荷花图，其外侧塑有"文如璧造"店号，右侧为梅花图，其外侧塑有"同治六年"（1867年）年款，一块内塑蝙蝠云纹的镂空方框；两侧脊端分别为两块一组的龙头、凤爪、鳌鱼尾的变体龙图案。上层中间为红宝珠脊刹，两侧对称分别为一条相向倒立的陶塑鳌鱼，鳌鱼为1998年重修时新塑。

（3）中路正殿东、西两廊陶塑看脊

广州仁威庙中路正殿东、西两廊的山墙顶上分别装饰有一条单面人物陶塑看脊，两条看脊的装饰图案相同。分别由五块陶塑构件拼接而成，中间三块为以亭台楼阁为背景的戏剧故事人物，人物破损严重；两侧对称各为一块内嵌瓜果的夔龙纹。

（4）中路中殿陶塑正脊

广州仁威庙中路中殿面阔三间，进深三间，硬山顶。中路中殿正脊为双面花卉陶塑屋脊，分为上、下两层。下层由19块陶塑构件拼接而成，正面中间11块为花卉图案；两侧对称依次各为一块方框，其中左侧塑有"菊城陶屋"店号，右侧

[1] 《广州市文物志》编委会：《广州市文物志》，广州：岭南美术出版社，1990年版，第199页。

2-13　广州仁威庙及中路头门正脊（由南往北）

塑有"戊寅年造"（1998年）[1]年款，一块内塑梅花的镂空方框；两侧脊端分别为两块一组的凤凰图案。下层背面中间七块为八仙图案；两侧对称各为两块一组的花瓶图案，其他部分的装饰题材与正面相同。上层中间为鲤鱼托红宝珠脊刹，两侧对称各为一条相向倒立的陶塑鳌鱼。

（5）中路中殿东、西两廊陶塑看脊

广州仁威庙中路中殿东、西两廊的山墙顶上分别装饰有一条单面陶塑看脊，其装饰图案相同。该看脊分为上、下两层，下层分别由七块陶塑拼接而成，中间三块为以亭台楼阁为背景的戏剧故事人物；两侧对称各为两块一组内嵌佛手瓜的夔龙纹，其中左侧边缘有"戊寅年造"（1998年）年款，右侧边缘有"菊城陶屋"店号。上层由三块蝙蝠云纹陶塑组成，中间一块内部有"陶屋"款识。

4. 广州南海神庙

广州南海神庙位于广东省广州市黄埔区南岗镇庙头村，又称波罗庙，供奉南

---

[1]　广州仁威庙曾于1998年重修。该脊由中山菊城陶屋所塑，由此可知此处的戊寅年为1998年。

海海神祝融。南海神庙创建于隋开皇十四年（594年），以后历代多次重修、扩建，规制宏大，是古代皇帝祭海的场所，也是中国古代海外交通贸易史的重要遗址。清道光二十九年（1849年），该庙曾进行大规模维修。南海神庙依山面海，占地面积近3万平方米，基本上还保留着仪门、两塾、复廊及东西廊庑、前堂后寝的唐代庙宇布局遗制。中轴线上石牌坊后主体建筑共五进，由南至北分别是头门、仪门、礼亭、大殿和后殿。头门、仪门为清代建筑，礼亭、后殿于民国时改易钢筋混凝土梁枋[1]。庙右前方章丘上筑浴日亭，"抚胥浴日"是宋元以来广州八景之一。2013年，南海神庙被公布为全国重点文物保护单位。

（1）头门陶塑正脊、垂脊

南海神庙头门面阔三间15.35米，进深两间9.4米，硬山顶。头门正脊上装饰有一条双面花卉陶塑屋脊，分为上、下两层。下层由27块陶塑构件拼接而成，正面、背面装饰题材相同，中间21块均为牡丹花卉图案；两侧对称各为一块动物图案，其中左侧方框内塑麒麟吐瑞，右侧方框内塑鹰击长空；两侧脊端对称各为两块一组的凤凰牡丹图案，其中右侧下方塑有"中山菊城陶屋"店号。上层中间为金钱祥云宝珠脊刹，两侧对称各为一条三拱跑龙、一条相向倒立的陶塑鳌鱼。

南海神庙头门四条垂脊分别由13块卷草纹陶塑构件拼接而成，脊端向上翘起，呈卷尾状，其中两侧垂脊相交之处，还共用一块卷草纹陶塑构件。这些屋脊是1985年12月至1986年3月，维修头门时重塑的[2]。

南海神庙头门正脊上原先装饰有一条人物陶塑屋脊，有"道光癸卯岁"（1843年）、"石湾陶珍造"款识，可惜文化大革命期间遭到严重破坏。

（2）仪门陶塑正脊、垂脊

南海神庙仪门，面阔三间，进深四间，硬山顶。仪门正脊上装饰有一条双面花卉陶塑屋脊，分为上、下两层。下层由25块陶塑构件拼接而成，正面、背面装饰题材相同，中间13块为牡丹、夔龙纹图案；两侧对称依次各为一块内塑蝙蝠捧金钱的镂空方框，三块一组的牡丹花鸟图案，一块方框，其中左侧塑有"丙寅年造"（1986年）[3]年款，右侧塑有"中山菊城陶屋"店号；两侧脊端对称各为一块凤凰图案。上层中间为蝙蝠捧金钱龙门宝珠脊刹，两侧对称各为一条相望的三拱跑龙、一条相向倒立的陶塑鳌鱼（图2-14）。

南海神庙仪门四条垂脊分别由15块卷草纹陶塑构件拼接而成，脊端向上翘

[1] 《广州市文物志》编委会：《广州市文物志》，广州：岭南美术出版社，1990年版，第197~198页。

[2] 黄淼章：《南海神庙》，广州：广东人民出版社，2005年版，第124页。

[3] 南海神庙于1985年、1986年重修，该脊由中山菊城陶屋塑造，由此可知此处的丙寅年应为1986年。

2—14　广州南海神庙仪门背面及正脊（由北往南）

起，呈卷尾状，其中两侧垂脊相交之处，还共用一块卷草纹陶塑构件。

（3）大殿陶塑正脊、垂脊、戗脊

南海神庙大殿毁于1967年，仅存石台基，1989年按原貌重建[1]。大殿面阔五间23.5米，进深三间16.2米，高约13.3米，砖木结构，歇山顶。

南海神庙大殿正脊装饰有一条双面花卉陶塑屋脊，分为上、下两层。下层由25块陶塑构件拼接而成，正面、背面装饰题材相同。中间九块为牡丹图案；两侧对称依次各为一块塑有寿星、禄星的方框，其中左侧塑有"乙巳年造"（1845年）[2]年款，右侧塑有"中山菊城陶屋"店号，四块一组的花鸟图案，左侧为牡丹花鸟，右侧为松树仙鹤，一块内塑蝙蝠捧金钱的方框；两侧脊端对称各为两块一组的团凤纹。上层中间为三块陶塑构件拼接而成的牡丹宝珠脊刹，两侧对称各为一条二拱跑龙、一条相向倒立的陶塑鳌鱼。

南海神庙大殿四条垂脊分别由19块卷草纹陶塑构件拼接而成，脊端向上翘

[1]　陈泽泓：《岭南建筑志》，广州：广东人民出版社，1999年版，第262页。

[2]　较近的乙巳年分别为1845年、1905年、1965年。因南海神庙曾于清道光二十九年（1849年）进行大规模维修，由此可以判断该脊上面的乙巳年为1845年。原屋脊已损毁，1986年由中山菊城陶屋对此条屋脊进行重塑，仍沿用"乙巳年"年款。

起，呈卷尾状。

南海神庙大殿四条戗脊分别由19块卷草纹陶塑构件拼接而成，脊端向上翘起，呈卷尾状。

（4）后殿陶塑正脊、垂脊

南海神庙后殿，硬山顶。后殿正脊上现装饰有一条双面花卉陶塑屋脊，分为上、下两层。下层由41块陶塑构件拼接而成，正面、背面装饰题材相同，中间九块为牡丹花卉图案；两侧对称依次各为一块方框，左侧塑有"乙巳年造"（1845年）年款，右侧塑有"中山菊城陶屋"店号，一块分别塑有寿星、禄星的方框，三块一组的花鸟图案，左侧为牡丹花鸟，右侧为松树仙鹤，一块内塑蝙蝠捧金钱的方框，八块一组的卷草纹；两侧脊端对称各为两块一组的团凤图案。上层中间为三块陶塑构件拼成的牡丹宝珠脊刹，两侧对称各为一条相望的二拱跑龙、一条相向倒立的陶塑鳌鱼。

南海神庙后殿四条垂脊分别由18块卷草纹陶塑构件拼接而成，脊端向上翘起，呈卷尾状。

5. 花都水仙古庙

花都水仙古庙位于广东省广州市花都区新华街道三华村中华社。该庙始建年代不详，庙内"水仙古庙"石匾额上面有"道光癸卯孟秋重建"字样，据庙内保存的《重修水仙古庙碑》记载："民国八年岁次己未仲春吉旦立石"。由此可知，花都水仙古庙于清道光二十三年（1843年）重建，民国八年（1919年）重修。1995年，该庙再次重修。花都水仙古庙坐东南朝西北，广三路，深三进，总面阔23米，总进深24.65米，主体建筑为人字封火山墙，硬山顶[1]。水仙古庙与资政大夫祠、南山书院、亨之徐公祠、衬祠、后楼等组成了资政大夫祠古建筑群，该建筑群无论建筑规模还是建筑艺术，均居花都区现存古建筑之首。2002年，资政大夫祠建筑群被公布为广东省文物保护单位。

中路头门陶塑正脊

花都水仙古庙中路头门原陶塑正脊于20世纪70年代被破坏，现已被拆下，由广州市花都区博物馆收藏。该脊由17块陶塑构件组成，正面中间五块为以亭台楼阁为背景的戏剧故事人物；两侧对称依次各为一块内塑双蝠花卉的方框，两块花卉，一块店号或年款花板，但已残缺，仅剩"民国"、"石湾"字样；两侧脊端对称各为两块一组的夔龙纹。背面中间为五块花卉图纹，其他部分与正面题材一致。

---

[1] 花都水仙古庙资料由广州市文化广电新闻出版局文物处工作人员提供。

花都水仙古庙中路头门现陶塑正脊是1995年重修时，按照原脊的样式重塑，塑有"中山陶屋造"、"乙亥年重修"（1995年）款识。屋脊上层中间为红色宝珠脊刹，两侧对称各为一条二拱跑龙、一条相向倒立的陶塑鳌鱼。

6. 花都盘古神坛

花都盘古神坛位于广东省广州市花都区狮岭镇振兴村的炉山山麓，是供奉盘古王的庙宇。盘古神坛始建于清嘉庆十四年（1809年），初建于半山腰，后因火灾烧毁，于清嘉庆二十四年（1819年）移建于山下，清光绪二十年（1894年）重建，光绪二十七年（1901年）改建成现状。1986年重修时改为黄色琉璃瓦屋面，1999年再次重修。盘古神坛一直香火不断，"盘古烟霞"是清代花县的八景之一。该神坛坐北朝南，建筑面阔、进深各三间，面阔15.2米，进深13.3米，悬山顶。盘古神坛建筑形制特殊，正面开敞不设门扇，两侧墙体开有大门，背面墙体中亦开有宽阔的窗门，使空间四向通敞，保存了与古"坛"相应的一些遗风[1]。2002年，盘古神坛被公布为广州市文物保护单位。

花都盘古神坛正脊为双面人物陶塑屋脊，分为上、下两层。下层由17块陶塑构件拼接而成，正面、背面的装饰图案基本相同，正面中间五块为以亭台楼阁为背景的戏剧故事人物，人物已残缺不全；两侧对称依次各为一块镂空方框，框内所塑之物已残损，两块山公人物，一块方框，左侧塑有"光绪廿七年"（1901年）年款，右侧塑有"石湾均玉造"店号；两侧脊端对称各为两块一组的回首麒麟。上层中间为鲤鱼禹门、宝珠脊刹，两侧对称各为一条相向的二拱跑龙，每条跑龙由四块陶塑拼成，两侧的陶塑鳌鱼已缺失。

7. 深圳新二村康杨二圣庙

深圳新二村康杨二圣庙位于广东省深圳市宝安区沙井镇新二村，始建年代不详，庙内供奉康王和侯王。据庙中《重修康杨二圣庙碑记》记载，清乾隆己巳（1749年）、嘉庆甲戌（1814年）、道光二十七年（1847年）重修。该庙坐东朝西，为三开间二进一天井院落平面布局，清水砖墙，面阔8.22米，进深14.54米，硬山顶[2]。

前殿陶塑正脊

深圳新二村康杨二圣庙前殿面阔三间，进深三间，硬山顶。前殿正脊为双面

---

[1] 花都盘古神坛资料由广州市文化广电新闻出版局文物处工作人员提供。

[2] 深圳市文物管理委员会：《深圳文物志》，北京：文物出版社，2005年版，第108页。

人物、花卉陶塑屋脊，分为上、下两层。下层由11块陶塑构件拼接而成，正面中间五块为以亭台楼阁为背景的戏剧故事人物；两侧对称各为一块镂空方框，左侧方框内嵌果盘，外端塑有"道光廿七年"（1847年）年款，右侧方框内嵌花篮；两侧脊端对称各为两块一组的夔龙纹。下层背面中间五块为缠枝牡丹图案；两侧对称各为一块镂空方框；两侧脊端对称各为两块一组的夔龙纹，与正面造型相同。该脊正面人物残损严重，全部人物均已无头，两侧夔龙纹大小形制也不同，应该不是原装构件。上层的脊刹残损严重，宝珠已缺失。

8. 珠海上栅太保庙

珠海上栅太保庙位于广东省珠海市香洲区唐家湾镇上栅村，建于明景泰年间（1450～1456年），清同治十三年（1874年）毁于台风，清光绪二年（1876年）重修，20世纪90年代修葺。该庙坐西向东，广三路，中轴线对称布局，总面阔18.37米，总进深16.94米，硬山顶，附青云巷和边厢，二进配天井。该庙梁架上石雕、木雕人物花鸟精致，正殿两边墙上有壁画[1]。

珠海上栅太保庙两厢外墙上均镶嵌有以戏剧故事人物为题材的陶塑看脊，均由三块陶塑构件拼接而成，人物已破损无存，仅剩下作为背景的方框。

9. 珠海唐家三圣庙

珠海唐家三圣庙位于广东省珠海市香洲区唐家湾镇大同路，即"圣堂庙"、"文武庙"、"金花庙"，始建年代不详，曾于清乾隆四十年（1775年）、嘉庆九年（1804年）、道光七年（1827年）、同治二年（1863年）重修。三庙一排并列，坐北向南，面阔32.72米，进深29.6米，总占地面积约为1500平方米[2]。圣堂庙、金花庙的正脊均为灰塑，其上方正中为陶塑的花瓶宝珠脊刹，两侧各为一条相向倒立的陶塑鳌鱼（图2-15）。

10. 佛山祖庙

佛山祖庙位于广东省佛山市禅城区祖庙路21号，又名"北帝庙"、"灵应祠"，属道教神庙。《佛山忠义乡志》记载："真武帝祠之始建不可考，或云宋元丰时，历元至明，皆称祖堂，又称祖庙，以历岁久远，且为诸庙首也。祠自明

---

[1] 珠海市文物管理委员会：《珠海市文物志》，广州：广东人民出版社，1994年版，第97页。

[2] 珠海市文物管理委员会：《珠海市文物志》，广州：广东人民出版社，1994年版，第98页。

2-15　珠海唐家三圣庙（由南往北）

景泰三年始，以神显庇佛山威破黄贼，特加敕封定春秋祀典，有清因之。"[1]该庙始建于北宋元丰年间（1078~1085年），曾毁于元末，明洪武五年（1372年）重建，明景泰三年（1452年）敕封为"灵应祠"。此后历明清二十多次重修、改建和扩建，清光绪二十五年（1899年）大修后，更为瑰丽壮观[2]。

　　佛山祖庙现存主体建筑占地面积为3600平方米，由南向北依次为万福台、灵应牌坊、锦香池、钟鼓楼、三门、前殿、正殿和庆真楼，为三进四合院式建筑布局。该庙气魄宏大，殿阁巍峨，雄伟壮丽，错落有致，其建筑结构既有官式风格又别具岭南特色，并装饰有精美的木雕、砖雕、石雕、陶塑、灰塑，享有"岭南建筑艺术之宫"的美誉。1996年，佛山祖庙被公布为全国重点文物保护单位。

（1）灵应牌坊陶塑正脊、垂脊、戗脊

　　佛山祖庙灵应牌坊建于明景泰三年（1452年），历经多次重修，是佛山祖庙受到明景泰皇帝敕封的标志，曾作为佛山祖庙的大门口，极为壮观辉煌。该牌坊现存建筑为四柱三开间三重檐，木石混合结构，庑殿顶。灵应牌坊明间宽5米，起通道作用；次间宽2.1米，为台基；通高11.4米，通宽10.97米[3]。灵应牌坊为单体独立建筑，设计考究，在佛山祖庙建筑群中起到组织空间、点缀景观的作用（图2-16）。

　　佛山祖庙灵应牌坊上层檐正脊为双面陶塑屋脊，分为上、下两层。下层由五

[1]　民国《佛山忠义乡志》卷八《祠祀》。

[2]　佛山市文物管理委员会：《佛山文物》（上篇）（内部交流），1992年版，第43页。

[3]　佛山市博物馆：《佛山祖庙》，北京：文物出版社，2005年版，第54页。

2-16-1 佛山祖庙灵应牌坊（由北往南）

2-16-2 佛山祖庙灵应牌坊（由南往北）

块陶塑构件拼接而成，正面与背面的图案相同。中间一块为团"寿"图案；两侧对称各为两块一组的卷草纹，脊端向上反翘，呈龙船状。上层装饰有两条相向倒立的陶塑鳌鱼。灵应牌坊上层檐四条垂脊分别由三块卷草纹陶塑构件拼成，脊端向上反翘，呈卷尾状；其上方两侧各装饰有一条陶塑草龙。

佛山祖庙灵应牌坊中层檐斗拱两侧正脊各为两块卷草纹陶塑构件，脊端向上反翘，呈卷尾状，其上方各为一条相向倒立的陶塑鳌鱼。中层檐四条垂脊各由三块陶塑构件组成，其中两块为草龙纹，一块为卷草纹，脊端向上反翘，呈卷尾状。

佛山祖庙灵应牌坊下层檐斗拱两侧正脊各由三块卷草纹陶塑构件拼成，脊端向上反翘，呈卷尾状，其上方各为一条倒立的陶塑鳌鱼。下层檐的四条垂脊各由三块卷草纹陶塑组成，脊端向上反翘，呈卷尾状，其上方各为一只陶塑狮子。下层檐的四条戗脊各由三块卷草纹陶塑组成，脊端向上反翘，呈卷尾状；其上方各有一条陶塑草龙。

（2）三门陶塑正脊

佛山祖庙三门由崇正社学、灵应祠、忠义流芳祠三座建筑物的正门联建在一起（图2-17）。崇正社学是祖庙东面的附属建筑，建于明洪武八年（1375年）。忠义流芳祠是祖庙西面的附属建筑，建于明正德八年（1513年）。而灵应祠三个拱门的建造年代，没有相关史料记载。明正德八年（1513年），崇正社学、灵应祠、忠义流芳祠三座建筑物的正门被联起来，使原本建筑规模仅为三开间的灵应祠，与附建于其两侧的三开间崇正社学和忠义流芳祠，形成一座八柱九开间的宏伟建筑。

佛山祖庙三门为硬山顶，通宽31.7米，正脊下面为灰塑，在灰塑的上方装饰有一条双面人物陶塑屋脊，分为上、下两层。下层由51块陶塑构件拼接而成，正面中间23块为以亭台楼阁为背景的戏剧故事人物，题材为"姜子牙封神"；两侧对称依次各为一块花板，左侧塑有"光绪己亥"（1899年）年款，右侧塑有"文如壁造"店号，一块内嵌博古架的镂空方框，七块一组的戏剧故事人物，左侧为"舌战群儒"，右侧为"甘露寺"，一块内塑鹰击长空的镂空方框；两侧脊端对称各为四块内嵌瓜果的夔龙纹。下层背面中间23块为以亭台楼阁为背景的戏剧故事人物，题材为"郭子仪祝寿"；两侧对称依次各为一块花板，左侧塑有"光绪己亥"（1899年）年款，右侧塑有"文如壁造"店号，一块内嵌博古架的镂空方框，七块一组的山公人物，一块内塑鹰击长空的镂空方框；两侧脊端各为四块内嵌瓜果的夔龙纹。上层中间为宝珠脊刹，其两侧对称各为一条相向的铜制鳌鱼、一只回首的陶塑凤凰。该脊是清光绪二十五年（1899年）祖庙进行大修时，被安装在三门屋顶之上的，保存相当完好，拥有"花脊之王"的美誉，使这座建筑更

图2-17　佛山祖庙三门（由南往北）

为雄伟壮观。

在佛山祖庙三门前东、西两侧墙壁上，还分别陈列着高0.85米的陶塑日神、月神像。东侧的日神为身穿长袍的长须老者，手持象征太阳的铜镜；西侧的月神为身穿五彩羽衣的女子，手举象征月亮的银镜。它们是清光绪二十五年（1899年）佛山祖庙大修时，由石湾著名陶塑艺人黄古珍塑造。

（3）前殿陶塑正脊、垂脊、戗脊

前殿是佛山祖庙的主体建筑之一，建于明宣德四年（1429年），清光绪二十五年（1899年）重修，面阔、进深均为三开间，面阔13.34米，进深15.87米，歇山顶[1]。

佛山祖庙前殿正脊下面为灰塑，在灰塑的上方装饰有一条双面人物陶塑屋脊，分为上、下两层（图2-18、19）。下层由13块陶塑构件拼接而成，正面、背面装饰内容相同。中间七块为以亭台楼阁为背景的戏剧故事人物，题材为"刘备过江招

[1]　佛山市博物馆：《佛山祖庙》，北京：文物出版社，2005年版，第43页。

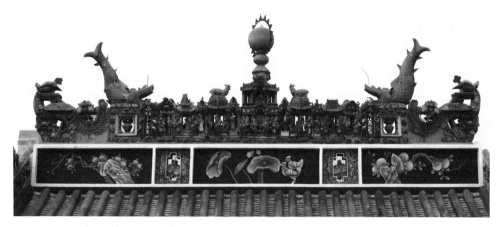

图2—18　佛山祖庙前殿陶塑正脊（由南往北）

图2—19　佛山祖庙前殿陶塑屋脊侧面（由西往东）

亲"，左侧外端塑有"光绪廿五年"（1899年）年款，右侧外端塑有"文如璧造"店号；两侧对称各为一块内塑花篮的镂空方框；两侧脊端对称各为两块一组的凤凰衔书。上层正中为黄宝珠脊刹，两侧对称各为一条相向倒立的铜制鳌鱼。

佛山祖庙前殿四条垂脊分别由八块花卉图案的陶塑构件拼接而成，脊角向上翘起，呈卷尾状。在垂脊的上方各安装有四个陶塑垂兽，依次为回首麒麟、凤鸟、两只麒麟，均匀地排列在垂脊上方，有别于官式建筑琉璃屋脊垂兽的种类和布局，具有鲜明的地方特色。在垂脊脊角的前方，还各安装有一个陶塑瓦将军。

佛山祖庙前殿四条戗脊分别由七块花卉图案的陶塑构件拼接而成，脊角向上翘起，呈卷尾状，并塑有"石湾宝玉造"店号。在戗脊的上方分别安装有三个陶塑戗兽，依次为凤鸟、两只麒麟，均匀地排列在戗脊上方，有别于官式建筑琉璃屋脊戗兽的种类和布局。在戗脊脊角的上方各安装有一个昂首向天的陶塑龙头。

（4）前殿东、西两廊陶塑看脊

佛山祖庙前殿东廊上装饰有一条单面人物陶塑看脊，长4.3米，高约1米，由七块以亭台楼阁为背景的戏剧故事人物陶塑构件拼接而成。中间五块为"郭子仪祝寿"人物图案，左侧外端塑有"光绪廿五年"（1899年）年款，右侧外端塑有"石湾均玉造"店号；两侧对称各为一块福禄寿人物。该脊所塑人物栩栩如生，亭台楼阁布局合理，将众儿孙在汾阳王府内为郭子仪贺寿的场面表现得淋漓尽致（图2-20）。

佛山祖庙前殿西廊上装饰有一条单面人物陶塑看脊，与东廊看脊对称，也由七块戏剧故事人物陶塑构件拼接而成。中间五块为"哪吒闹东海"人物故事，其中左侧外端塑有"光绪廿五年"（1899年）年款，右侧外端塑有"石湾均玉造"店号；两侧对称各为一块八仙人物陶塑，每块塑有四位仙人，神态生动。该脊所塑哪吒居中，手执乾坤圈，脚踏风火轮，生动传神，其他人物长袍铠甲，姿态各异（图2-21）。

（5）文魁阁与武安阁陶塑正脊

佛山祖庙文魁阁与武安阁位于佛山祖庙三门后，其中文魁阁位于东侧，武安阁位于西侧，适应了中国古代"左文右武"的传统布局。两座阁楼的建筑形制相同，均为三开间三进深两层建筑布局，重檐歇山顶。现存的佛山史志和铭文都没有记载两座阁楼始建于何时，但从阁楼的部分梁枋构件看，应建于明朝中期[1]。

---

[1] 佛山市博物馆：《佛山祖庙》，北京：文物出版社，2005年版，第45页。

图2-20　佛山祖庙前殿东廊陶塑看脊（由西往东）

图2-21　佛山祖庙前殿西廊陶塑看脊（由东往西）

佛山祖庙文魁阁与武安阁正脊均为双面动物花卉陶塑屋脊。其中，文魁阁正脊由九块动物花卉陶塑构件拼接而成。正面中间五块为动物花卉，两侧对称各为两块一组的吞脊鳌鱼，鳌鱼尾部倒立。背面中间五块为凤凰牡丹花卉，两侧图案与正面相同。武安阁正脊也由九块动物花卉陶塑拼接而成，构图与文魁阁正脊相同。

（6）正殿陶塑正脊、垂脊、戗脊

正殿是佛山祖庙最重要的建筑物，也是建造年代最早的，重建于明洪武五年（1372年），殿内供奉北帝大铜像。佛山祖庙正殿进深、面宽均为三开间，面宽14.34米，进深15.87米，面宽与进深之比为1：1.1，近似正方形，单檐歇山顶，

图2-22 佛山祖庙正殿陶塑正脊正面（由南往北）

图2-23 佛山祖庙正殿陶塑屋脊背面（由北往南）

屋坡曲线按宋代营造法式建造[1]。正殿前左右两侧有廊与前殿相连，中间有天井，使正殿建筑结构精巧牢固，庄严大气。

佛山祖庙正殿正脊下面为灰塑，在灰塑的上方装饰有一条双面人物陶塑屋脊，分为上、下两层（图2-22、23）。下层由13块陶塑构件拼接而成，正面、背面装饰内容相同。中间七块为以亭台楼阁为背景的戏剧故事人物，取材于脍炙人口的三国故事"甘露寺看新郎"；两侧对称各为一块内塑瓜果的镂空方框，左侧外端塑有"光绪廿五年"（1899年）年款，右侧外端塑有"石湾吴宝玉造"店号；两侧脊端对称各为两块一组的凤凰衔书。上层中间为黄宝珠脊刹，两侧对称各为一条相向倒立的铜制鳌鱼。

佛山祖庙正殿四条垂脊分别由10块花卉图案的陶塑构件拼接而成，脊角向上翘起，呈卷尾状，两条垂脊相交处各共用一块祥云纹构件。在垂脊的上方各安装有四个陶塑垂兽，依次为仙人、凤鸟、两只麒麟，均匀地排列在垂脊上方，有别于官式建筑琉璃屋脊垂兽的种类和布局；脊角的前方各安装有一个陶塑瓦将军。

佛山祖庙正殿四条戗脊分别由10块花卉图案的陶塑构件拼接而成，脊角向上翘起，呈卷尾状，在戗脊脊角的上方各安装有一个昂首向天的陶塑龙头。每条戗

---

[1] 陈智亮：《祖庙资料汇编》，佛山市博物馆编印，1981年，第75页。

脊的上方还各安装有三个陶塑戗兽，依次为凤鸟、两只麒麟，均匀地排列，有别于官式建筑琉璃屋脊戗兽的种类和布局；脊角的前方各安装有一只脚踏绣球的陶塑狮子。

（7）庆真楼陶塑正脊

庆真楼位于佛山祖庙正殿之后，建于清嘉庆元年（1796年），是佛山祖庙建筑群中建造年代最晚的。该楼面阔、进深各三间，楼高二层，砖木结构，硬山顶，镬耳式封火山墙[1]。由于庆真楼地势较高，登高远望，佛山古镇的景色一览无余，因此"庆真楼观"是著名的佛山八景之一[2]。

佛山祖庙庆真楼正脊上安装有一条双面人物花卉陶塑屋脊，分为上、下两层。下层由23块陶塑构件拼接而成，正面中间九块为以亭台楼阁为背景的戏剧故事人物，题材为"瑶池祝寿"，王母居中，左侧是其五个女儿及众女仙，右侧是以汉钟离为首的八仙，八仙向王母祝寿的场面盛大热闹；两侧对称依次各为一块内塑花瓶的镂空方框，三块一组的山公人物，左侧故事为"削壁题诗"，右侧故事为"竹林七贤"，一块花卉动物图案，一块花板，左侧塑有"光绪廿五年"（1899年）年款，右侧塑有"石湾宝玉店造"店号；两侧脊端对称各为一块夔龙纹。下层背面中间九块为牡丹花卉图案；两侧对称依次各为一块内塑花瓶的镂空方框，三块一组的牡丹、仙桃组成的花开富贵图，一块花卉图案，一块花板，左侧塑有"光绪廿五年"（1899年）年款，右侧塑有"石湾宝玉店造"店号；两侧脊端对称各为一块夔龙纹。上层中间为禹门宝珠脊刹，两侧对称各为一条二拱跑龙。

（8）祖庙牌坊陶塑正脊

佛山祖庙牌坊建于明天启六年（1626年），为四柱三间三楼式木石混合结构，绿琉璃瓦屋面，庑殿顶。该牌坊原为栅下崇庆里"参军李公祠"的建筑物，是该祠内两个建筑形式和结构完全相同的牌坊之一。李参军即李舜儒，是佛山名人李待问之兄。因参军祠同时祀李待问，故有两个相同的牌坊。1957年，参军李公祠被拆，两个牌坊一个被安放在佛山市中山公园秀丽湖前，另一个因祖庙开辟公园而迁建于此，后上书"祖庙"二字[3]（图2-24）。

佛山祖庙牌坊正脊上装饰有一条双面动物花卉陶塑屋脊，分为上、下两层。

---

[1] 佛山市博物馆：《佛山祖庙》，北京：文物出版社，2005年版，第49页。

[2] 民国《佛山忠义乡志》卷一〇《风土志》，佛山八景为汾江古渡、冈心烟市、庆真楼观、塔坡牧唱、孤村铸炼、东林拥翠、南浦客舟、村尾垂虹。

[3] 佛山市博物馆：《佛山祖庙》，北京：文物出版社，2005年版，第56页。

图2-24　佛山祖庙牌坊（由西往东）

下层由七块陶塑构件拼接而成，正面中间三块为双凤朝阳图案，两侧各为两块牡丹、荷花图案，脊角向上翘起，呈龙船状；下层背面七块均为动物图案，所塑动物有麒麟、鹿、虎、羊、牛、大象等，栩栩如生。上层中间为红宝珠脊刹，两侧对称各为一条相向倒立的鳌鱼。该脊应为1960年牌坊迁建时塑造的。

（9）藏珍阁陶塑正脊

佛山祖庙藏珍阁位于佛山祖庙公园内，坐南向北，建于20世纪70年代，现开辟为展厅。藏珍阁正脊装饰有一条双面花卉陶塑屋脊，分为上、下两层。下层由九块陶塑构件拼接而成，正面中间五块为牡丹花卉纹，左侧外端塑有"光绪廿叁年"（1897年）年款，右侧外端塑有"奇玉造"店号；两侧对称各为一块内塑暗八仙的镂空方框；两侧脊端各为一块夔龙纹。上层中间为如意、花卉纹脊刹，两侧对称各为一条相向倒立的陶塑鳌鱼。该脊是20世纪70年代佛山市博物馆修建藏珍阁时，从馆藏的陶塑旧脊中挑选出来，拼装于此。

11. 南海云泉仙馆

南海云泉仙馆位于广东省佛山市南海区西樵镇白云峰西北麓，原名"攻玉楼"，因馆内有"小云泉"，故称"云泉仙馆"。清乾隆四十二年（1777年）由南海石岗乡李攻玉创建，清道光二十八年（1848年）扩建为云泉仙馆，清光绪

图2-25-2　南海云泉仙馆前殿陶塑正脊背面（由东南往西北）

三十四年（1908年）重建[1]。云泉仙馆依山势而建，坐东南向西北，四周林木环绕，为三间二进歇山顶式建筑布局，主要有前殿、钟鼓台、祖堂、后殿、养真观和正阳殿等。1994年，云泉仙馆被公布为佛山市文物保护单位（图2-25）。

图2-25-1　南海云泉仙馆（由西北向东南）

（1）前殿陶塑正脊

南海云泉仙馆前殿又称灵官殿，面阔15米，进深3米。前殿正脊为双面动物花鸟陶塑屋脊，分为上、下两层。下层由17块陶塑构件拼接而成，正面中间九块为动物花鸟，分别塑有麒麟、孔雀牡丹、绶带鸟、太狮少狮、鹿回头、莲花等图案；两侧对称依次各为一块方框，左侧塑有"光绪戊申"（1908年）年款，右侧塑有"文如璧造"店号，一块内塑暗八仙图案的镂空方框；两侧脊端对称各为两块一组的夔龙纹。下层背面中间九块为花鸟瓜果图，分别塑有牡丹绶带鸟、兰花

[1]　佛山市文物管理委员会：《佛山文物》（上篇）（内部交流），1992年版，第123页。

蝴蝶、喜鹊梅花、石榴、佛手等；两侧对称依次各为一块方框，左侧塑有"光绪戊申"（1908年）年款，右侧塑有"文如璧造"店号，其他部分与正面图案一致。上层中间为禹门宝珠脊刹，两侧分别为一条相望的二拱跑龙、一条相向倒立的陶塑鳌鱼。

（2）前殿两侧保护墙上的陶塑看脊

南海云泉仙馆前殿两侧保护墙上分别装饰有一条长约4米的陶塑看脊。左侧保护墙上的看脊由九块陶塑构件拼接而成，中间三块为六骏图，并塑有"美华店造"款识；两侧对称各为一块内塑蝙蝠金钱图案的镂空方框，两端对称各为一块鳌鱼、一块凤凰陶塑构件。右侧保护墙上的看脊由七块陶塑构件拼接而成，中间三块为百鸟朝凤图；两侧对称各为一块内塑博古架、花瓶和瓜果的镂空方框；两侧脊端各为一块倒立的陶塑鳌鱼构件。

（3）后殿陶塑正脊

南海云泉仙馆后殿又称赞化宫，供奉吕洞宾，面阔15米，进深14米，抬梁木构架，硬山顶，殿堂外四周有回廊。后殿正脊为双面云龙纹陶塑屋脊，分为上、下两层。下层由15块陶塑构件拼接而成，正面、背面图案相同。中间为九块一组的云龙图案；两侧对称各为一块内塑时钟的镂空方框；两侧脊端分别为两块一组的夔龙纹。上层中间为禹门宝珠脊刹，两侧对称分别为一条相望的二拱跑龙、一条相向倒立的陶塑鳌鱼。

12. 顺德西山庙

顺德西山庙位于广东省佛山市顺德区大良文秀街道县西路，是以关帝庙为主体的建筑群，因建在顺德城西山（凤山）山麓上，当地人称之为"西山庙"。该庙始建于明嘉靖二十年（1541年），历代均有重修扩建。西山庙主体建筑坐西南向东北，有山门、前殿、正殿、偏殿、院阶、香亭、庑廊等，占地面积约6000平方米[1]。该建筑群所饰的灰塑、陶塑、砖雕、木雕，具有浓郁的岭南地方色彩。2002年，西山庙被公布为广东省文物保护单位。

（1）山门陶塑正脊

顺德西山庙山门面阔五间，进深一间，庄严雄浑。1985年，西山庙重修时，在山门的明间和次间屋顶均新装陶塑屋脊，由广东石湾美术陶瓷厂制作。明间屋脊中间为三块"三国演义"戏剧故事人物，其上方装饰有二龙戏珠陶塑；两侧脊端分别为日神、月神。两侧次间的屋脊基本对称，分别由七块陶塑构件拼接而

[1]　佛山市文物管理委员会：《佛山文物》（上篇）（内部交流），1992年版，第49页。

图2-26-2 顺德路涌三帝庙头门正脊（由东往西）

成，依次为三块戏剧故事人物、一块花板、一块凤凰衔书，脊端各为一块和合二仙，其上方各装饰有一条倒立的陶塑鳌鱼。左侧梢间正脊由七块陶塑构件组成，中间五块为动物图案，两侧各为一块夔龙纹；右侧梢间正脊由六块陶塑构件组成，中间四块

图2-26-1 顺德路涌三帝庙（由东南往西北）

为动物图案，两侧各为一块夔龙纹。

（2）山门陶塑看脊

顺德西山庙山门正面门额悬"西山庙"金漆木雕竖匾一块，其两旁为晚清时期石湾"文逸安堂造"的陶塑看脊作品"二龙争珠"。

13. 顺德路涌三帝庙

顺德路涌三帝庙位于广东省佛山市顺德区杏坛镇路涌村，庙中供奉北帝、关帝、文昌帝，因此当地人称为三帝庙。该庙始建年代不详，清同治九年（1870年）、清光绪十六年（1890年）两次重修。三帝庙坐西向东，一正庙二偏间，正庙为三开间二进布局，硬山顶，人字封火山墙。庙前为香亭，亭身刻有"同治庚午"年款[1]（图2-26）。

---

[1] 佛山市第三次全国文物普查领导小组办公室：《佛山市第三次全国文物普查新发现选编》（内部交流），2011年5月，第54页。

图2-27　三水胥江祖庙（由西往东）

正庙头门陶塑正脊

顺德路涌三帝庙正庙头门正脊上装饰有一条精美的双面陶塑屋脊，分为上、下两层。下层由九块陶塑构件拼装而成，正面中间五块为以亭台楼阁为背景的戏剧故事人物，层次丰富；两侧对称各为两块一组的凤凰衔书图案，两只凤凰回首相望，形象生动，其中左侧塑有"光绪庚寅年"（1890年）年款，右侧塑有"洪永玉店造"店号。下层背面中间五块为缠枝牡丹花卉，两侧为凤凰衔书，与正面相同。上层正中为蓝宝珠脊刹，两侧对称各为一条相向倒立的鳌鱼，鳌鱼为1985年重修时新塑。

该脊是清光绪十六年（1890年）三帝庙重修时安装上去的，1985年重修时曾对其上面破损的人物头部进行修补。此外，在头门正面两条垂脊的脊端处，安装有陶塑日神、月神，也是1985年重修时新塑的。

据路涌村的村民介绍，三帝庙二进屋顶原先也装饰有一条陶塑正脊，可惜后来被人偷走了，现只剩下正脊中间的宝珠脊刹。

14. 三水胥江祖庙

三水胥江祖庙位于广东省佛山市三水区芦苞镇北郊麦村，又名芦苞祖庙。该庙始建于南宋嘉定年间（1208～1224年），历经宋、元、明、清、民国，是三水最古老的寺庙建筑之一[1]。三水胥江祖庙是一座集儒、释、道三教于一体的庙

---

[1] 程建军：《三水胥江祖庙》，北京：中国建筑工业出版社，2008年版，第1页。

图2-28　三水胥江祖庙武当行宫山门陶塑正脊（由西往东）

宇，分别供奉文昌帝、观音和北帝，历经多次修葺，特别是清嘉庆十三年至十四年（1808～1809年）和清光绪十四年（1888年）的重修，使这座庙宇更为瑰丽壮观。该庙由北座普陀行宫、中座武当行宫以及清嘉庆年间（1796～1820年）加筑的南座文昌宫组成，占地面积约250余亩，建筑面积约1700平方米。三座庙宇均为三开间二进院落四合院式建筑布局，砖木结构，硬山顶，每座庙宇之间以青云巷相隔。该庙布局严谨，空间高敞，梁架精致，水磨青砖墙体，"五岳"封火山墙，六条正脊上分别装饰有灰塑和陶塑屋脊，为典型的清代岭南建筑风格。1989年，胥江祖庙被公布为广东省文物保护单位（图2-27）。

（1）武当行宫山门陶塑正脊

武当行宫为三水胥江祖庙的主体建筑，总面阔11.6米，总进深26.5米，是三座庙宇中建筑面积最大，且居中布置，突显其主庙主神的重要地位[1]。

三水胥江祖庙武当行宫山门正脊上装饰有一条双面人物陶塑屋脊，分为上、下两层，正面、背面装饰题材构图相同。该脊下层由15块陶塑构件拼接而成，中间九块为以亭台楼阁为背景的戏剧故事人物，左侧外端塑有"光绪戊子"（1888年）年款，右侧外端塑有"文如璧造"店号；两侧对称各为一块内塑博古架的镂空方框；两侧脊端对称各为两块一组的凤凰衔书。上层由11块陶塑构件拼接而成，中间一块为鲤鱼跳龙门宝珠脊刹；两侧对称各为五块陶塑拼接而成的二拱云龙、一条相向倒立的陶塑鳌鱼（图2-28）。该脊除个别陶塑人物的头部有些残缺

---

[1]　程建军：《三水胥江祖庙》，北京：中国建筑工业出版社，2008年版，第59页。

图2-29 三水胥江祖庙武当行宫正殿陶塑正脊局部（由西往东）

经过修补外，整体保存较为完好。

（2）武当行宫正殿陶塑正脊

三水胥江祖庙武当行宫正殿正脊上装饰有一条双面人物陶塑屋脊，分为上、下两层，正面、背面装饰题材构图相同。下层由17块陶塑构件拼接而成，正面中间七块为以亭台楼阁为背景的戏剧故事人物，左侧外端塑有"咸丰三年"（1853年）年款，右侧外端塑有"文如璧造"店号；两侧对称依次各为两块一组的山公人物，一块内塑鹿回头的镂空方框；两侧脊端对称各为两块一组的夔龙纹。背面中间七块为以亭台楼阁为背景的戏剧故事人物，左侧外端塑有"癸酉年仿制"（1993年）年款，右侧外端塑有"菊城陶屋造"店号，其余部分与正面对应。屋脊上层由七块陶塑构件拼接而成，中间一块为龙头托起宝珠火焰脊刹；两侧对称各为三块陶塑拼接而成的龙凤云纹、一条相向倒立的鳌鱼（图2-29）。该脊为1993年维修时，按照原先屋脊造型重塑的，正如程建军先生所评价："正殿屋脊的琉璃陶艺均为现代作品，与明清作品相较略为逊色。"[1]

---

[1] 程建军：《三水胥江祖庙》，北京：中国建筑工业出版社，2008年版，第63页。

(3)普陀行宫山门陶塑正脊

三水胥江祖庙普陀行宫山门面阔三间，总面阔10.3米，总进深26.2米。山门正脊上装饰有一条双面人物陶塑屋脊，分为上、下两层，两面的装饰题材构图相同。正面下层由15块陶塑构件拼接而成，中间九块为以亭台楼阁为背景的戏剧故事人物；两侧对称各为一块内塑暗八仙的镂空方框，左侧塑有"壬申年重修"（1992年）年款，右侧塑有"菊城陶屋造"店号；两侧脊端对称各为两块一组的凤凰衔书。正面上层由九块陶塑构件拼接而成，中间一块为鲤鱼跳龙门及宝珠火焰脊刹；两侧对称各为四块陶塑拼接而成的一条相望的二拱云龙、一条相向倒立的鳌鱼。该脊为1992年维修时由菊城陶屋重塑。

(4)普陀行宫正殿陶塑正脊

三水胥江祖庙普陀行宫正殿正脊上装饰有一条双面人物陶塑屋脊，分为上、下两层，正面、背面装饰题材构图相同。下层由13块陶塑构件拼接而成，中间七块为以亭台楼阁为背景的戏剧故事人物；两侧对称依次各为一块花板，左侧塑有"癸酉年重修"（1993年）年款，右侧塑有"菊城陶屋造"店号，一块内塑蝙蝠祥云的方框；两侧脊端对称各为一块凤凰图案。上层由九块陶塑构件拼接而成，中间一块为鲤鱼跳龙门及宝珠火焰脊刹；两侧对称各为四块陶塑拼接而成的云龙凤首图案、一条相向倒立的陶塑鳌鱼。该脊为1993年维修时由菊城陶屋重塑。

(5)文昌宫山门陶塑正脊

三水胥江祖庙文昌宫总面阔10.24米，总进深25.9米，山门形制与武当行宫相同。文昌宫山门正脊上装饰有一条双面人物陶塑屋脊，分为上、下两层，两面的装饰题材相同。下层由17块陶塑构件拼接而成，中间九块为以亭台楼阁为背景的戏剧故事人物，左侧外端塑有"壬申年重修"（1992年）年款，右侧外端塑有"菊城陶屋造"店号；两侧对称各为一块内塑博古架花瓶的镂空方框；两侧脊端对称各为两块一组的凤凰衔书。上层由七块陶塑构件拼接而成，中间一块为鲤鱼跳龙门及宝珠火焰脊刹，两侧对称各为三块陶塑构件拼接而成的一条相望的二拱云龙、一条相向倒立的陶塑鳌鱼。

(6)文昌宫正殿陶塑正脊

三水胥江祖庙文昌宫正殿正脊上装饰有一条双面人物陶塑屋脊，分为上、下两层，正面、背面装饰题材构图相同。下层由17块陶塑构件拼接而成，中间九块为以亭台楼阁为背景的戏剧故事人物，题材为"六国大封相"；两侧对称依次各为一块花板，左侧塑有"癸酉年重修"（1993年）年款，右侧塑有"菊城陶屋造"店号，一块内塑花草的方框；两侧脊端对称各为两块一组的凤凰图案。上层由九块陶塑构件拼接而成，中间一块为鲤鱼跳龙门及宝珠火焰脊刹，两侧对称各为四块陶塑拼接而成的云龙图案、一条相向倒立的陶塑鳌鱼。

15. 博罗冲虚观

博罗冲虚观位于广东省惠州市博罗县罗浮山南麓朱明洞景区麻姑峰下，南临白莲湖，为东晋葛洪创建，是全国知名道教圣地。东晋咸和年间（326～334年），葛洪在罗浮山中结庐炼仙丹，庵名"都虚观"、"南庵"。葛洪"羽化成仙"后，晋安帝在此建"葛洪祠"，唐玄宗天宝年间（742～756年）扩为"葛仙祠"，宋元祐二年（1087年）哲宗赐"冲虚观"匾额，以后历代均有修葺。该观现存建筑为清同治年间

图2-30　博罗冲虚观（由南往北）

（1862～1874年）重修而成，依山而建，包括山门、三清宝殿、葛仙祠、黄大仙祠、吕祖殿、斋堂、库房等，为二进三路庙观的典型建筑，建筑面积约4400平方米[1]。1945年，东江纵队司令部曾设在冲虚观内。1979年，东江纵队司令部旧址被公布为广东省文物保护单位（图2-30）。

山门陶塑正脊

博罗冲虚观山门面阔三间，进深三间，硬山顶。山门正脊上装饰有一条双面人物、花鸟陶塑屋脊，分为上、下两层。下层由21块陶塑构件拼接而成，正面中间为三块一组的"竹林七贤"山公人物；两侧对称依次各为一块内塑花篮的镂空方框，

[1]　杨森：《广东名胜古迹辞典》，北京：北京燕山出版社，1996年版，第615页。

图2-31　博罗冲虚观山门陶塑正脊（由南往北）

五块一组的牡丹花鸟图案，一块花板，左侧塑有"光绪丁未"（1907年）年款，右侧塑有"吴奇玉造"店号；两侧脊端对称各为两块一组的夔龙纹。下层背面中间为三块一组的山公人物；两侧对称依次各为一块内塑暗八仙的镂空方框，五块一组的缠枝牡丹图案，一块花板，左侧塑有"光绪丁未"（1907年）年款，右侧塑有"吴奇玉造"店号；其他部分与正面构图相同。上层中间为夔龙花卉禹门宝珠脊刹，正面禹门上有"景圣"二字，背面禹门上有"庆云"二字；两侧对称各为一条灰塑二拱跑龙、一条相向倒立的陶塑鳌鱼（图2-31）。

16. 博罗酥醪观

　　博罗酥醪观位于广东省惠州市博罗县长宁镇酥醪村，为著名道士葛洪创建于东晋咸和年间（326～334年），初称北庵。后传安期生会觞神女于玄丘，共谈玄机，酣玄酒之香酒，醉后呼吸永露皆成酥醪，各乘飙车而去，味散于诸天，因而易名酥醪观。该观自宋以后屡兴屡废，清康熙年间（1662～1722年）重建，民国十八年（1929年）重修，1968年再修。酥醪观坐东南向西北，为三进四合院式建筑布局，面阔75米，进深36米，主要建筑有"净日"、"印月"双亭，正殿，配殿，蓬莱阁，斋堂，客堂，道士宿舍，库房，膳堂等。正殿供奉吕祖、雷祖、葛祖三尊泥塑神像，墙上有《重修酥醪观碑铭》、《重修酥醪观碑记》、《酥醪林园种梅书》、《奉宪严禁碑》等碑文。观门石刻匾"酥醪观"三字为清道光年间（1821～1850年）香山鲍俊所书[1]。1978年，酥醪观被公布为博罗县文物保护单位。

正殿陶塑正脊

博罗酥醪观正殿正脊上装饰有一条双面人物、花卉陶塑屋脊，分为上、下两层。下层由23块陶塑构件拼接而成，正面中间为三块一组的"竹林七贤"山公人物；两侧对称依次各为一块内塑花篮的镂空方框，六块一组的牡丹图案，一块花板，两侧脊端对称各为两块一组的夔龙纹。上层中间为花瓶宝珠脊刹，两侧对称各为一条灰塑云龙、一条相向倒立的陶塑鳌鱼。从崭新的釉色可以判断，该脊应为近年重修时新塑。

17. 博罗陈孝女祠

博罗陈孝女祠位于广东省惠州市博罗县龙华镇龙华居委会，创建于南朝，历代均有维修，清道光八年（1828年）大修。陈孝女，名妙圆，博罗县沙河张槎村人，为孝敬父母，矢志不嫁。其事迹闻于梁武帝，南朝大同二年（536年）赐以"孝诚第一"，封龙华护国庇民夫人。该祠坐北向南，由门楼、前院和四进院落组成，面阔10.3米，进深70.58米，砖石结构，木梁架，硬山顶。第一进为头门，门顶镶嵌"陈孝女祠"石匾；第二进为过殿，面阔、进深各三间，殿正中上方悬挂"孝持家国"木牌匾；第三进为神殿，面阔、进深各三间，内奉陈孝女塑像；第四进为后殿，供奉陈孝女父母的神位[2]。1985年，陈孝女祠被公布为惠州市文物保护单位。

（1）头门陶塑正脊

博罗陈孝女祠头门正脊上装饰有一条双面人物、花卉陶塑屋脊，分为上、下两层。下层由17块陶塑构件拼接而成，正面中间七块为以亭台楼阁为背景的戏剧故事人物，人物破损较为严重，其两侧外端店号、年款部分被水泥涂抹，无法辨认；两侧对称依次各为一块内塑暗八仙的镂空方框，两块一组的花卉；两侧脊端对称各为两块一组的镂空凤凰图案。下层背面中间七块为花鸟图案；其他部分与正面构图相同。上层中间为莲花宝珠脊刹，两侧对称各为一条相向的三拱云龙，从釉色和造型可以看出，脊刹和两条云龙均为近年重修时新塑（图2-32）。

（2）过殿陶塑正脊

博罗陈孝女祠过殿正脊上装饰有一条双面花卉陶塑屋脊，分为上、下两层。

---

[1] 博罗酥醪观资料由广东省惠州市第三次全国文物普查办公室工作人员提供。

[2] 博罗陈孝女祠资料由广东省惠州市第三次全国文物普查办公室工作人员提供。

图2-32 博罗陈孝女祠头门及正脊（由南往北）

下层由15块陶塑构件拼接而成，正面中间五块为花卉图案；两侧对称依次各为一块内塑仙人的镂空方框，两块一组的花卉图案；两侧脊端对称各为两块一组的夔龙纹。上层中间为莲花宝珠脊刹，两侧对称各为一条相望的三拱红色云龙，脊刹和两条云龙均为近年重修时新塑。

18. 东莞康王庙

东莞康王庙位于广东省东莞市石排镇横山村，亦称灵应祠，为供奉北帝和康王的庙宇，始建年代不详，清雍正年间（1723～1735年）、清道光八年（1828年）和清光绪十四年（1888年）重修。该庙主体建筑为三开间三进四合院式布局，硬山顶，抬梁与穿斗混合梁架结构[1]。2002年，康王庙被公布为广东省文物保护单位。

[1] 东莞市文化局：《东莞文物图册》，北京：中国建筑工业出版社，2005年版，第55页。

图2-33　东莞康王庙头门及正脊（由南往北）

头门陶塑正脊

东莞康王庙头门正脊上装饰有一条双面人物、花卉陶塑屋脊，分为上、下两层。下层由19块陶塑构件拼接而成，正面中间七块为以亭台楼阁为背景的"水浒传"戏剧故事人物；两侧对称依次各为两块一组的山公人物，一块内塑暗八仙的镂空方框，一块内塑"光绪戊子年"（1888年）年款的花板；两侧脊端对称各为两块一组的凤凰衔书。背面中间三块为山公人物，两侧对称依次各为两块一组的牡丹花卉，两块一组的花卉，其中左侧为莲花，右侧为石榴，一块内塑暗八仙的镂空方框，一块内塑"宝玉号店造"店号的花板；两侧脊端对称各为两块一组的凤凰衔书。上层中间为莲花红宝珠脊刹，两侧对称各为一条相向倒立的陶塑鳌鱼。该脊是清光绪十四年（1888年）康王庙重修时安装上去的，正面保存相对完好，背面人物损毁严重（图2-33）。

19. 中山北极殿、武帝庙

中山北极殿、武帝庙位于广东省中山市大涌镇安堂村，并联两座，建于清道光二十年（1840年），清光绪元年（1875年）和1995年两次重修。该庙坐南向北，进深两进，抬梁式木架构，硬山顶。左边为武帝庙，正中为北极殿，右边为青云巷，巷右为偏殿，殿、庙天井有门相通，各建有重檐四角亭。该建筑原有的精致灰雕、砖雕及檐上的石湾陶塑均被破坏，檐上留有"光绪己亥"（1899年）、"文如璧造"的字样，今所见的是1995年重修的雕塑[1]。1990年，北极殿、武帝庙被公布为中山市文物保护单位。

20. 中山涌头村武帝殿

中山涌头村武帝殿位于广东省中山市沙溪镇涌头村，始建于清同治八年（1869年），1912年重修。该庙坐东北向西南，二进三开间布局，硬山顶，抬梁式木结构，天井两旁有廊，中为一重檐四角亭，现保存完好，前檐保存有精致的木雕、灰塑、石雕艺术[2]。武帝殿一进正面两条垂脊的脊端处，分别安装有陶塑日神、月神。

21. 中山龙环古庙

中山龙环古庙位于广东省中山市沙溪镇龙聚环村，建于清光绪十九年（1893年）。该庙是中山市保存较完整的庙宇建筑之一，坐北向南，二进深，抬梁式木梁架，硬山顶，天井中置有一四角重檐顶香亭[3]。2009年，龙环古庙被公布为中山市文物保护单位。

山门陶塑正脊

中山龙环古庙山门正脊为双面人物、花卉陶塑屋脊，分为上、下两层。下层由21块陶塑构件拼接而成，正面中间九块为以亭台楼阁为背景的戏剧故事人物，人物被破坏殆尽，仅剩下作为背景的方框；两侧对称依次各为一块内塑花卉的镂空方框，两块一组的花鸟图案，一块内嵌瓜果的镂空方框；两侧脊端对称各为两块一组的夔龙纹。上层中间为莲花红宝珠脊刹，两侧对称各为一条相望的二拱跑龙，脊刹和跑龙均为近年重修时新塑。

22. 鹤山大凹关帝庙

鹤山大凹关帝庙位于广东省江门市鹤山市共和镇大凹村，原庙已于一百多年前圮废，现存为清光绪二十二年（1896年）在原址上重建的，1948年曾修葺。该

[1]　中山市文化局：《中山市文物志》，广州：广东人民出版社，1999年版，第23～24页。

[2]　中山市文化局：《中山市文物志》，广州：广东人民出版社，1999年版，第24页

[3]　中山市文化局：《中山市文物志》，广州：广东人民出版社，1999年版，第27页。

图2-34　鹤山大凹关帝庙山门及正脊（由东南往西北）

庙坐西北向东南，由山门、正殿、厢房组成，面宽20.3米，进深18.68米，继承了清代岭南庙宇建筑特色。1994年，大凹关帝庙被公布为鹤山市文物保护单位[1]。1995年，该庙进行重修。

山门陶塑正脊

鹤山大凹关帝庙山门正脊以陶塑、灰塑组合进行装饰，分为上、下两层。下层正面中间为灰塑双凤朝阳图案；两侧对称依次各为三块以亭台楼阁为背景的戏剧故事人物陶塑构件，左侧外端有"光绪丙申"（1896年）年款，两块一组的夔龙纹。上层正中为花瓶宝珠脊刹，两侧对称各为一条单拱跑龙。该脊为清光绪二十二年（1896年）重建时加装的，中间缺失的陶塑构件现用灰塑填补（图2-34）。

此外，在鹤山大凹关帝庙正殿屋顶灰塑正脊上方的宝珠脊刹为旧物，也应与三门的陶塑屋脊一起，为清光绪二十二年（1896年）重建时安装于此的。

23. 吴川香山古庙

吴川香山古庙位于广东省湛江市吴川市博铺街道香山社区茂山路，古称寨

---

[1]　鹤山市大凹关帝庙资料由广东省第三次全国文物普查办公室负责人提供。

图2-35 吴川香山古庙（由西往东）

门庙。该庙始建于西晋太康初年（283年前后），后经唐、宋、元、明、清历代重修。该庙现存主体建筑，坐东向西，面阔18.68米，进深19.9米，硬山顶，风火山墙。香山古庙建筑充分运用了陶塑、灰塑、木雕、石雕等广东民间传统工艺进行装饰，题材广泛，工艺细腻，地方特色浓郁，为典型的清代岭南庙宇建筑。庙内大门左侧尚存重修碑志两块，其中《重修寨门庙碑》的落款为清道光十四年（1834年）甲午孟冬重修；《重修香山古庙志》的落款为清咸丰八年（1858年）戊午仲秋谷旦重修[1]。2008年5月，香山古庙被公布为吴川市文物保护单位；2010年，被公布为广东省文物保护单位（图2-35）。

山门陶塑正脊

吴川香山古庙山门正脊为双面人物、花卉陶塑屋脊，分为上、下两层。下层由17块陶塑构件拼接而成，正面中间五块以亭台楼阁为背景的戏剧故事人物；两侧对称依次各为一块内塑博古架、花瓶的镂空方框，左侧外端塑有"咸丰八年"（1858年）年款，右侧外端塑有"石湾奇玉造"字样，两块戏剧故事人物，一块

---

[1] 吴川香山古庙资料由广东省第三次全国文物普查办公室负责人提供。

图2–36 德庆悦城龙母祖庙山门陶塑正脊（由南往北）

内塑花篮的镂空方框；两侧脊端各为两块一组的凤凰衔书。背面中间五块为牡丹；两侧对称依次各为一块内塑博古架、花瓶的镂空方框，两块一组的花卉，其中左侧为菊花，右侧为梅花，一块内塑花篮的镂空方框；两侧脊端各为两块一组的凤凰衔书。上层由七块陶塑构件拼接而成，中间一块为鲤鱼宝珠脊刹，两侧对称各为三块一组的二拱云龙、一条相向倒立的陶塑鳌鱼。

24. 德庆悦城龙母祖庙

德庆悦城龙母祖庙坐落在广东省肇庆市德庆县悦城镇境内的西江北岸、悦城河与西江交汇处，始建年代无法查考，庙志说秦汉时期已有，据《德庆州志·坛庙》、《庙志》记载，“唐赵令则重修”[1]，以后历代不断重修、扩建，现存建筑为清光绪三十一至三十三年（1905～1907年）重修后的建筑物。2001年，悦城龙母祖庙被公布为全国重点文物保护单位。

[1] 欧清熠：《悦城龙母祖庙》，北京：中国文史出版社，2002年版，第54页。

德庆悦城龙母祖庙主体建筑坐北向南，为砖木石结构，由石牌楼、山门、香亭、大殿、寝宫（妆楼）以及东西两侧的龙母墓陵、东裕堂、西客厅、碑亭、程溪书院等组成一个方形格局的建筑群体，占地面积约13000平方米。该庙建筑设计独特，主次分明，布局严谨，结构合理，具有良好的防洪、防火、防虫、防雷性能，石雕、砖雕、木雕、陶塑、灰塑等建筑装饰技艺巧夺天工。1984年，我国著名古建筑学家龙庆忠教授考察龙母祖庙之后题匾"古坛仅存"。原来殿脊上的陶塑因年深日久，多半已损坏。1988年冬，开始修复龙母祖庙压脊陶塑[1]。

（1）山门陶塑正脊

德庆悦城龙母祖庙山门建于清光绪三十一年（1905年），面阔五间18.28米[2]，进深三间，硬山顶，镬耳式封火山墙。山门正脊上原有陶塑脊饰，故事题材广泛，造型生动，可惜文化大革命期间被毁（图2-36）。

---

[1] 欧清熠：《悦城龙母祖庙》，北京：中国文史出版社，2002年版，第55页。

[2] 吴庆洲：《龙母祖庙的建筑与装饰艺术》，《华中建筑》2006年第8期。

德庆悦城龙母祖庙山门正脊上现装饰有一条双面人物陶塑屋脊，分为上、下两层。下层由33块陶塑构件拼接而成，正面中间15块以亭台楼阁为背景的戏剧故事人物；两侧对称依次各为一块方框，左侧塑有"光绪二十七年"（1901年）年款，右侧塑有"石湾均玉造"店号，三块一组的山公人物，左侧为"八仙故事"，右侧为"竹林七贤"，两块内塑瓜果、博古架花瓶的镂空方框；两侧脊端对称各为三块一组的夔龙纹。下层背面装饰题材与正面相同，但是与正面年款、店号对应方框内塑有"戊辰年重造"（1988年）年款和"中山菊城陶屋"店号。上层中间为蝙蝠葫芦脊刹，两侧对称各为一条相望的二拱跑龙、一条相向倒立的鳌鱼。在山门正面的两条垂脊的脊角处，分别安装有陶塑的日神、月神。

（2）香亭陶塑正脊、垂脊、戗脊、角脊

德庆悦城龙母祖庙头进天井中有一香亭，建于清光绪三十一年（1905年）。香亭立于高约0.5米的台基之上，平面为正方形，只有八根柱子，其中外柱四根、内柱四根。香亭面阔三间，进深三间，重檐歇山顶，绿琉璃瓦屋面，山面施悬鱼。

德庆悦城龙母祖庙香亭的灰塑正脊上方，中间装饰有陶塑的莲花葫芦脊刹，两侧各为一条相向倒立的陶塑鳌鱼。香亭上层檐四条垂脊分别由五块花卉瓜果图案的陶塑构件拼接而成。上层檐四条戗脊分别由一块花卉图案陶塑拼成，脊端向上翘起，呈卷尾状。

德庆悦城龙母祖庙香亭下层檐四条角脊分别由三块花卉瓜果图案的陶塑构件拼接而成，垂脊端部施夔龙吻兽。

（3）香亭前东、西两廊陶塑看脊

德庆悦城龙母祖庙头进香亭前的东廊上装饰有一条单面人物陶塑看脊，由19块陶塑构件拼接而成。该脊中间11块以"封神演义"为题材的戏剧故事人物；两侧对称各为一块花板，左侧塑有"光绪廿七年"（1901年）年款，右侧塑有"石湾均玉造"店号；两侧脊端对称各为三块一组的仙人图案。该脊由菊城陶屋于1985年重新制作。

德庆悦城龙母祖庙头进香亭前的西廊上装饰有一条单面人物陶塑看脊。该看脊由19块陶塑拼接而成，中间11块以"封神演义"为题材的戏剧故事人物；两侧对称各为一块花板，其中左侧花板内塑有"乙丑年重修"（1985年）年款，右侧花板内塑有"菊城陶屋造"店号；两侧脊端对称各为三块一组的仙人图案。

（4）大殿陶塑正脊、垂脊、戗脊、围脊

德庆悦城龙母祖庙大殿又称龙母殿，供奉龙母。该殿重建于清光绪三十一年

（1905年），面阔五间19.28米，进深五间14.08米，平面呈长方形，重檐歇山顶[1]。

德庆悦城龙母祖庙大殿正脊上装饰有一条双面人物陶塑屋脊，分为上、下两层。下层由25块陶塑构件拼接而成，背面中间11块为以亭台楼阁为背景的戏剧故事人物，题材为"昭君和番"；两侧对称依次各为一块方框，左侧方框塑有"菊城陶屋造"店号，右侧方框塑有"庚午年重修"（1990年）年款，两块一组的山公人物，一块内塑花瓶的镂空方框，一块内塑麒麟吐瑞的镂空方框；两侧脊端各为两块一组的夔龙纹。上层中间为葫芦脊刹，两侧对称各为一条相望的二拱跑龙、一条相向倒立的陶塑鳌鱼（图2-37）。

德庆悦城龙母祖庙大殿上层檐四条垂脊分别由10块牡丹图案陶塑构件拼接而成，其中两条垂脊相交处共用一块云纹陶塑构件；四条戗脊分别由三块花鸟图案陶塑构件拼接而成，脊端向上方翘起，呈卷尾状。

德庆悦城龙母祖庙大殿下层檐的围脊由23块以亭台楼阁为背景的戏剧故事人物陶塑构件拼接而成，题材为"水浒一百〇八将"。该脊由菊城陶屋于1991年制作。

（5）大殿前东、西两廊陶塑看脊

德庆悦城龙母祖庙大殿前的东廊上装饰有一条单面人物陶塑看脊。由23块戏剧故事人物陶塑构件拼接而成，中间17块为以"封神演义"为题材的戏剧故事人物；两侧对称依次各为一块花板，其中左侧花板内塑有"光绪廿七年"（1901年）年款，右侧花板内塑有"石湾均玉造"店号；两侧脊端各为两块一组的仙人故事，其中左侧为福星、寿星，右侧为"刘海戏金蟾"、"和合二仙"。该脊由菊城陶屋于1991年重新制作。

德庆悦城龙母祖庙大殿前的西廊上装饰有一条单面人物陶塑看脊，与东廊看脊对称，由23块戏剧故事人物陶塑构件拼接而成。中间17块为"封神演义"戏剧故事人物，其中脚踏风火轮、手执乾坤圈的为哪吒；两侧对称各为一块花板，左侧塑有"庚午年造"（1990年）年款，右侧塑有"菊城陶屋"店号；两侧脊端对称各为两块一组的八仙故事。

（6）龙母寝宫陶塑正脊

德庆悦城龙母祖庙后座为龙母寝宫，建于清咸丰二年（1852年），清光绪三十一年（1905年）重修，为二层阁楼，面阔五间，进深三间，硬山顶，镬耳式封火山墙。

龙母寝宫正脊上装饰有一条双面人物陶塑屋脊，分为上、下两层，正面、背

---

[1]　吴庆洲：《龙母祖庙的建筑与装饰艺术》，《华中建筑》2006年第8期。

图2-37　德庆悦城龙母祖庙大殿背面（由北往南）

面的装饰题材相同。下层由29块陶塑构件拼接而成，背面中间13块为以亭台楼阁为背景的戏剧故事人物；两侧对称依次各为一块方框，左侧塑有"菊城陶屋造"店号，右侧塑有"乙酉年重修"（2005年）年款，三块一组的祥云仙人，一块记录募捐者的方框，其中左侧塑有"叶少建合家叶景坤合家陈镜科合家张基本合家万荣根合家"，右侧塑有"东莞市誉丰膳食酒店管理服务有限公司"，一块草龙纹镂空方框；两侧脊端对称各为两块一组的夔龙纹。上层中间为鲤鱼跳龙门宝珠脊刹，两侧对称各为一条相望的二拱跑龙、一条相向倒立的陶塑鳌鱼。

（7）龙母寝宫前东、西两廊陶塑看脊

德庆悦城龙母祖庙龙母寝宫前东廊上装饰有一条单面人物陶塑看脊，由12块戏剧故事人物陶塑构件拼接而成。中间六块为八仙人物；两侧对称各三块为以亭台楼阁为背景的戏剧故事人物，左侧外端塑有"光绪廿七年"（1901年）年款，右侧外端塑有"石湾均玉造"店号。该脊由菊城陶屋于1991年重新制作。

德庆悦城龙母祖庙龙母寝宫前西廊上装饰有一条单面人物陶塑看脊，与东廊看脊对称，由13块戏剧故事人物陶塑拼接而成。中间11块为以"杨家将"为题材的戏剧故事人物；两侧对称各为一块花板，左侧塑有"辛未年重修"（1991年）年款，右侧塑有"小榄陶屋造"店号。

（8）观音殿山门陶塑正脊

德庆悦城龙母祖庙左路为观音殿，面阔三间，进深二进，硬山顶。观音殿山门正脊上装饰有一条双面花卉动物陶塑屋脊，分为上、下两层。下层由21块陶塑

构件拼接而成，正面中间11块为凤凰牡丹花卉；两侧对称依次各为一块蝙蝠祥云方框，左侧塑有"庚辰年造"（2000年）年款，右侧塑有"菊城陶屋"店号，两块一组的花卉图案，左侧为花鸟图，右侧为葡萄松鼠，一块内塑博古架花瓶的镂空方框；两侧脊端对称各为一块夔龙纹。背面中间11块为仙鹤祥云图案；两侧对称依次各为一块蝙蝠祥云方框，左侧塑有"庚辰年造"（2000年）年款，右侧塑有"菊城陶屋"店号，两块一组的花卉图案，其中左侧为桃树，右侧为花鸟图；其他部分的装饰图案与正面相同。上层中间为蝙蝠祥云宝珠脊刹，两侧对称各为一条相向倒立的陶塑鳌鱼。

（9）观音殿正殿陶塑正脊

德庆悦城龙母祖庙观音殿正殿正脊上装饰有一条双面花卉陶塑屋脊，分为上、下两层。下层由21块陶塑构件拼接而成，背面中间11块为花卉图案；两侧对称依次各为一块方框，左侧塑有"庚辰年造"（2000年）年款，右侧塑有"菊城陶屋"店号，两块一组的花卉图案，左侧为鹰击长空，右侧为金鸡报晓，一块内塑双夔龙纹的镂空方框；两侧脊端各为一块夔龙纹。上层装饰有两条相向倒立的陶塑鳌鱼。

（10）西客厅山门陶塑正脊

德庆悦城龙母祖庙右路西客厅山门面阔五间，进深三间，硬山顶。西客厅山门正脊上装饰有一条双面云龙、花卉陶塑屋脊，分为上、下两层。下层由27块陶塑构件拼接而成，正面中间15块为云龙图案；两侧对称依次各为一块内塑葫芦的镂空方框，两块一组的蝙蝠祥云图案，一块花板，左侧塑有"菊城陶屋"店号，右侧塑有"戊寅年造"（1998年）年款；两侧脊端对称各为两块一组的龙头、凤爪、鳌鱼尾的变体龙图案。背面中间15块为香炉、花瓶、花卉图案，其他部分的图案与正面相同。上层中间为三块陶塑构件拼成的蝙蝠祥云宝珠脊刹，两侧对称各为一条相向倒立的陶塑鳌鱼。

（11）西客厅中庭陶塑正脊

德庆悦城龙母祖庙右路西客厅中庭正脊上装饰有一条双面陶塑屋脊，分为上、下两层。下层由11块陶塑构件拼接而成，正面、背面的装饰图案相同，中间九块为蝙蝠祥云图案，两侧脊端对称各为一块夔龙纹。上层中间为莲花宝珠脊刹，两侧对称各为一条相向倒立的陶塑鳌鱼。

（12）西客厅陶塑正脊

德庆悦城龙母祖庙右路二进为龙母庙西客厅，为二层阁楼，面阔五间，进深三间，硬山顶。西客厅正脊上装饰有一条双面花卉陶塑屋脊，分为上、下两层。下层由27块陶塑构件拼接而成，正面中间15块为牡丹、茶花图案；两侧对称依次各为一块内塑双鱼的镂空方框，两块一组的蝙蝠祥云图案，一块花板，左侧塑有"菊城陶屋"店号，右侧塑有"戊寅年造"（1998年）年款；两侧脊端对称各为两块一组的夔龙纹。背面中间15块为荷花、佛手、葡萄、梅花、菊花等图案，其他部分的构图与正面相同。上层中间为三块陶塑拼成的缠枝牡丹宝珠脊刹，两侧对称各为一只回首凤凰、一条相向倒立的陶塑鳌鱼。

25. 郁南狮子庙

郁南狮子庙位于广东省云浮市郁南县大湾镇狮子头村公路桥头，始建年代不详，重建于清光绪二十四年（1898年），民国十五年（1926年）重修右厢房。该庙坐东向西，面临泷江，由前殿、四角亭、正殿、后殿、两边回廊、左右厢房等组成。狮子庙主体建筑为抬梁与穿斗混合式梁架结构，硬山顶，风火山墙[1]，装饰有精湛的木雕、灰雕、石雕、壁画和陶塑脊饰。2003年，狮子庙被公布为郁南县文物保护单位（图2-38）。

（1）前殿陶塑正脊

郁南狮子庙前殿正脊为双面人物、花卉陶塑屋脊，右侧部分缺失，现左侧部分存11块陶塑构件。正面依次为：七块以亭台楼阁为背景的戏剧故事人物，人物全部残损，一块内塑暗八仙的镂空方框，一块内塑有"光绪戊戌年"（1898年）

---

[1] 杨森：《广东名胜古迹辞典》，北京：北京燕山出版社，1996年版，第1049页。

图2-38　郁南狮子庙（由西往东）

年款的花板；脊端为两块一组的凤凰衔书图案，凤凰头部已经缺失。背面七块为牡丹、佛手、桃子等花卉图案，其他部分与正面装饰题材相同，花板内塑有"石湾奇玉造"店号。

（2）正殿陶塑正脊

郁南狮子庙正殿正脊为双面花鸟陶塑屋脊，分为上、下两层。下层由17块陶塑构件拼接而成，正面中间七块为花鸟图案。背面中间七块为牡丹花鸟图案；两侧对称依次各为一块花板，左侧塑有"光绪戊戌岁"（1898年）年款，右侧塑有"石湾奇玉造"店号，一块内塑暗八仙的镂空方框，各接一小块花板；两侧脊端对称各为两块一组的夔龙纹。上层中间为云纹宝珠脊刹，两侧对称各为一条相向倒立的陶塑鳌鱼。

26. 新兴国恩寺

新兴国恩寺位于广东省云浮市新兴县城以南13公里的集成镇龙山脚下，是佛教禅宗六祖惠能的故居和圆寂之所，被称为岭南第一圣域。该寺始建于唐弘道元年（683年），唐神龙二年（706年）赐名国恩寺。唐宋时期，香火极盛。明嘉

图2-39 新兴国恩寺山门牌坊及看脊(由东南往西北)

靖年间（1522～1566年），寺产被势豪所占，寺宇失修崩毁。明隆庆元年（1567年）重修，此后不断扩建，规模庞大[1]。该寺依山而建，坐东北向西南，总体布局为四进院落。前有珠亭、镜池、"第一地"山门牌坊；寺内以天王殿、大雄宝殿、六祖殿为中轴，两旁配殿为地藏王殿、达摩殿、文殊普贤殿、大势至殿、四配殿及钟楼、鼓楼、方丈室、客堂、禅堂、报恩塔、六祖纪念堂、圆通宝殿等。新兴国恩寺现存主体建筑建于明清，布局和结构仍保留着明代的建筑风格。1989年，国恩寺被公布为广东省文物保护单位。

新兴国恩寺山门牌坊，建于明万历年间（1573～1620年）。在牌坊檐下镶嵌有一组"龙虎汇"图案，由三块镂空陶塑拼接而成，正面、背面的图案相同，左边两块为云龙，右边一块为猛虎，并塑有"奇玉店造"店号（图2-39）。

（二）　广西地区庙宇建筑

1. 邕宁五圣宫

邕宁五圣宫位于广西壮族自治区南宁市邕宁区蒲津路，是广西五大名庙之一。该庙始建于清乾隆八年（1743年），大殿供奉北帝，左厢房供奉龙母、天后，右厢房供奉三界、伏波，一共五位圣神，称为五圣，五圣宫因此得名。五圣宫曾于清乾隆五十九年（1794年）、道光二十年（1840年）、光绪十一年（1885年）进行重修[2]。五圣宫由前、后两进和东、西侧厢房组成一个封闭的四合院落，砖木结构，清水墙，硬山顶，绿琉璃瓦屋面，属典型的岭南传统建筑风格。

头门陶塑正脊

邕宁五圣宫头门正脊上原装饰有一条人物陶塑屋脊，其上方为二龙戏珠，但由于多年的风雨摧残及人为破坏，屋脊破损严重。2004年11月，南宁市政府拨专款对五圣宫进行修缮时，将屋顶上残损的陶塑屋脊构件拆下来存放在五圣宫库房里，改为灰塑屋脊，上面的戏剧故事人物和二龙戏珠图案是按照原来陶塑屋脊的式样重塑。

2. 横县伏波庙

横县伏波庙位于广西壮族自治区南宁市横县云表镇站圩村东南3公里的郁江乌蛮滩北岸，为纪念东汉伏波将军马援南征交趾、平乱靖边的功绩而建。该庙

[1] 杨森：《广东名胜古迹辞典》，北京：北京燕山出版社，1996年版，第1013页。

[2] 笔者根据广西地方志编纂委员会办公室《大型电视系列片：广西古建筑志》（DVD，南宁：广西金海湾电子音像出版社，2010年出版）中"南宁蒲庙五圣宫"影像资料整理。

图2-40 横县伏波庙（由南往北）

始建于东汉章帝建初三年（78年），后历遭大火毁坏殆尽，北宋庆历六年（1046年）重修，此后历代都有修缮扩增。现存的伏波庙为清嘉庆年间（1796~1820年）重修，但仍保留旧时的规模，由庙门、牌楼、前殿、大殿、回廊、后殿等几个部分组成，以祭坛为中心，形成一个封闭的院落。庙门两旁为对称的钟楼和鼓楼，平面呈矩形，为明代建筑[1]。伏波庙原为三进建筑，第三进在文化大革命期间遭到严重破坏，现已无存。2013年，横县伏波庙被公布为全国重点文物保护单位（图2-40）。

（1）前殿陶塑正脊

横县伏波庙前殿为三开间，硬山顶。前殿正脊上装饰有一条双面人物陶塑屋脊，分为上、下两层。下层由15块陶塑构件拼装而成，正面中间五块为以亭台楼阁为背景的戏剧故事人物；两侧对称依次各为一块内塑博古架花瓶的镂空方框，两块一组的山公人物，左侧外端塑有"道光戊申岁"（1848年）年款，右侧外端塑有"石湾如璧造"店号；两侧脊端对称各为两块一组的凤尾变体龙纹。背面中间五块为以亭台楼阁为背景的戏剧故事人物；两侧对称依次各为一块内塑博古花瓶的镂

---

[1] 笔者根据广西地方志编纂委员会办公室《大型电视系列片：广西古建筑志》（DVD，南宁：广西金海湾电子音像出版社，2010年出版）中"横县伏波庙"影像资料整理。

空方框，两块一组的山公人物，左侧外端塑有"道光戊申年"（1848年）年款，右侧外端塑有"粤东如璧造"店号；两侧脊端对称各为两块一组的团凤纹，与正面相同。该脊两面的陶塑人物大部分已经毁损，仅存作为背景的亭台楼阁。此外，从屋脊上方现存的残痕可以得知，上方原装饰有禹门宝珠脊刹和鳌鱼。

（2）前殿东、西厢房陶塑看脊

横县伏波庙前殿东侧厢房屋顶上装饰有一条单面陶塑看脊，由五块陶塑构件拼装而成。中间三块为以亭台楼阁为背景的戏剧故事人物，人物已经破损无存；两侧对称各为一块内塑瓜果的夔龙纹，左侧塑有"道光戊申"（1848年）年款，右侧塑有"如璧店造"店号。

横县伏波庙前殿西侧厢房屋顶上装饰有一条单面陶塑看脊，由五块陶塑拼装而成，中间三块为以亭台楼阁为背景的戏剧故事人物，人物破损无存；两侧对称各为一块内塑瓜果的夔龙纹，左侧塑有"戊申岁"（1848年）年款，右侧塑有"如璧造"店号。

（3）大殿陶塑正脊

横县伏波庙大殿为三开间，歇山顶。大殿正脊上装饰有一条双面人物花鸟陶塑屋脊，分为上、下两层（图2-41）。该脊下层由17块陶塑构件拼接而成，正面中间

图2-41　横县伏波庙大殿及正脊（由南往北）

五块为以亭台楼阁为背景的戏剧故事人物；两侧对称依次各为一块花板，左侧塑有"西泰利承办"字样，右侧塑有"石湾奇玉造"店号，两块一组的山公人物图案，一块内塑蝙蝠、祥云的镂空方框；两侧脊端对称各为两块一组的卷龙纹。背面中间为五块一组的花鸟图案；两侧对称依次各为一块花板，左侧塑有"光绪廿三年"（1897年）年款，右侧塑有"粤东奇玉造"店号，两块一组的喜鹊梅花图，一块内塑暗八仙的镂空方框；两侧脊端各为两块一组的卷龙纹，与正面相同。该脊正面的人物和背面的花鸟图案大部分已毁损。屋脊上方原装饰有二龙戏珠，但是居中的禹门已残损缺失，两侧相向的二拱跑龙头部和尾部均已破损无存。

3. 梧州龙母庙

梧州龙母庙位于广西壮族自治区梧州市城北桂江东岸、桂林路北端。该庙始建于北宋年间，明万历、清康熙、清雍正年间曾重修，是广西境内唯一保存至今、具有宋代建筑风格的文物古迹[1]。龙母庙建筑独特，依山面水，由牌坊、前殿、龙母宝殿、龙母寝宫、钟楼、鼓楼、塔楼、厢房等组成，占地面积5000多平方米。1982年，龙母庙被公布为梧州市文物保护单位。

龙母宝殿陶塑正脊

梧州龙母庙龙母宝殿为绿琉璃瓦屋面，硬山顶，在正脊的中部装饰有一条双面人物陶塑屋脊，分为上、下两层。下层由七块陶塑构件拼接而成，正面中间三块为以亭台楼阁为背景的戏剧故事人物，左侧外端塑有"同治辛未"（1871年）年款，右侧外端塑有"吴奇玉造"店号；两侧对称各为两块一组的山公人物，左侧外端塑有"同治十年"（1871年）年款，右侧外端塑有"吴奇玉造"店号。背面中间三块为以亭台楼阁为背景的戏剧故事人物，左侧外端塑有"同治十年"（1871年）年款，右侧外端塑有"粤东吴奇玉造"店号；两侧对称各接两块一组的蝴蝶牡丹花卉图案，左侧外端塑有"同治辛未岁"（1871年）年款，右侧外端塑有"吴奇玉店造"店号。上层中间装饰有一只陶塑狮子，两侧对称各为一条相向倒立的陶塑鳌鱼（图2-42）。

2007年7月3日，笔者在梧州龙母庙调查时，据梧州市博物馆负责人介绍，龙母宝殿屋顶上面的陶塑脊饰并非该庙原有之物，而是从旧时梧州西江边的谭公庙、关太史第屋脊上拆下来的，1987年修复龙母庙时拼装于此，因此才会出现正面、背面各有两处店号、年款的情况。

[1] 笔者根据广西地方志编纂委员会办公室《大型电视系列片：广西古建筑志》（DVD，南宁：广西金海湾电子音像出版社，2010年出版）中"梧州龙母庙"影像资料整理。

图2-42　梧州龙母庙龙母宝殿及正脊（由西北往东南）

4. 东兴三圣宫

东兴三圣宫位于广西壮族自治区防城港市东兴镇竹山村，当地群众也称为三婆庙，庙内供奉的三婆婆为妈祖。东兴镇竹山村清代时为广东辖地，因盛产竹子而得名。竹山旧街始于清朝末期，商贾云集，曾是钦防一带最繁华的商埠之一。三圣庙始建于清光绪二年（1876年），二进院落布局，硬山顶，一进、二进之间有香厅作为连接，两侧设有厢房，属典型的岭南清代建筑。清光绪二年建庙时，前殿的正脊上面装饰有一条双面人物、花卉陶塑屋脊。

东兴三圣宫前殿正脊上现只剩下两块花卉图案的陶塑构件，分别安装在正脊的两端，其中左侧的一块也是拼接的，正面塑有"光绪二年"（1876年）字样，背面相应位置塑有"吴奇玉造"店号。屋脊的中部装饰有新塑的两条相向的黄釉云龙，中间为宝珠脊刹。

2011年12月12日，笔者在东兴三圣宫调查时，在旁边的杂物房里，找到一块陶塑屋脊的残件，虽然上面的贴塑都已脱落，但是可以看出正面有作为背景的亭台楼阁残存，背面则为花卉图案。

图2-43　桂平三界庙前殿陶塑正脊（由南往北）

5. 桂平三界庙

桂平三界庙位于广西壮族自治区桂平市金田村新圩镇上，始建于清顺治十八年（1661年），嘉庆九年（1804年）重建，道光十二年（1832年）、道光二十四年（1844年）、同治四年（1865年）重修。1851年8月，太平天国军队由紫荆山区移营金田后，以三界庙为前线指挥所，洪秀全曾在此指挥有名的新圩突围之战。1944年，日本侵华战争蔓延金田，日军飞机曾在金田投掷炸弹，狂轰滥炸，整个金田村沦为一片废墟，唯独三界庙附近的炸弹没有爆炸。该庙坐北朝南，主体建筑为四合院式布局，平面呈长方形，分为前殿、天井、后殿和虎廊，硬山顶，风火山墙，为典型的清中晚期岭南地区建筑风格[1]。1963年，桂平三界庙被公布为广西壮族自治区文物保护单位。

（1）前殿陶塑正脊

桂平三界庙前殿石柱上刻有"沐恩粤东顺邑弟子联芳会敬奉"字样。前殿正脊装饰有一条双面人物陶塑屋脊，分为上、下两层。下层由13块陶塑构件拼接而成，正面中间九块为以亭台楼阁为背景的戏剧故事人物，故事题材为"太白退蕃书"，左侧外端塑有"同治乙丑年"（1865年）年款，右侧外端塑有"石湾奇玉造"店号；两侧脊端对称各为两块一组的夔龙纹。下层背面构图与正面相同，其

---

[1]　笔者根据2007年11月1日在桂平三界庙调查的资料整理。

中左侧外端塑有"同治乙丑年"（1865年）年款，右侧外端塑有"石湾奇玉造"店号。正面人物保存较完整，背面人物局部破损。上层中间为禹门宝珠脊刹，两侧对称各为一条相向倒立的陶塑鳌鱼（图2-43）。

（2）后殿陶塑正脊

桂平三界庙后殿正脊装饰有一条双面人物花卉陶塑屋脊，分为上、下两层。下层由13块陶塑构件拼接而成，正面中间九块为以亭台楼阁为背景的戏剧故事人物，左侧外端塑有"同治乙丑年"（1865年）年款，右侧外端塑有"石湾奇玉造"店号；两侧脊端对称各为两块一组内嵌花瓶、瓜果的夔龙纹。背面中间七块为缠枝牡丹花卉；两侧对称各为一块内塑暗八仙的方框；两侧脊端对称各为两块一组内嵌花瓶、瓜果的夔龙纹。上层中间为禹门宝珠脊刹，两侧对称各为一条相向倒立的陶塑鳌鱼。

6. 黄姚古镇庙宇、戏台

黄姚古镇位于广西壮族自治区贺州市昭平县东北隅，距昭平县城70公里，距桂林200公里，占地1平方公里。黄姚古镇始建于宋开宝年间（968～976年），兴建于明万历年间（1573～1620年），姚江穿镇而过，由于镇上以黄、姚两姓居多，故取名黄姚古镇[1]。黄姚古镇内现有寺庙祠观二十多座、亭台楼阁十多处，大多数为清代岭南建筑风格。其中始建于明嘉靖三年（1524年）的古戏台，为目前广西地区保存最好、造型装饰最美、规模最大的古戏台之一。其他著名的建筑有文明阁、宝珠观、兴宁庙、狮子庙、吴家祠、郭家祠、佐龙寺、见龙寺、带龙桥、护龙桥、天然亭等。黄姚古镇四面环山，三条水系蜿蜒流过，镇内的古榕盘根错节、虬枝伞盖，与碧水、拱桥、古屋、青石板路相得益彰，宁静质朴，素有"梦境家园"之称。

（1）真武亭陶塑正脊

真武亭坐落在黄姚古镇内隔江山下的龙畔街边，兴宁庙前面，护龙桥南端。亭子前面的两柱上题写有一副对联："别有洞天藏世界，更无胜地赛仙山。"亭子上方悬挂着一块雕有"且坐喫（吃）茶"楷书大字的牌匾，为清乾隆年间（1736～1795年）黄姚举人林作楫题写的作品。

黄姚古镇真武亭正脊中间为灰塑宝珠葫芦脊刹，其两侧共装饰有四块陶塑屋脊构件，其中两块以亭台楼阁为背景的戏剧故事人物，两块博古纹。

---

[1] 笔者根据广西地方志编纂委员会办公室《大型电视系列片：广西古建筑志》（DVD，南宁：广西金海湾电子音像出版社，2010年出版）中"广西昭平黄姚古镇"影像资料整理。

图2-44 黄姚古镇宝珠观门厅及正脊（由南往北）

（2）宝珠观门厅陶塑正脊

宝珠观[1]位于黄姚古镇景区内，始建于明嘉靖三年（1524年），清乾隆（1736~1795年）、道光（1821~1850年）、光绪（1875~1908年）年间曾多次重修，现由大殿、门厅、厢房、回廊等组成。该观供奉北帝、如来、观音，是道教、佛教合一的寺观。1945年，中共广西省工委迁到黄姚古镇宝珠观内，秘密开展抗日活动。1986年，广西壮族自治区人民政府将宝珠观定为广西省工委旧址。1994年，宝珠观被公布为广西壮族自治区文物保护单位和爱国主义教育基地。

宝珠观门厅面阔三开间，正脊为双面人物、花卉陶塑屋脊，由12块陶塑残件拼接而成。该脊正中为新塑的绿釉葫芦脊刹，其正面左侧为六块陶塑构件，依次为两块内塑博古架果盘的镂空方框、三块以亭台楼阁为背景的戏剧故事人物、一块内嵌花卉蝙蝠的博古纹，人物部分破损严重，两侧有"奇玉造"、"石湾奇玉店造"店号；正面右侧也为六块陶塑构件，依次为一块凤凰牡丹、一块山公人物、两块以亭台楼阁为背景的戏剧故事人物、两块博古纹，人物部分破损严重。该脊背面葫芦脊刹的两侧共九块以亭台楼阁为背景的戏剧故事人物，两侧共有三块博古纹，其中人物部分残损严重，左侧人物方框的边缘有"粤东奇玉店造"店号，

---

[1] 笔者根据2006年6月20日在黄姚古镇宝珠观调查资料整理。

右侧人物方框的边缘有"道光八年季秋"（1828年）年款（图2-44）。

(3) 古戏台陶塑正脊

黄姚古镇古戏台始建于明嘉靖三年（1524年），清乾隆、光绪年间曾多次重修，1983年再次重修。该戏台占地面积约94平方米，平面呈"凸"字形，以八根木柱为支架，砖木结构，单檐歇山顶。台基用石板围砌，台面铺以木板，前台、后台之间用屏风隔开，台柱四脚下面埋有四个大水缸，能够在演出时形成很好的共鸣。黄姚古镇古戏台是广西地区保存比较完整的明代戏台之一，已被公布为广西壮族自治区文物保护单位。

黄姚古镇古戏台正脊为灰塑、陶塑相搭配的双面屋脊，长约4米。该脊中间是一块灰塑，其上方为两只相望的红色狮子和绿色宝珠脊刹，应为近年重修时新塑；两侧各为三块陶塑屋脊构件，正面左侧依次为一块内嵌时钟的镂空方框、一块花卉、一块博古纹，右侧依次为一块装饰有黄釉马的方框、一块花卉、一块博古纹；背面依次为三块以亭台楼阁为背景的戏剧故事人物、一块花卉、两块博古纹，人物花卉残损严重。该脊陶塑部分题材凌乱、造型参差，据当地村民介绍，为古戏台维修时从别处拆下来安装于此处的（图2-45）。

图2-45 黄姚古镇古戏台及正脊（由南往北）

7. 龙州县伏波庙

龙州县伏波庙位于广西壮族自治区崇左市龙州县县城东面龙江南岸，供奉东汉伏波将军马援。龙州县位于广西西南部，西北与越南接壤，是边防要地，也是我国与东南亚各国进行文化、贸易交往的重要门户。据《龙州县志初稿》记载，龙州县伏波庙"在洽东龙江南岸坡原之上，旧名古寨遗祠，雍正十三年（1735年）通判吴大猷重修。道光二十八年（1848年）同知徐士珩率士民重修。光绪三十一年（1905年）毁神。民国五年（1916年）重修。"[1]该庙的石柱对联上标明"道光二十八年岁次季冬谷旦，沐恩信生粤东南邑黄熊芳、刘进新仝敬□"的字样，由此可知，清道光二十八年（1848年）龙州县伏波庙重修时，广东南海的商人曾捐献财物，答谢伏波将军的保佑之恩。该庙现存建筑为三开间二进院落布局，砖木结构，硬山顶。

前殿陶塑正脊

龙州县伏波庙前殿正脊上装饰有一条双面人物陶塑屋脊。该脊中间部分的陶塑构件已经缺失，现存15块陶塑构件，其中左侧六块陶塑，分别为一块以亭台楼阁为背景的戏剧故事人物、一块内嵌时钟的镂空方框、两块山公人物、两块夔龙纹，人物部分均已残损无存，时钟方框的外端塑有"道光戊申岁"（1848年）年款；右侧九块，分别为四块以亭台楼阁为背景的戏剧故事人物、一块内嵌时钟的镂空方框、两块山公人物、两块夔龙纹，人物部分均已残损无存，时钟方框的外端塑有"石湾奇新店造"店号。

（三）　港澳地区庙宇建筑

1. 铜锣湾天后庙

铜锣湾天后庙位于香港岛铜锣湾天后大道10号，始建于清初，由戴仕蕃建造（戴氏原为广东客家人），当时称之为"盐船湾红香炉庙"。天后庙的业权至今仍为戴氏族人（戴氏福堂有限公司）所拥有。该庙供奉天后，另外还供奉观音、财神及包公，曾历经多次重修，至今仍保持着清同治七年（1868年）重修时的面貌，为三开间二进建筑布局，硬山顶，人字风火山墙。

（1）前殿陶塑正脊

铜锣湾天后庙前殿陶塑正脊分为上、下两层。该脊下层由九块陶塑构件拼接

---

[1]　叶茂荃：《龙州县志初稿》上册，南宁：南宁自然美术油印社，1936年版，第117页。

而成，正面为以亭台楼阁为背景的戏剧故事人物，背面为牡丹图案。上层中间为宝珠脊刹，现仅存脊刹的残件；两侧对称各为一条跑龙，其中跑龙和宝珠均为嵌瓷。从该屋脊的现存情况可知，其并非一条完整的陶塑屋脊，两侧的部分陶塑已经缺失，正脊与山墙之间的空隙用灰泥填补。此外，前殿正面两条垂脊的脊端分别装饰有一只陶塑狮子。

（2）正殿陶塑正脊

铜锣湾天后庙正殿正脊由13块陶塑构件拼接而成，中间一块为鲤鱼跳龙门宝珠脊刹；两侧对称各为六块陶塑构件，正面为花卉图案，背面为以亭台楼阁作背景的戏剧故事人物。从该屋脊现存状况判断，其并非一条完整的陶塑屋脊，应为重修时进行拼装的。

2. 湾仔洪圣古庙

湾仔洪圣古庙位于香港岛湾仔皇后大道东129号，四周都被现代商住楼宇包围。该庙创建于何时，已无可考，"洪圣古庙"门额左侧有"咸丰十年春重修"、"同治六年阖港众善信重修吉立"[1]字样，由此可知该庙曾于清咸丰十年（1860年）、同治六年（1867年）重修。该庙为三开间二进建筑布局，庙内供奉洪圣大王，旁边供奉金花夫人、太岁及包公等。湾仔洪圣古庙现由东华三院管理，被评为香港一级历史建筑。

前殿陶塑正脊

湾仔洪圣古庙前殿正脊上安装有一条双面人物陶塑屋脊，分为上、下两层。下层由11块陶塑构件拼接而成，正面中间五块为以亭台楼阁为背景的戏剧故事人物，人物残损严重；两侧对称依次各为一块内嵌花篮的镂空方框，一块花板，左侧塑有"李万玉作，徐志稳、徐荣辉造"店号，右侧塑有"宣统元年"（1909年）年款；两侧脊端对称各为一块双蝠托花瓶牡丹图案。上层由七块陶塑构件拼接而成，中间一块为鲤鱼跳龙门宝珠脊刹，上面的宝珠已经缺失，两侧对称各为一条由三块陶塑构件拼成的二拱云龙。屋脊上层两条云龙的两侧，还各装饰有一个花瓶。此外，在正脊两端稍后的垂脊上，还分别安装有陶塑日神、月神，其中月神的头部已缺失（图2-46）。

3. 湾仔北帝庙

湾仔北帝庙原名湾仔玉虚宫，位于香港岛湾仔隆安街2号，清同治二年

---

[1] 科大卫、陆鸿基、吴伦霓霞：《香港碑铭汇编》，香港：香港市政局出版，1986年版，第785页。

图2-46 湾仔洪圣古庙前殿及正脊（由东北往西南）

（1863年）由当时的湾仔居民集资建成[1]。庙内主祀北帝，同时供奉关公、太岁、观音、吕祖、龙母、包公、三宝佛、华佗、财神等诸神，曾于民国十七年（1928年）进行重修，2005年进行大修。湾仔北帝庙为三开间三进四合院式建筑布局，规模宏伟。该庙前殿门额上方为"玉虚宫"石匾额，左侧刻有"同治元年岁次壬戌仲冬吉旦"、右侧刻有"九龙协副将张玉堂墨沐敬书"字样。湾仔北帝庙现由华人庙宇委员会管理，被评为香港一级历史建筑（图2-47）。

前殿陶塑正脊

湾仔北帝庙前殿正脊上安装有一条双面人物花卉陶塑屋脊，分为上、下两层。下层由21块陶塑构件拼接而成，保存相当完好。下层正面中间九块为以亭台楼阁为背景的戏剧故事人物；两侧对称依次各为一块内嵌花篮的镂空方框，两块一组的山公人物，一块花板，左侧塑有"光绪三拾三年"（1907年）年款，右侧塑有"石湾均玉店造"店号；两侧脊端对称各为两块一组的凤凰衔书。背面中间

---

[1] 科大卫、陆鸿基、吴伦霓霞：《香港碑铭汇编》，香港：香港市政局出版，1986年版，第572页。

九块为牡丹花卉图案；两侧对称依次各为一块内嵌花篮的镂空方框，两块一组的花卉图案，一块花板，左侧塑有"光绪三拾三年"（1907年）年款，右侧塑有"石湾均玉店造"店号；两侧脊端对称各为两块一组的凤凰衔书。上层由11块陶塑构件拼接而成，中间一块为鲤鱼禹门红宝珠脊刹；两侧对称各为一条由五块陶塑拼接的三拱云龙、一条相向倒立的陶塑鳌鱼。此外，在前殿正面两条垂脊的脊端处，分别装饰有陶塑日神、月神；前殿两侧的墀头，也各镶嵌有一块以亭台楼阁为背景的戏剧故事人物陶塑。

4. 香港仔天后庙

香港仔天后庙又称石排湾天后庙，位于香港岛南区香港仔大道182号，由香港仔渔民于清咸丰元年（1851年）醵资建造，曾于清同治十二年（1873年）、光绪二十四年（1898年）重修。华人庙宇委员会于1999年将该庙拆卸，以原庙未损坏的庙脊及石柱重建。该庙为三开间二进建筑布局，硬山顶，分为前殿、正殿两部分，正殿两旁设有偏殿，正殿供奉天后娘娘，偏殿供奉谭公、观音及黄大仙。香港仔天后庙现被列为香港三级历史建筑（图2-48）。

前殿陶塑正脊

香港仔天后庙前殿正脊上安装有一条双面人物花卉陶塑屋脊，分为上、下

图2-47 湾仔北帝庙前殿（由西南往东北）

图2-48 香港仔天后庙（由南往北）

两层。下层由13块陶塑构件拼接而成，正面中间七块为以亭台楼阁为背景的戏剧故事人物；两侧对称各为一块内嵌花篮的镂空方框，左侧外端塑有"同治癸酉"（1873年）年款，右侧外端塑有"陆遂昌店造"店号；两侧脊端对称各为两块一组的夔龙纹。上层中间为宝珠脊刹，两侧对称各为一条相向倒立的陶塑鳌鱼。

5. 上环文武庙

上环文武庙位于香港岛上环荷李活道，始建年代不详，曾于清道光三十年（1850年）、清光绪二十年（1894年）重修[1]。该庙内供奉文昌帝及武圣关帝，为三开间二进建筑布局，二进较一进高出几级，两进之间的天井为重檐歇山顶。该庙建筑群属典型的传统岭南民间建筑，装饰有精致的陶塑、石雕、木雕、灰塑和壁画，尽显精湛的传统工艺技术。上环文武庙现被列为香港一级历史建筑。

前殿陶塑正脊

上环文武庙前殿正脊上安装有一条双面人物花卉陶塑屋脊，分为上、下两层。下层由19块陶塑屋脊的残件拼接而成，其中包括11块以亭台楼阁为背景戏剧的故事人物（背面为花卉）、四块镂空方框、四块脊端的凤凰衔书，很多残损的

[1] 科大卫、陆鸿基、吴伦霓霞：《香港碑铭汇编》，香港：香港市政局出版，1986年版，第260～262页。

部分用灰泥修补过。在屋脊左侧外端有"光绪十九年"（1893年）年款。该脊上层中间为宝珠脊刹，两侧对称各为一条相向倒立的陶塑鳌鱼，其中右侧的鳌鱼为新塑。上环文武庙在20世纪90年代重修时替换了屋角日神和月神的装饰[1]。

此外，上环文武庙前殿左右两侧的墀头，各镶嵌有一组以亭台楼阁为背景的戏剧故事人物陶塑，其中左侧下方有"德玉造"店号，右侧下方有"癸巳岁"（1893年）年款。

6. 西环鲁班先师庙

西环鲁班先师庙位于香港岛西环坚尼地城青莲台15号，是香港唯一一间供奉鲁班先师的庙宇，创建于清光绪十年（1884年）[2]，曾于清光绪二十年（1894年）[3]、二十三年（1897年）、二十八年（1902年）、三十年（1904年）[4]、三十四年（1908年）多次重修，民国十六年（1927年）扩建。该庙为一开间二进式建筑布局，硬山顶，拥有丰富的木雕、灰塑、陶塑及壁画等建筑装饰。该庙前殿门额上方为"鲁班先师庙"石匾额，左侧刻有"光绪甲申年仲夏建立"、右侧刻有"民国戊辰年孟冬重修"字样。鲁班先师庙是港岛华人庙宇中壁画数量最多的一间，庙外、庙内、门墙及山墙皆有壁画。西环鲁班先师庙被列为香港一级历史建筑。

（1）前殿陶塑正脊

西环鲁班先师庙前殿正脊上安装有一条双面人物陶塑屋脊，分为上、下两层。下层由九块陶塑构件拼接而成，正面、背面装饰题材相同。下层正面中间五块以亭台楼阁为背景的戏剧故事人物；两侧对称各为一块内嵌手持吉祥文字书轴人物的镂空方框，左侧边缘有"□国十七年"（1928年）年款、"石湾均玉窑造"店号，右侧边缘有"省城聚兴选办"、"香港钟照记建"字样；两侧脊端各为一块凤凰衔书。上层中间为花瓶、蝙蝠、宝珠脊刹，两侧对称各为一条相向倒立的陶塑鳌鱼。此外，西环鲁班先师庙前殿正面两条垂脊的脊端处，分别安装有陶塑日神、月神。该脊保存较为完好，2005年曾对屋脊局部陶塑构件和上层的宝珠脊刹、鳌鱼等进行维修（图2-49）。

西环鲁班先师庙前殿左右两侧的墀头，各镶嵌有一组陶塑，构图相同，均由

[1] 马素梅：《屋脊上的愿望》，香港：三联书店（香港）有限公司，2002年版，第73页。
[2] 科大卫、陆鸿基、吴伦霓霞：《香港碑铭汇编》，香港：香港市政局出版，1986年版，第197页。
[3] 科大卫、陆鸿基、吴伦霓霞：《香港碑铭汇编》，香港：香港市政局出版，1986年版，第257页。
[4] 科大卫、陆鸿基、吴伦霓霞：《香港碑铭汇编》，香港：香港市政局出版，1986年版，第345页。

图2-49　西环鲁班先师庙前殿及正脊（由西往东）

上、中、下三部分组成。中间为以亭台楼阁作背景的戏剧故事人物，上部分的四周为博古纹，中间书卷上有"均玉造"店号，下部分为山公人物。

（2）正殿陶塑正脊

西环鲁班先师庙正殿正脊上安装有一条双面人物陶塑屋脊，分为上、下两层。下层由九块陶塑构件拼接而成，正面、背面装饰题材相同。下层背面中间五块为以亭台楼阁为背景的戏剧故事人物；两侧对称各为一块内嵌手持吉祥文字书轴人物的镂空方框；两侧脊端各为一块凤凰衔书。上层由五块陶塑构件拼接而成，中间一块为荷叶、宝珠脊刹；两侧对称各为一条由两块陶塑构件拼接而成的二拱云龙、一条相向倒立的陶塑鳌鱼。

7. 鸭脷洲洪圣庙

鸭脷洲洪圣庙位于香港岛南部的鸭脷洲洪圣街9号，清乾隆三十八年（1773年）由本洲居民集资建成[1]，曾先后多次重修。该庙为三开间二进式建筑布局，硬山顶。庙内除供奉洪圣外，还供奉关帝、太岁及观音。鸭脷洲洪圣庙被列为香港一级历史建筑，现由华人庙宇委员会管理。

前殿陶塑正脊

鸭脷洲洪圣庙前殿正脊上安装有一条双面陶塑屋脊，分为上、下两层。该脊

---

[1]　科大卫、陆鸿基、吴伦霓霞：《香港碑铭汇编》，香港：香港市政局出版，1986年版，第588～589页。

图2-50 筲箕湾天后古庙前殿陶塑正脊（由西北往东南）

下层由15块陶塑构件拼接而成，保存较为完好。正面中间九块为以亭台楼阁为背景的戏剧故事人物；两侧对称各为一块内嵌暗八仙的镂空方框，两块博古纹，左侧博古纹缺失部分用灰泥填补。上层两侧各为一条相向倒立的陶塑鳌鱼。

8. 筲箕湾天后古庙

筲箕湾天后古庙位于香港岛筲箕湾东大街53号，建于清同治十年（1871年）。清同治十二年（1873年），香港曾遭遇历史上最大的风灾，该庙被摧毁。坊众筹款于原址上重建天后庙，于清光绪二年（1876年）建成，庙内仍保存着光绪二年南海人潘黎阁撰写的《天后古庙重修碑记》[1]。该庙曾于光绪二十八年（1902年）、民国九年（1920年）[2]进行维修，香港被日本侵占时期曾被严重损毁，1948年大规模重修，2005年再次进行维修。筲箕湾天后古庙现为三开间二进式建筑布局，硬山顶，正殿在后，两旁有偏殿，庙内存放着逾百年的古钟、碑铭、牌匾、壁画、木雕及陶塑。该庙除供奉天后外，还供奉吕祖、观音及关帝等。筲箕湾天后古庙已被列为香港二级历史建筑，现由华人庙宇委员会管理。

前殿陶塑正脊

筲箕湾天后古庙前殿正脊上安装有一条双面人物花卉陶塑屋脊，分为上、下两层（图2-50）。下层由17块陶塑构件拼接而成，保存相当完好。下层正面中间

---

[1] 科大卫、陆鸿基、吴伦霓霞：《香港碑铭汇编》，香港：香港市政局出版，1986年版，第167页。

[2] 科大卫、陆鸿基、吴伦霓霞：《香港碑铭汇编》，香港：香港市政局出版，1986年版，第456～459页。

七块为以亭台楼阁为背景的戏剧故事人物，左侧外端塑有"石湾大桥头"字样，右侧外端塑有"文如壁店造"店号；两侧对称依次各为一块内嵌博古架花瓶的镂空方框，两块一组的山公人物；两侧脊端各为两块一组的凤凰衔书。下层背面中间七块为花卉图案，所塑花卉有牡丹、水仙、石榴、佛手；两侧对称依次各为一块内嵌暗八仙的镂空方框，两块一组的牡丹花卉；两侧脊端对称各为两块一组的凤凰衔书，与正面造型相同。上层中间为禹门红宝珠脊刹，禹门部分已残缺不全，两侧对称各为一条相向倒立的陶塑鳌鱼。

9. 九龙城侯王庙

九龙城侯王庙位于香港九龙城联合道与东头村道交界处，创建于南宋末年，最初只是一座茅屋，以纪念南宋忠臣杨亮节。相传南宋时期，蒙古入侵中原，幼主逃难至香港，杨亮节护主有功，病重时仍留在军中指挥，死后获封为杨侯王，乡民有感于他的忠义，故建庙供奉。现存的侯王庙建于清雍正八年（1730年），曾于清乾隆二十四年（1759年）、道光二年（1822年）[1]、咸丰九年（1859年）及光绪五年（1879年）进行重修，2005年进行大规模翻新。该庙为三幢式建筑设计，由正门进入是正殿，中央供奉侯王像；两侧分别是罗汉堂、佛光堂及龙华堂。九龙城侯王庙被列为香港一级历史建筑，现由华人庙宇委员会管理。

九龙城侯王庙正殿两侧的罗汉堂及佛光堂前各有一个小庭院，庭院墙上装饰有陶塑人物看脊。罗汉堂前院的墙上镶嵌有两条陶塑看脊，分别由三块以亭台楼阁为背景的戏剧故事人物陶塑构件拼接而成，每条脊中间下方都有"石湾均玉造"店号。佛光堂前院的墙上镶嵌有四条陶塑看脊，分别由三块以亭台楼阁为背景的戏剧故事人物陶塑构件拼接而成，每条看脊中间下方都有店号，从左往右依次为"均玉造"、"石湾均玉造"、"均玉造"、"美玉造"。

九龙城侯王庙现存的六条陶塑看脊上面的人物多处残损，大部分人物的头部是2005年维修时新塑的，面部的神态、表情与原作相差甚远，神韵全无。

10. 九龙红磡观音庙

九龙红磡观音庙位于香港九龙红磡差馆里，始建于清同治十二年（1873年），由当时红磡三约的街坊合资兴建[2]。该庙曾于清光绪十五年（1889年）及清宣统二年（1910年）重修，分为三座，正座为观音庙，左侧为公所，右侧为书

---

[1]　科大卫、陆鸿基、吴伦霓霞：《香港碑铭汇编》，香港：香港市政局出版，1986年版，第75~78页。

[2]　科大卫、陆鸿基、吴伦霓霞：《香港碑铭汇编》，香港：香港市政局出版，1986年版，第571页。

院，其中正座为三开间建筑布局，硬山顶。红磡观音庙被列为香港一级历史建筑，现由华人庙宇委员会管理。

正座陶塑正脊

九龙红磡观音庙正座正脊装饰有一条双面人物花卉陶塑屋脊，分为上、下两层，下层由15块陶塑构件拼接而成。下层正面中间五块为以亭台楼阁为背景的戏剧故事人物；两侧对称依次各为一块内嵌博古架花瓶的镂空方框和一块狮子图案陶塑，一块花板，左侧塑有"宣统元年"（1909年）年款，右侧塑有"李万玉造"店号；两侧脊端对称各为两块一组的凤凰衔书。下层背面中间五块为花卉图案，其他部分的构图与正面一致。上层中间为鲤鱼跳龙门脊刹，宝珠已经缺失；两侧对称各为一条相望的二拱云龙、一条相向倒立的陶塑鳌鱼。该脊上面的陶塑人物、禹门、镂空方框多处残损。

11. 九龙油麻地天后庙

九龙油麻地天后庙位于香港九龙油麻地庙街，始建于清同治四年（1865年），原庙在官涌街市附近，同治八年（1870年）重修[1]，同治十二年（1873年）毁于风灾。清光绪二年（1876年）迁至现址，曾于清光绪十六年（1890年）、民国五年（1916年）[2]、1969年重修。主体为三开间二进建筑布局，硬山顶。该庙为东华三院庙产，被列为香港一级历史建筑，现由华人庙宇委员会代管。

前殿陶塑正脊

九龙油麻地天后庙在民国五年（1916年）重修时，前殿正脊安装了一条双面人物花鸟陶塑屋脊，分为上、下两层。该脊下层由21块陶塑构件拼接而成，正面中间七块为以亭台楼阁为背景的戏剧故事人物；两侧对称依次各为一块内嵌花篮的镂空方框，三块一组的山公人物，一块花板，左侧塑有"民国甲寅年"（1914年）年款，右侧塑有"石湾均玉造"店号；两侧脊端对称各为两块一组的人物。背面中间七块为麒麟松鹤花鸟图案；两侧对称依次各为一块内嵌花篮的镂空方框，三块一组的动物方框，一块花板，左侧塑有"民国甲寅年"（1914年）年款，右侧塑有"石湾均玉造"店号；两侧脊端对称各为两块一组的喜鹊梅花。上层由13块陶塑构件拼接而成，中间一块为鲤鱼跳龙门宝珠脊刹，两侧对称各为一条由六块陶塑拼接的二拱云龙、一条相向倒立的陶塑鳌鱼。该脊正面大部分人物残损，多为后来维修时修补的。

[1]　科大卫、陆鸿基、吴伦霓霞：《香港碑铭汇编》，香港：香港市政局出版，1986年版，第147页。

[2]　科大卫、陆鸿基、吴伦霓霞：《香港碑铭汇编》，香港：香港市政局出版，1986年版，第441～444页。

12. 九龙深水埗武帝庙

九龙深水埗武帝庙位于香港九龙深水埗海坛街156~162号，供奉三国名将关云长，还供奉文昌帝、六十太岁、观音、包公及朱立大仙等。该庙建于清光绪十七年（1891年）[1]，曾于光绪二十五年（1899年）[2]重修。深水埗武帝庙被列为香港三级历史建筑，现由华人庙宇委员会管理。

深水埗武帝庙为一座三开间式建筑布局，硬山顶。该庙正脊上方装饰有宝珠脊刹，两侧对称各为一条相向倒立的陶塑鳌鱼。正面两条垂脊的脊端分别装饰有陶塑日神、月神。另外，两侧墀头分别装饰有一块以亭台楼阁为背景的戏剧故事人物陶塑。

13. 新界吉澳天后宫

新界吉澳天后宫位于香港新界北区东北部的吉澳洲岛西澳村，依山而建，始建年份已不可考，庙内现存清乾隆二十八年（1763年）铸造的铜钟。该庙曾于清光绪六年（1880年）重修，现存光绪六年制造的"天后宫"匾额[3]。天后宫正殿供奉天后，左右两边供奉顺风耳、千里眼两尊护法神像。吉澳天后宫现被列为香港三级历史建筑。

正殿陶塑正脊

吉澳天后宫正殿为三开间建筑布局，硬山顶，正脊为双面人物陶塑屋脊。该脊分为上、下两层。下层由17块陶塑构件拼接而成，正面中间九块为以亭台楼阁为背景的戏剧故事人物；两侧对称依次各为一块镂空方框，左侧外端塑有"光绪六年"（1880年）年款，右侧外端塑有"巧如璋造"店号，两块一组的山公人物；两侧脊端对称各为两块一组的夔龙纹。上层中间为宝珠脊刹，两侧对称各为一条相向倒立的陶塑鳌鱼。

14. 新界塔门天后古庙

新界塔门天后古庙位于香港新界塔门市墟市内大街尾，始建于清康熙年间（1662~1722年），曾于清雍正年间（1723~1735年）、嘉庆三年（1798年）

---

[1] 科大卫、陆鸿基、吴伦霓霞：《香港碑铭汇编》，香港：香港市政局出版，1986年版，第576页。

[2] 科大卫、陆鸿基、吴伦霓霞：《香港碑铭汇编》，香港：香港市政局出版，1986年版，第280~283页。

[3] 科大卫、陆鸿基、吴伦霓霞：《香港碑铭汇编》，香港：香港市政局出版，1986年版，第789页。

图2-51　新界塔门天后古庙（由西南往东北）

重修。庙内现保存清乾隆二年（1737年）铸造洪钟[1]、乾隆八年（1743年）《叶徐送产碑》及嘉庆三年（1798年）《重修天后古庙碑记》[2]等。塔门作为一个小岛，以前居民多以捕鱼为生，因此岛民建造天后庙，以求保佑渔民出海平安。塔门天后古庙现被列为香港二级历史建筑（图2-51）。

正殿陶塑正脊

塔门天后古庙正殿主体建筑为三开间，硬山顶，正脊为双面陶塑屋脊。该脊分为上、下两层。下层由15块陶塑构件拼接而成，正面中间七块为以亭台楼阁为背景的戏剧故事人物；两侧对称依次各为一块花板，左侧塑有"石湾沙头街"字样，右侧塑有"吴奇玉店造"店号，一块内塑暗八仙的镂空方框；两侧脊端对称各为两块夔龙纹。上层中间为宝珠脊刹，两侧对称各为一条相向倒立的陶塑鳌鱼。该脊保存较为完整。

[1]　科大卫、陆鸿基、吴伦霓霞：《香港碑铭汇编》，香港：香港市政局出版，1986年版，第662页。
[2]　科大卫、陆鸿基、吴伦霓霞：《香港碑铭汇编》，香港：香港市政局出版，1986年版，第53~54页。

15. 新界荃湾天后宫

新界荃湾天后宫位于香港新界荃湾区蕙荃路，原址位于三栋屋村，始建于清康熙年间（1662～1722年），由乡人集资兴建，曾于清道光二十六年（1846年）、光绪二十六年（1900年），民国七年（1918年）重修。荃湾天后宫主体建筑为三开间二进建筑布局，正殿供奉天后，旁为东西两厢，设置太岁祠。由于建设荃湾线，1984年荃湾天后宫被迁到现址。荃湾天后宫现被列为香港二级历史建筑。

前殿陶塑正脊

荃湾天后宫前殿主体建筑为三开间，硬山顶，正脊为双面陶塑屋脊。该脊分为上、下两层。下层由19块陶塑构件拼接而成，正面中间13块为以亭台楼阁为背景的戏剧故事人物；两侧对称各为一块内塑葫芦和"二〇〇五"年款的花板；两侧脊端对称各为两块一组的凤凰衔书。上层中间为宝珠脊刹，两侧对称各为一条相向倒立的陶塑鳌鱼。

16. 大屿山东涌侯王古庙

大屿山东涌侯王古庙又称东涌侯王宫，位于香港大屿山东涌沙咀头之西，面向东涌湾，始建于清乾隆三十年（1765年），曾于清宣统二年（1910年）重修。东涌侯王古庙为三开间二进式建筑布局，硬山顶，庙前为广场。该庙供奉南宋名臣杨亮节，相传杨亮节曾在东涌湾外与元军海战，故将庙宇选址于此。大屿山东涌侯王古庙现被列为香港二级历史建筑。

前殿陶塑正脊

大屿山东涌侯王古庙前殿正脊上安装有一条双面陶塑屋脊，分为上、下两层。下层由15块陶塑构件拼接而成，正面中间九块为以亭台楼阁为背景的戏剧故事人物，左侧外端塑有"宣统贰年"（1910年）年款，右侧外端塑有"九如安造"店号；两侧对称各为一块内嵌蝙蝠捧寿的镂空方框；两侧脊端对称各为两块一组的凤凰衔书。正脊与两侧山墙之间的空隙用灰泥填补。上层中间为红宝珠脊刹；两侧对称各为一条相向倒立的鳌鱼，鳌鱼造型、釉色奇特，应为新塑（图2-52）。

17. 大屿山大澳杨侯古庙

大屿山大澳杨侯古庙又称大澳侯王庙，位于香港大屿山大澳宝珠潭侧，建于清

图2-52　大屿山东涌侯王古庙前殿及正脊（由北往南）

康熙三十八年（1699年）[1]，曾于清咸丰十年（1860年）、光绪三年（1877年）[2]，
1988年进行重修。庙内除供奉南宋名臣杨亮节外，还供奉北帝、关帝及洪圣。大
屿山大澳杨侯古庙被列为香港一级历史建筑，现由华人庙宇委员会管理。

前殿陶塑正脊

　　大屿山大澳杨侯古庙前殿为三开间，硬山顶，屋顶正脊上安装有一条双面陶
塑屋脊，分为上、下两层。下层由13块陶塑构件拼接而成，正面中间七块为以亭
台楼阁为背景的戏剧故事人物；两侧对称各为一块内嵌花篮的镂空方框，左侧塑
有"光绪戊子"（1888年）年款，右侧塑有"石湾巧如璋造"店号；两侧脊端对
称各为两块一组的凤凰衔书。上层中间为花卉托蓝宝珠脊刹；两侧对称各为一条
二拱跑龙、一条相向倒立的陶塑鳌鱼，其中左侧跑龙残损较为严重，跑龙的尾部
缺失，鳌鱼为近年维修时新塑（图2-53）。

18. 大屿山大澳关帝古庙

　　大屿山大澳关帝古庙位于香港大屿山大澳市区中心吉庆后街，始建于明朝弘
治年间（1488～1505年），曾于清乾隆六年（1741年）、咸丰二年（1852年）、

[1] 科大卫、陆鸿基、吴伦霓霞：《香港碑铭汇编》，香港：香港市政局出版，1986年版，第573页。

[2] 鲁金：《香港庙趣》，香港：次文化有限公司，1992年版，第157页。

图2-53 大屿山大澳杨侯古庙正殿及正脊（由西南往东北）

光绪二十九年（1903年）[1]，1959年及1975年进行重修。大屿山大澳关帝古庙为大澳历史最悠久的庙宇，已被列为香港二级历史建筑。

前殿陶塑正脊

大屿山大澳关帝古庙前殿为三开间，硬山顶，屋顶正脊上安装有一条双面陶塑屋脊，分为上、下两层。下层由17块陶塑构件拼接而成，正面中间九块为以亭台楼阁为背景的戏剧故事人物；两侧对称依次各为一块内嵌花篮的镂空方框，一块花板，左侧塑有"光绪廿□年"年款，右侧塑有"均玉□"店号；两侧脊端对称各为两块一组的凤凰衔书。上层中间为花瓶蓝宝珠脊刹，两侧对称各为一条相向倒立的陶塑鳌鱼。

19. 大屿山大澳天后古庙

大屿山大澳天后古庙位于香港大屿山大澳新村，始建于清顺治年间

---

[1] 科大卫、陆鸿基、吴伦霓霞：《香港碑铭汇编》，香港：香港市政局出版，1986年版，第334～342页。

（1644～1661年），清道光十八年（1838年）[1]、光绪二十一年（1895年）[2]，
1972年重修。该庙为三开间建筑布局，硬山顶。每年天后诞期，村民都会聘请粤
剧团进行酬神演出。大屿山大澳天后古庙已被列为香港二级历史建筑。

正殿陶塑正脊

大屿山大澳天后古庙正殿正脊上安装有一条双面人物花卉陶塑屋脊，分为
上、下两层。下层由15块陶塑构件拼接而成，正面中间五块为以亭台楼阁为背景
的戏剧故事人物；两侧对称各为两块一组的花卉，左侧为牡丹花、塑有"光绪
十八年"（1892年）年款，右侧为佛手花、塑有"石湾均玉造"店号，一块内嵌
花篮的镂空方框；两侧脊端对称各为两块一组的凤凰衔书。上层中间为宝顶脊
刹，两侧对称各为一条相向倒立的陶塑鳌鱼，均为近年重修时新塑。

20. 长洲洪圣庙

长洲洪圣庙位于香港长洲中兴街，建于清嘉庆十八年（1813年），供奉海
神洪圣，配神有观音及华佗[3]。该庙由长洲岛上的渔民集资兴建，曾多次进行维
修，现存有清嘉庆十八年（1813年）的铁钟，清光绪元年（1875年）制造的匾
额、香炉及香案，光绪七年（1881年）的"英灵千古"匾额[4]等古物。长洲洪圣
庙坐东南向西北，面向石鼓洲，为一座三开间式建筑布局，硬山顶。长洲洪圣庙
已被列为香港二级历史建筑，现由华人庙宇委员会管理。

正殿陶塑正脊

长洲洪圣庙的正殿屋顶正脊上安装有一条双面人物陶塑屋脊，分为上、下
两层。下层由13块陶塑构件拼接而成，正面中间九块为以亭台楼阁为背景的戏剧
故事人物，左侧外端塑有"光绪丁酉年"（1897年）年款，右侧外端塑有"同治
十四年"年款；两侧脊端对称各为两块凤凰的尾部。上层中间为禹门宝顶脊刹，
两侧对称各为一条相向倒立的陶塑鳌鱼，鳌鱼为新塑（图2-54）。

该脊应该是后来重修时由两条屋脊的陶塑构件拼装的，因此才会同时出现
"光绪丁酉年"、"同治十四年"两个年款，而且两侧年款的位置一个在内侧，
一个在外侧，与陶塑屋脊追求左右对称的风格不符。另外，清穆宗载淳在位13年
（同治年为1862～1874年），清代"同治十四年"的纪年是不存在的，应为后来

[1]　科大卫、陆鸿基、吴伦霓霞：《香港碑铭汇编》，香港：香港市政局出版，1986年版，第90～92页。

[2]　科大卫、陆鸿基、吴伦霓霞：《香港碑铭汇编》，香港：香港市政局出版，1986年版，第294～298页。

[3]　科大卫、陆鸿基、吴伦霓霞：《香港碑铭汇编》，香港：香港市政局出版，1986年版，第682页。

[4]　科大卫、陆鸿基、吴伦霓霞：《香港碑铭汇编》，香港：香港市政局出版，1986年版，第790页。

重修时搞错。两侧脊端各为两块
凤凰的尾部，也为凤凰衔书的残
件拼凑的。

图2-54 长洲洪圣庙正殿及正脊（由西北往东南）

21．长洲西湾天后宫

长洲西湾天后宫位于香港
长洲西湾友堂路，建于清乾隆
三十九年（1774年），规模较
小，庙内现存有民国十五年（1926年）的神台[1]。长洲西湾天后宫为一开间二进
式建筑布局，硬山顶。1981年，长洲西湾天后宫被列为香港三级历史建筑。

前殿陶塑正脊

长洲西湾天后宫前殿屋顶正脊上安装有一条双面陶塑屋脊，分为上、下两
层。下层由五块陶塑构件拼接而成。正面中间三块为以亭台楼阁为背景的戏剧故
事人物，左侧塑有"民国己巳年"（1929年）年款，右侧塑有店号；两侧脊端各
为一块凤凰衔书。上层中间为宝珠脊刹，两侧对称各为一条相向倒立的陶塑鳌
鱼，宝珠、鳌鱼均为新塑。

22．长洲大石口天后宫

长洲大石口天后宫位于香港长洲中兴街，建于清乾隆三十七年（1772年），
供奉天后，庙内现存有清同治四年（1865年）捐献的"慈仁为母"匾额[2]、民国
十三年（1924年）铸造的香炉[3]。长洲大石口天后宫主体建筑为三开间布局，硬
山顶。长洲大石口天后宫已被列为香港二级历史建筑。

正殿陶塑正脊

长洲大石口天后宫正殿的正脊上安装有一条双面陶塑屋脊，分为上、下两

[1] 科大卫、陆鸿基、吴伦霓霞：《香港碑铭汇编》，香港：香港市政局出版，1986年版，第737页。
[2] 科大卫、陆鸿基、吴伦霓霞：《香港碑铭汇编》，香港：香港市政局出版，1986年版，第787页。
[3] 科大卫、陆鸿基、吴伦霓霞：《香港碑铭汇编》，香港：香港市政局出版，1986年版，第735页。

图2-55　长洲大石口天后宫正殿及正脊（由北往南）

层。该脊下层由11块陶塑构件拼接而成，正面中间五块为以亭台楼阁为背景的戏剧故事人物；两侧对称各为一块内嵌博古架香炉的镂空方框，左侧塑有"同治乙丑年"（1865年）年款，右侧塑有"石湾奇玉造"店号；两侧脊端对称各为两块一组的夔龙纹。

在陶塑正脊与山墙之间的空隙处，用灰塑博古纹填补。上层中间为宝顶脊刹，两侧对称各为一条相向倒立的陶塑鳌鱼，宝顶、鳌鱼均为新塑（图2-55）。

23. 澳门观音堂

澳门观音堂又称普济禅院，位于澳门美副将大马路，建于明朝末年。观音堂是澳门三大禅院之一，规模宏大，建筑雄伟。澳门观音堂为一组三开间四进三路的建筑群，硬山顶。中路为正殿，第一进为山门，第二进为大雄宝殿，第三进为长寿佛殿，第四进为观音殿，供奉弥勒佛和观音菩萨等十数尊各方神圣。除了正殿之外，还有偏殿及方丈、颂恩等堂室，后山有花园、牌坊。禅院内除保存许多具有历史和艺术价值的建筑和雕塑外，还藏有不少珍贵经卷以及屈大均等名家留下的字画。抗日战争时期，岭南画派大师高剑父曾寓居禅院内作画授徒。

（1）一进中路陶塑正脊

澳门观音堂一进中路正脊为双面人物、花卉陶塑屋脊，分为上、下两层。下层由19块陶塑构件拼接而成，正面中间七块为以亭台楼阁为背景的戏剧故事人物；两侧对称依次各为一块内嵌博古架、香炉、花瓶、瓜果、如意等的镂空方框，一块花板，左侧塑有"光绪二年"（1876年）年款，右侧塑有"新怡彰造"店号，两块一组的山公人物；两侧脊端对称各为两块一组的凤凰衔书，凤凰的头部经过修补。下层背面中间七块为牡丹、凤凰、蝴蝶图案；两侧对称依次各为一块内嵌暗八仙的镂空方框，一块花板，左侧塑有"光绪二年"（1876年）年款，

右侧塑有"新怡彰造"店号，两块一组的花鸟图案，左侧为凤凰牡丹，右侧为喜鹊梅花；两侧脊端对称各为两块一组的凤凰衔书图案，与正面相同。上层中间为鲤鱼跳龙门宝珠脊刹，两侧对称各为一条相望的二拱跑龙、一条相向倒立的陶塑鳌鱼，其中左侧鳌鱼为新塑（图2-56）。

图2-56
澳门观音堂一进中路及正脊（由东北往西南）

（2）二进中路陶塑正脊

澳门观音堂二进中路的正脊为双面人物、动物花卉陶塑屋脊，分为上、下两层。下层由17块陶塑构件拼接而成，正面中间五块为以亭台楼阁为背景的戏剧故事人物陶塑，大部分人物的头部残损，经过修补；两侧对称依次各为一块内嵌博古架、香炉、花瓶、瓜果等的镂空方框，左侧外端塑有"嘉庆丁丑岁"（1817年）年款，右侧外端塑有"石湾奇玉造"店号，三块一组的陶塑，左侧为骏马图，右侧为牧牛图；两侧脊端对称各为两块一组的夔龙纹。下层背面中间五块为荷花、菊花、梅花等图案；两侧对称依次各为一块内嵌双夔龙、祥云的镂空方框，三块一组的狮子滚绣球、祥云、葫芦图案；两侧脊端对称各为两块一组的夔龙纹，与正面造型相同。上层中间为莲花、金钱、蓝宝珠脊刹，两侧对称各为一条相向倒立的陶塑鳌鱼。

澳门观音堂二进中路左、右两侧的墀头分别装饰有一组陶塑，宽约70厘米，高约95厘米，均为以亭台楼阁作背景的戏剧故事人物，人物的头部大多已经缺损。在陶塑墀头的上部还装饰有精美的砖雕。

（3）二进左路陶塑正脊

澳门观音堂二进左路的正脊为双面人物、动物花鸟陶塑屋脊，分为上、下两层。下层由17块陶塑构件拼接而成，正面中间五块为以亭台楼阁为背景的戏剧故事人物；两侧对称依次各为一块内嵌博古架、香炉、花瓶、瓜果等的镂空方框，两块一组的花卉图案，左侧为玉兰花，右侧为茶花，一块内嵌花篮的镂空方框；两侧脊端对称各为两块一组的夔龙纹。下层背面中间五块为花鸟图；两侧对称依次各为一块内嵌金钱纹的镂空方框，两块一组的梅花图案，一块内嵌牡丹花的镂空方框；两侧脊端对称各为两块一组的夔龙纹。上层中间为莲花、金钱、蓝宝珠脊刹，两侧对称各为一条相向倒立的鳌鱼。

澳门观音堂二进左路左、右两侧的墀头分别装饰有一组陶塑，宽约70厘米，高约95厘米，题材为以亭台楼阁为背景的戏剧故事人物，下方塑有"奇华造"店号，人物的头部已残缺。

（4）二进右路陶塑正脊

澳门观音堂二进右路的正脊为双面人物、动物花鸟陶塑屋脊，分为上、下两层。下层由17块陶塑构件拼接而成，正面中间五块为以亭台楼阁为背景的戏剧故事人物；两侧对称依次各为一块内嵌花篮的镂空方框，三块一组的花卉图案，左侧为宝莲穿鸭，右侧为凤凰牡丹；两侧脊端对称各为两块一组的夔龙纹。下层背面中间五块为花鸟图；两侧对称依次各为一块内嵌"寿"字的镂空方框，三块一组的狮子图案；两侧脊端对称各为两块一组的夔龙纹，与正面造型相同。上层中间为莲花、金钱、蓝宝珠脊刹，两侧对称各为一条相向倒立的陶塑鳌鱼。

（5）二进左路青云巷门楼陶塑正脊

澳门观音堂二进左路青云巷门楼的上方装饰有一条双面人物、动物陶塑屋脊。该脊由三块陶塑构件拼接而成，正面中间一块为以亭台楼阁为背景的戏剧故事人物；两侧对称各一块内嵌菊花的夔龙纹，左侧夔龙纹塑有"光绪二年"（1876年）年款，右侧夔龙纹塑有"新怡璋造"店号。背面中间一块为鹿回头图案；两侧对称各一块内嵌牡丹的夔龙纹。

（6）二进右路青云巷门楼陶塑正脊

澳门观音堂二进右路青云巷门楼的上方装饰有一条双面人物、动物花卉陶塑屋脊。该脊由三块陶塑拼接而成，正面中间一块为以亭台楼阁为背景的戏剧故事人物；两侧对称各一块内嵌茶花的夔龙纹，左侧夔龙纹塑有"光绪二年"（1876年）年款，右侧夔龙纹塑有"新怡璋造"店号。背面中间一块为太狮少狮、牡丹图；两侧对称各一块内嵌牡丹的夔龙纹。

（7）三进中路陶塑正脊

澳门观音堂三进中路的正脊为双面花卉陶塑屋脊，分为上、下两层。下层由17块陶塑构件拼接而成，正面中间五块为花卉图案；两侧对称依次各为一块内嵌牡丹的镂空方框，三块一组的花卉图；两侧脊端对称各两块一组的夔龙纹。下层背面中间五块为佛手图；两侧对称依次各为一块内嵌花卉的镂空方框，三块一组的花卉图，左侧为葡萄松鼠，右侧为花果蝴蝶；两侧脊端对称各两块一组的夔龙纹，与正面造型相同。上层中间为蝙蝠、红宝珠脊刹，两侧对称各一条相向倒立的陶塑鳌鱼。

（8）四进中路陶塑正脊

澳门观音堂四进中路的正脊为双面花卉、动物陶塑屋脊，分为上、下两层。下层由17块陶塑构件拼接而成，正面中间七块为莲花图案；两侧对称依次各为一块内嵌花卉的镂空方框，两块一组的花卉图，左侧为莲花，右侧为菊花；两侧脊端对称各两块一组的夔龙纹。下层背面中间七块为二龙戏珠图；两侧对称依次各为一块内嵌"寿"字的镂空方框，两块二龙戏珠图；两侧脊端对称各两块一组的夔龙纹。上层中间为莲花、绿宝珠脊刹，两侧对称各一条相向倒立的陶塑鳌鱼，现仅剩一侧残损的鳌鱼头部。

三 祠堂建筑

祠堂是中国民间保存最多的一种古建筑群体，也是宗族文化的重要载体。中国人对自己的家族和姓氏有着强烈的认同感和归属感，无论他们在哪里定居，都会想方设法让自己的家族和姓氏保持、流传下去，除了繁衍后代，还通过修建祠堂来让子孙后代记住自己的家族血脉。祠堂前身为家庙、祖庙、宗庙，这可以追溯到周代[1]。西汉时期，民间才开始出现祠堂，大多建造在墓地。南宋理学家朱熹在《家礼》中对祠堂的形制和功能做了具体的规定，祠堂成了封建社会身份等级地位的象征，庶民还不能立庙祭祀祖先。到了明代，嘉靖皇帝下诏允许民间建立祠堂祭祀祖先。

---

[1] 凌建：《顺德祠堂文化初探》，北京：科学出版社，2008年版，第10页。

明清时期，岭南地区经济得到很大的发展，为祠堂的营建提供了可靠的物质保证。于是，在岭南各地聚族而居的家族，大力建筑自己宗族的祠堂，以示敬祖溯源。还有的家族联合岭南地区所有的同姓力量，在中心城市修建大型的同姓合族祠来纪念同姓始祖，例如广州陈家祠。祠堂作为宗族祭祀祖先、族人聚会的场所，一般坐落在村落风水最好的地方，坐北朝南，与住宅的平面形式基本相同，采用四合院式，面阔三至五间不等，根据用地规模和建祠者的财力来确定厅堂和房间的数量。岭南祠堂的建筑以硬山顶为主，装饰具有很强的艺术性。从清乾隆年间开始放开祠堂建筑限制后，岭南祠堂建筑越来越多，规模也越来越大，装饰也越来越豪华，成为各个宗族的象征与荣耀。这一时期，珠江三角洲地区的经济迅猛发展，宗族组织日益繁盛，大小祠堂遍布城乡，俗语"顺德祠堂南海庙"即展示了祠堂建筑在珠江三角洲地区的普遍性。岭南地区祠堂建筑装饰工艺丰富，除了用木雕、砖雕、石雕、灰塑、彩绘等装饰外，还大量使用陶塑屋脊，充满了浓郁的地域装饰特色。

（一）　广东地区祠堂建筑

1. 广州陈家祠

广州陈家祠又称陈氏书院，位于广东省广州市荔湾区中山七路。陈家祠筹建于清光绪十四年（1888年），建成于光绪二十年（1894年），是当时广东七十二县陈姓的合族祠。陈家祠现占地面积为15000平方米，其中主体建筑面积约6400平方米[1]。主体建筑坐北朝南，为五开间三进三路布局，通过青云巷、廊庑相互连接，硬山顶。陈家祠规模宏大，装饰华丽，汇聚岭南民间建筑装饰艺术于一体，为典型的岭南祠堂式建筑，号称"百粤冠祠"。1988年，陈家祠被公布为全国重点文物保护单位。陈家祠屋顶正脊上，共装饰有11条双面人物陶塑屋脊（图2-57）。

（1）首进正厅陶塑正脊

广州陈家祠首进正厅正脊下面为灰塑，在灰塑的上方装饰有一条双面人物陶塑屋脊，分为上、下两层。下层由23块陶塑构件拼接而成，正面与背面构图相同。下层正面中间九块为以亭台楼阁为背景的戏剧故事人物；两侧对称依次各为一块花板，左侧塑有"光绪辛卯年"（1891年）年款，右侧塑有"文如壁店造"

---

[1]　广东民间工艺博物馆、华南理工大学：《广州陈氏书院实录》，北京：中国建筑工业出版社，2011年版，第10页。

图2-57　广州陈家祠（由南往北）

店号，一块内嵌花瓶的镂空方框，两块一组的戏剧故事人物，一块内塑花瓶的镂空方框；两侧脊端对称各为两块一组的龙头、凤爪、鳌鱼尾的变体龙图案。上层装饰有两条相向倒立的陶塑鳌鱼。

广州陈家祠首进正厅陶塑正脊的故事题材有"穆桂英下山"、"铁镜公主取令箭"、"书字换鹅"、"商山四皓"等（图2-58）。

（2）首进正厅东侧陶塑正脊

广州陈家祠首进正厅东侧正脊下面为灰塑，在灰塑的上方装饰有一条双面人物陶塑屋脊。该脊由七块陶塑构件拼接而成，正面与背面构图相同。正面中间五块为以亭台楼阁为背景的戏剧故事人物，取材于《三国演义》中"刘备过江招亲"故事，中间一块所塑的"金陵"是故事发生的地点，左侧外端塑有"光绪辛卯"（1891年）年款，右侧外端塑有"文如璧造"店号；两侧对称各为一块凤凰衔书。背面中间五块为以亭台楼阁为背景的戏剧故事人物，取材于《封神演义》中"武王伐纣"故事，其中脚踏风火轮者为哪吒（图2-59）。

（3）首进正厅西侧陶塑正脊

广州陈家祠首进正厅西侧正脊下面为灰塑，在灰塑的上方装饰有一条双面人物陶塑屋脊。该脊由七块陶塑拼接而成，正面与背面构图相同。背面中间五块为以亭台楼阁为背景的戏剧故事人物，取材于"薛平贵勇降烈马"故事，左侧外端塑有"光绪辛卯"（1891年）年款，右侧外端塑有"文如璧造"店号；两侧对称各为一块凤凰衔书（图2-60）。

（4）首进东厅陶塑正脊

广州陈家祠首进东厅正脊下面为灰塑，在灰塑的上方装饰有一条双面人物陶塑屋脊，分为上、下两层。下层由21块陶塑构件拼接而成，正面与背面构图相同。下层正面中间11块为以亭台楼阁为背景的戏剧故事人物；两侧对称依次各为一块花板，左侧塑有"光绪癸巳年"（1893年）年款，右侧塑有"文如璧店造"店号，一块内嵌麒麟吐玉书的镂空方框，三块一组的凤凰衔书，其中凤凰尾部上面各坐一和合二仙。上层装饰有两条相向倒立的陶塑鳌鱼（图2-61）。

（5）首进西厅陶塑正脊

广州陈家祠首进西厅正脊下面为灰塑，在灰塑的上方装饰有一条双面人物陶塑屋脊，分为上、下两层。下层由21块陶塑构件拼接而成，正面与背面构图相同。下层正面中间11块为以亭台楼阁为背景的戏剧故事人物，取材于《三国演义》中"智收南郡"故事，中间一块所塑的"江凌"应该是"江陵"的笔误，是故事发生的地点；两侧对称依次各为一块花板，左侧塑有"光绪癸巳年"（1893

年）年款，右侧塑有"文如璧店造"店号，一块内嵌博古架花瓶的镂空方框；两侧脊端对称各为三块一组的凤凰衔书，其中凤凰尾部上方各坐一和合二仙。上层装饰有两条相向倒立的陶塑鳌鱼（图2-62）。

（6）中进聚贤堂陶塑正脊

广州陈家祠中进聚贤堂是陈家祠主体建筑的中心，也是当年族人举行春秋祭祀或议事聚会的地方，庭院宽敞，装饰精美。聚贤堂面阔五间26.57米，进深五间16.9米。正脊下面为灰塑，在灰塑的上方装饰有一条双面人物陶塑屋脊。该脊分为上、下两层，下层由39块陶塑构件拼接而成，正面与背面构图相同。正面中间21块为以亭台楼阁为背景的戏剧故事人物；两侧对称依次各为一块内嵌瓜果的镂空方框，三块一组的山公人物；两侧脊端各为五块一组的麒麟送子等图案，左侧有"光绪辛卯岁次"（1891年）、"公元一九八一年重修"年款，右侧有"吴奇玉"、"石湾建筑陶瓷厂仿制"店号。

广州陈家祠聚贤堂屋顶正脊的装饰故事题材包括"和合二仙"、"麒麟送子"、"加官晋爵"、"天官赐福"、"八仙贺寿"、"招财进宝"等，均为民间熟知的历史故事和神话传说，内容丰富，形象生动。屋脊上层装饰有两条倒立的陶塑鳌鱼，取避火消灾、独占鳌头之意（图2-63）。

广州陈家祠聚贤堂陶塑屋脊原由石湾吴奇玉店于清光绪辛卯年（1891年）烧制而成，1976年被台风刮倒，损毁严重，1981年重修时由石湾建筑陶瓷厂仿制并重新安装于此。

（7）中进东厅陶塑正脊

广州陈家祠中进东厅正脊下面为灰塑，在灰塑的上方装饰有一条双面人物陶塑屋脊，分为上、下两层。下层由23块陶塑构件拼接而成，背面与正面构图相同。正面中间九块为以亭台楼阁为背景的戏剧故事人物；两侧对称依次各为一块内嵌博古架果盘的镂空方框，一块花板，左侧塑有"光绪甲午年"（1894年）年款，右侧塑有"石湾宝玉荣造"店号，两块一组的山公人物，一块内嵌花篮的镂空方框；两侧脊端对称各为两块一组的戏剧故事人物。上层装饰有两条相向倒立的陶塑鳌鱼（图2-64）。

（8）中进西厅陶塑正脊

广州陈家祠中进西厅正脊下面为灰塑，在灰塑的上方装饰有一条双面人物陶塑屋脊，分为上、下两层。下层由23块陶塑构件拼接而成，背面与正面构图相同。下层正面中间11块为以亭台楼阁为背景的戏剧故事人物；两侧对称依次各为一块花板，左侧塑有"光绪甲午年"（1894年）年款，右侧塑有"宝玉荣记造"

图2-58 广州陈家祠首进正厅陶塑正脊（由南往北）

图2-59 广州陈家祠首进正厅东侧陶塑正脊（由南往北）

图2-60 广州陈家祠首进正厅西侧陶塑正脊（由南往北）

图2-61　广州陈家祠首进东厅陶塑正脊（由南往北）

图2-62　广州陈家祠首进西厅陶塑正脊（由南往北）

图2-63　广州陈家祠中进聚贤堂陶塑正脊（由南往北）

图2-64　广州陈家祠中进东厅陶塑正脊（由南往北）

图2-65　广州陈家祠后进正厅陶塑正脊背面（由北往南）

店号，两块一组的山公人物，一块内嵌博古架果盘的镂空方框；两侧脊端对称各
为两块一组的戏剧故事人物。上层装饰有两条相向倒立的陶塑鳌鱼。

（9）后进正厅陶塑正脊

广州陈家祠后进正厅正脊下面为灰塑，在灰塑的上方装饰有一条双面人物
陶塑屋脊，分为上、下两层。下层由45块陶塑构件拼接而成，背面与正面构图相
同。下层正面中间15块为以亭台楼阁为背景的戏剧故事人物；两侧对称依次各为
五块一组的山公人物，三块内嵌花卉、花瓶的镂空方框，一块花板，左侧塑有
"光绪十陆年"（1890年）年款，右侧塑有"美玉成记造"店，两块一组的人物
图案，三块一组的夔龙纹；两侧脊端对称各为一块团龙图案。上层装饰有两条相
向倒立的陶塑鳌鱼（图2-65）。

（10）后进东厅陶塑正脊

广州陈家祠后进东厅正脊下面为灰塑，在灰塑的上方装饰有一条双面人物
陶塑屋脊，分为上、下两层。下层由21块陶塑构件拼接而成，背面与正面构图相
同。下层正面中间九块为以亭台楼阁为背景的戏剧故事人物，取材于"薛仁贵打
虎救程咬金"故事；两侧对称依次各为一块内嵌花瓶的镂空方框，左侧塑有"光
绪壬辰年"（1892年）年款，右侧塑有"石湾宝玉店造"店号，两块一组的山公
人物，一块内嵌博古架花瓶的镂空方框；两侧脊端对称各为两块一组的凤凰衔

书。上层装饰有两条相向倒立的陶塑鳌鱼。

（11）后进西厅陶塑正脊

广州陈家祠后进西厅正脊下面为灰塑，在灰塑的上方装饰有一条双面人物陶塑屋脊，分为上、下两层。下层由21块陶塑构件拼接而成，背面与正面构图相同。下层正面中间九块为以亭台楼阁为背景的戏剧故事人物，取材于"李元霸伏龙驹"故事；两侧对称依次各为一块内嵌花瓶的镂空方框，左侧塑有"光绪壬辰年"（1892年）年款，右侧塑有"石湾宝玉荣造"店号，两块一组的戏剧故事人物，一块内嵌花篮的镂空方框；两侧脊端对称各为两块一组的凤凰衔书。上层装饰有两条相向倒立的陶塑鳌鱼。

广州陈家祠主体建筑的屋顶上，装饰有如此众多的陶塑屋脊，足以说明当时广东陈氏族人雄厚的经济实力和对修建祠堂的重视，也从侧面反映了清朝末年岭南地区的社会风尚、建筑风格和审美情趣。

2．广州宋名贤陈大夫宗祠

广州宋名贤陈大夫宗祠位于广东省广州市白云区石井镇沙贝村下元里，始建于明嘉靖年间（1522～1566年）、清道光二十七年（1847年）重建，1927年、1986年重修。宋名贤陈大夫宗祠主体建筑坐北向南，前后两进，硬山顶，有东西

图2-66　广州宋名贤陈大夫宗祠前座及正脊（由南往北）

廊，天井宽敞。宋名贤陈大夫宗祠前座面阔三间、进深二间，后座称世德堂，面
阔三间14.6米、进深三间12.4米，世德堂左侧为忠烈祠，祀奉明代探花、抗清名
将陈子壮[1]。1987年，宋名贤陈大夫宗祠被辟为陈子壮纪念馆。1993年，宋名贤
陈大夫宗祠被公布为广州市文物保护单位。

（1）前座陶塑正脊

广州宋名贤陈大夫宗祠前座正脊上装饰有一条双面花卉陶塑屋脊，分为上、
下两层。下层由21块陶塑构件拼接而成，正面中间三块为祥云纹；两侧对称依次
各为三块一组的牡丹花，一块内塑金钱纹的镂空方框，左侧外端塑有"道光丁
未"（1847年）年款，右侧外端塑有"英华店造"店号，三块一组的瓜果，左侧
为桃子，右侧为佛手；两侧脊端对称各为两块一组的夔龙纹。下层背面中间九块
为牡丹花卉，两侧对称依次各为一块内塑金钱纹的镂空方框，左侧外端塑有"道
光丁未"（1847年）年款，右侧外端塑有"英华店造"店号，三块一组的花卉，
左侧为菊花，右侧为茶花；两侧脊端对称各为两块一组的夔龙纹。上层中间为卷
草纹、绿宝珠脊刹，两侧对称各为一条相向倒立的陶塑鳌鱼，为1986年重修时新

---

[1]　《广州市文物志》编委会：《广州市文物志》，广州：岭南美术出版社，1990年版，第181页。

塑（图2-66）。

广州宋名贤陈大夫宗祠前座两侧的墀头，各镶嵌有一块以亭台楼阁为背景的戏剧故事人物陶塑，人物已残损无存。

（2）前座东廊陶塑正脊

广州宋名贤陈大夫宗祠前座东廊正脊上装饰有一条双面山水花卉陶塑屋脊。该脊由10块陶塑构件拼接而成。正面中间六块为山水景物，其中一块的右上方有"齐华造"店号；两侧对称各为一块牡丹花卉；两侧脊端对称各为一块夔龙纹。背面中间八块为牡丹花卉；两侧脊端对称各为一块夔龙纹。

（3）前座西廊陶塑正脊

广州宋名贤陈大夫宗祠前座西廊正脊上装饰有一条双面山水花卉陶塑屋脊。该脊由10块陶塑构件拼接而成。正面中间六块为山水景物；两侧对称各为一块牡丹花卉；两侧脊端对称各为一块夔龙纹。背面中间八块为花卉图案；两侧脊端对称各为一块夔龙纹。

（4）后座陶塑正脊

广州宋名贤陈大夫宗祠后座正脊上装饰有一条双面花卉陶塑屋脊，分为上、下两层。下层由21块陶塑构件拼接而成，正面中间九块为牡丹花；两侧对称依次各为一块内塑如意纹的镂空方框，三块一组的花卉，左侧为石榴，右侧为荷花；两侧脊端对称各为两块一组的夔龙纹，左侧夔龙纹已缺失，现用灰塑填补。上层中间为卷草纹、红宝珠脊刹，两侧对称各为一条相向倒立的陶塑鳌鱼，为1986年重修时新塑。

3. 高明媲鲁何公祠

高明媲鲁何公祠位于广东省佛山市高明区更合镇新圩居委会朗锦村东边，始建于清代，后经多次修葺。该祠堂坐东北向西南，正祠三开间两进，广三路，总面阔17.9米，总进深20.9米，青砖墙，硬山顶，人字封火山墙。祠堂装饰艺术较丰富，前廊有木雕、石雕、灰雕，墙楣有人物山水诗词壁画，具有清代岭南建筑风格[1]。2006年，媲鲁何公祠被公布为佛山市文物保护单位。

据当地村民介绍，媲鲁何公祠正祠首进屋顶上原装饰有一条精工制作、栩栩如生的陶塑人物屋脊，可惜前些年被人偷走了一部分。屋顶正脊现仅存四块以亭台楼阁为背景的戏剧故事人物陶塑残件。

---

[1] 高明媲鲁何公祠资料由广东省佛山市第三次全国文物普查办公室工作人员提供。

4. 东莞方氏宗祠

东莞方氏宗祠位于广东省东莞市厚街镇河田村，始建于明建文年间（1399～1402年），清咸丰五年（1855年）重建，为五开间五进四合院式建筑布局[1]。方氏宗祠第一进为前厅，第二进为牌坊，第三进为大堂，第四、五进为家族议事和子弟求学的场所，当地人也称之为"五幢祠堂"。1993年，方氏宗祠被公布为东莞市文物保护单位（图2-67）。

（1）前厅陶塑正脊

东莞方氏宗祠前厅的正脊装饰有一条陶塑屋脊，以人物、花鸟为题材。该脊原由16块陶塑构件拼接而成。正面中间七块为以亭台楼阁为背景的戏剧故事人物，右侧外端塑有"石湾万玉造"店号；两侧对称各为两块山公人物，右侧脊端为两块一组的凤尾纹，左侧脊端为三块陶塑，其中两块凤尾纹、一块人物图案，人物图案陶塑与右侧无法呼应，疑为重修时拼接所致。

该脊现由19块陶塑构件拼接而成，正面中间九块为以亭台楼阁为背景的戏剧故事人物；两侧对称依次各为一块内塑蝙蝠的镂空方框，两块一组的山公人物；两侧脊端对称各为两块一组的凤凰衔书。上层装饰有两条相向倒立的陶塑鳌鱼。从其左侧镂空方框外端的"戊子年"年款可知，该脊是2008年东莞方氏宗祠大修新塑的。

（2）牌坊陶塑正脊

东莞方氏宗祠第二进牌坊为四柱三间三楼式，歇山顶。明间正脊原由七块陶塑构件拼接而成，中间三块以戏剧故事人物为题材，人物破损比较严重；两侧对称依次各为一块镂空方框，一块夔龙纹。两侧次间的正脊分别由五块陶塑构件拼接而成，其中四块为戏剧故事人物，外侧脊端为一块夔龙纹。2008年，东莞方氏宗祠重修时，将原有陶塑屋脊拆下来，替换成新塑的屋脊，人物的神态、造型与旧脊相差甚远。

5. 东莞黎氏大宗祠

东莞黎氏大宗祠位于广东省东莞市中堂镇潢涌村，始建于南宋乾道九年（1173年），历代均有重建，是珠江三角洲地区始建年代较早的祠堂，现存明代重刻宋、元、明六名贤为该祠撰文石碑两通[2]。黎氏大宗祠布局取形于龟，主体

---

[1] 东莞市文化局：《东莞文物图册》，北京：中国建筑工业出版社，2005年版，第78页。

[2] 东莞市文化局：《东莞文物图册》，北京：中国建筑工业出版社，2005年版，第184页。

建筑为三开间三进四合院式建筑
布局，硬山顶，是东莞现存最大
的宗祠之一。2002年，黎氏大宗
祠及古建筑群[1]被公布为广东省文
物保护单位（图2-68）。

（1）首进陶塑正脊

东莞黎氏大宗祠首进正脊为
双面人物花卉陶塑屋脊，分为上、
下两层。下层由19块陶塑构件拼接
而成，正面中间九块为以亭台楼阁
为背景的戏剧故事人物，左侧外
端塑有"光绪乙未"（1895年）年
款，右侧外端塑有"文如璧造"店
号；两侧对称各为三块一组的山公
人物；两侧脊端对称各为两块一组
的夔龙纹。下层背面中间三块为山
公人物；两侧对称依次各为三块花
卉图案，左侧外端塑有"光绪乙
未"（1895年）年款，右侧外端塑
有"文如璧造"店号，三块一组的
花卉，左侧为梅花，右侧为牡丹；
两侧脊端对称各接两块一组的夔龙

图2-67　东莞方氏宗祠前厅（由南往北）

图2-68　东莞黎氏大宗祠首进（由南往北）

纹。上层装饰有两条相向倒立的陶塑鳌鱼。

该脊除两侧脊端夔龙纹为原物外，其他部分均为2004年黎氏大宗祠重修时，
由佛山石湾美术陶瓷厂重新烧制。2007年11月16日，笔者在黎氏大宗祠调查时，
在祠堂的角落里见到几块被拆卸下来的旧脊陶塑构件，虽然已经残损，但可以看
出是以故事人物和花卉为装饰题材。

（2）二进陶塑正脊

东莞黎氏大宗祠二进正脊为双面人物花卉陶塑屋脊，分为上、下两层。下层
由25块陶塑构件拼接而成，正面、背面装饰题材相同。正面中间三块为以亭台楼

---

[1]　黎氏大宗祠及古建筑群含黎氏大宗祠、京卿黎公家庙、荣禄黎公家庙、文阁、古巷门楼、居仁里、诗家坊、
　　　文明启迪、奕世文林、凤鸣里。

阁为背景的戏剧故事人物；两侧对称依次各为七块花卉瓜果图案，一块内嵌花篮的镂空方框，左侧塑有"民国三十二年三月造"年款，右侧塑有"广州市二沙头东源工厂出品"店号；两侧脊端对称各为三块夔龙纹。上层装饰有两条相向倒立的陶塑鳌鱼。

（3）三进陶塑正脊

东莞黎氏大宗祠三进正脊为双面人物花卉陶塑屋脊，分为上、下两层。下层由31块陶塑构件拼接而成，正面中间三块为以亭台楼阁为背景的戏剧故事人物；两侧对称依次各为六块牡丹花卉，一块内塑"福"字的镂空方框，三块一组的花卉瓜果，左侧外端塑有"光绪乙未"（1895年）年款，右侧外端塑有"文如璧造"店号，一块蝙蝠云纹；两侧脊端对称各为三块一组的夔龙纹。下层背面中间为15块缠枝牡丹；两侧对称依次各为一块内嵌"寿"字的镂空方框，三块一组花卉瓜果，一块内塑蝙蝠祥云的镂空方框；两侧脊端对称各为三块一组的夔龙纹。上层装饰有两条相向倒立的陶塑鳌鱼。该脊除两侧脊端的夔龙纹和镂空方框为原物外，其他部分均为2004年黎氏大宗祠重修时，由佛山石湾美术陶瓷厂重新烧制。

6. 东莞荣禄黎公家庙

东莞荣禄黎公家庙位于广东省东莞市中堂镇潢涌村，始建于南宋早年，明永乐（1403～1424年）、清嘉庆（1796～1820年）年间扩建。荣禄黎公家庙为三开间三进四合院式布局，硬山顶，面阔24米，进深48米。

（1）二进陶塑正脊

东莞荣禄黎公家庙二进正脊为双面人物花卉陶塑屋脊，分为上、下两层。下层由17块陶塑构件拼接而成，正面中间三块为以亭台楼阁为背景的戏剧故事人物，人物破损严重；两侧对称依次各为一块内嵌花篮的镂空方框，两块一组的花卉图案，外端的店号、年款均已缺损，右侧隐约可见一个"亥"字，两块一组的花鸟图案；两侧脊端对称各为两块一组的夔龙纹。下层背面中间三块为麒麟花卉图案；两侧对称依次各为一块内嵌暗八仙的镂空方框，两块一组的花卉图案，左侧为梅花，右侧为荷花，左侧外端塑有"光绪己亥"（1899年）年款，右侧外端塑有"□永玉造"店号，两块一组的花鸟图案；两侧脊端对称各为两块一组的夔龙纹，与正面图案相同。上层原装饰有宝珠脊刹和两条相向倒立的陶塑鳌鱼，现仅剩左侧鳌鱼。

（2）三进陶塑正脊

东莞荣禄黎公家庙三进正脊为双面人物花卉陶塑屋脊。该脊由17块陶塑构件拼接而成。正面中间三块为以亭台楼阁为背景的戏剧故事人物，人物破损严重；两侧对称依次各为两块一组的瓜果图案，左侧为桃子，右侧为佛手，左侧外端塑有"光绪己亥"（1899年）年款，右侧外端店号已残损；两侧对称依次各为一块内嵌花篮的镂空方框，两块一组的牡丹花鸟图；两侧脊端对称各为两块一组的夔龙纹。下层背面中间七块为牡丹花卉图案；两侧对称依次各为一块内嵌暗八仙的镂空方框、两块一组的梅花喜鹊图；两侧脊端对称各为两块一组的夔龙纹。该脊背面图案保存较为完整。

7. 东莞苏氏宗祠

东莞苏氏宗祠位于广东省东莞市南城区胜和管理区蚝岗大围，始建于明嘉靖二十年（1541年），清光绪三年（1877年）重修，是宗祠与家塾合一的祠堂建筑。该宗祠坐西向东，中轴对称三路建筑布局，中路主体建筑为三进五开间[1]。2004年，苏氏宗祠被公布为东莞市文物保护单位。东莞苏氏宗祠中路三进建筑的正脊均为陶塑屋脊，保存较为完好。

（1）首进陶塑正脊

东莞苏氏宗祠首进正脊装饰有精美的双面花卉陶塑屋脊，分为上、下两层。下层由25块陶塑构件拼接而成，正面中间五块为牡丹花卉；两侧对称依次各为两块内塑暗八仙的镂空方框，五块一组的花鸟图案，左侧塑有"丙子年"（1876年）[2]年款，右侧塑有"意新造"店号；两侧脊端对称各为三块一组的夔龙纹。下层背面中间五块为缠枝牡丹；两侧对称依次各为两块内塑暗八仙的镂空方框，五块一组的花卉图案，左侧为石榴，右侧为佛手；两侧脊端对称各为三块一组的夔龙纹。上层装饰有两条相向倒立的陶塑鳌鱼（图2-69）。

（2）二进陶塑正脊

东莞苏氏宗祠二进正脊为双面动物花卉陶塑屋脊，分为上、下两层。下层由25块陶塑构件拼接而成，正面中间五块为鲤鱼跳龙门、云龙图案；两侧对称依次各为两块内嵌双蝠金钱纹的镂空方框，五块一组的花卉图案，左侧为牡丹、莲花图，右侧为柚子图；两侧脊端对称各为三块一组的夔龙纹。下层背面中间五块为牡丹花鸟；两侧对称依次各为两块镂空方框，五块一组的花鸟图，左侧为牡丹花鸟，右侧为杨桃；两侧脊端对称各为三块一组的夔龙纹。上层装饰有两条相向倒立的陶塑鳌鱼。

（3）三进陶塑正脊

东莞苏氏宗祠三进正脊为双面陶塑屋脊，分为上、下两层。下层由25块陶塑

[1]　东莞市文化局：《东莞文物图册》，北京：中国建筑工业出版社，2005年版，第102页。

[2]　东莞苏氏宗祠曾于清光绪三年（1877年）重修，由此可知此处的丙子年为清光绪二年（1876年）。

图2-70 东莞李氏大宗祠首进及正脊（由南往北）

构件拼接而成，正面中间五块为二龙戏珠图；两侧对称依次各为两块镂空方框，框内分别塑有如意纹、双蝠捧钱纹，五块一组的花鸟纹，左侧为凤凰牡丹、螃蟹芦苇、鸭子等，右侧为茶花、葫芦、蜻蜓、兰花等；两侧脊端对称各为三块一组的夔龙纹。下层背面中间五块为二龙戏珠图；两侧对称依次各为两块镂空方框，框内分别塑有如意纹、双蝠捧金钱纹，五块一组的花鸟图，左侧为蟾蜍、蝙蝠、菠萝、稻谷等，右侧为菊花、喜鹊、梅花、水仙、羊、蝴蝶等；两侧脊端对称各为三块一组的夔龙纹。上层装饰有两条相向倒立的陶塑鳌鱼。

8. 东莞李氏大宗祠

东莞李氏大宗祠位于广东省东莞市石排镇李家坊旧东围1号，建于清光绪八年（1882年）。李氏大宗祠坐北朝南，为三开间二进建筑布局，硬山顶。

首进陶塑正脊

东莞李氏大宗祠首进正脊为双面陶塑屋脊，分为上、下两层。下层由15块陶塑

图2-69　东莞苏氏宗祠首进及正脊（由东往西）

构件拼接而成，正面中间九块为以亭台楼阁为背景的戏剧故事人物；两侧对称依次各为两块一组的花鸟图，左侧为茶花、玉兰、喜鹊，右侧为牡丹、梅花、绶带鸟，一块内嵌花瓶的镂空方框，左侧外端塑有"光绪捌年"年款，右侧外端塑有"石湾均玉店造"店号。陶塑屋脊的两侧脊端为后补的嵌瓷彩凤。上层装饰有两条新塑的鳌鱼（图2-70）。

9. 东莞迳联罗氏宗祠

东莞迳联罗氏宗祠位于广东省东莞市桥头镇迳联古村落的北边，始建于明嘉靖年间（1522～1566年），清同治三年（1864年）重修。该宗祠坐东朝西，为三开间三进四合院式建筑布局，砖木结构，硬山顶[1]。2004年，迳联罗氏宗祠被公布为东莞市文物保护单位。

---

[1]　东莞市文化局：《东莞文物图册》，北京：中国建筑工业出版社，2005年版，第198页。

首进陶塑正脊

东莞迳联罗氏宗祠首进正脊原安装有一条陶塑屋脊，由于该宗祠年久失修，屋脊上仅剩一块陶塑残件，上塑"同治三年"（1864年）年款，其上方为一只仅剩头部的鳌鱼。2007年，东莞市对迳联罗氏宗祠进行维修时，将此陶塑屋脊残件拆卸下来，现改为灰塑屋脊，其上方安装有两条新塑的鳌鱼。

10. 东莞南社村谢氏大宗祠

东莞南社村谢氏大宗祠位于广东省东莞市茶山镇南社村中心、应洛公祠右侧，初建于明嘉靖三十四年（1555年），曾于明万历四十一年（1613年）、清乾隆五十八年（1793年）、清宣统元年（1909年）、1997年重修。该祠堂坐西北向东南，三开间三进四廊二天井合院式建筑布局，面阔12米，进深25.5米，砖木石结构，青砖墙体，悬山顶，人字封火山墙。谢氏大宗祠具有明清岭南建筑的特点，装饰精美，为东莞地区祠堂少见。茶山镇南社村立村始于南宋末年，现存祠堂25座，民居250多座，面积110000多平方米，重要建筑有古寨墙、谢氏大宗祠、百岁翁祠、百岁坊、谢遇奇家庙、资政第、关帝庙和典型民居等明清建筑[1]。2006年，茶山镇南社村被公布为全国重点文物保护单位。

首进陶塑正脊

东莞南社村谢氏大宗祠首进正脊上安装有一条双面戏剧故事人物陶塑屋脊，分为上、下两层。下层由23块陶塑构件拼接而成，正面中间九块为以亭台

---

[1]　东莞市文化局：《东莞文物图册》，北京：中国建筑工业出版社，2005年版，第164页。

图2-71　东莞南社村谢氏大宗祠首进及正脊（由东南往西北）

楼阁为背景的戏剧故事人物；两侧对称依次各为四块山公人物，一块方框，左侧塑有"丙子年"、"公元一九九六年重修"年款，右侧塑有"石湾美术陶瓷厂"店号；两侧脊端对称各为两块夔龙纹。上层安装有两条相向倒立的陶塑鳌鱼（图2-71）。

2006年6月13日，笔者在东莞市茶山镇南社村调查时，发现当地的一些村民将原祠堂等建筑上拆卸下来的陶塑屋脊残件，砌在自家院墙顶部作为装饰，装饰图案有山公人物、花卉、夔龙纹等，有些屋脊残件上面还有"石湾均玉造"、"光绪廿七年"（1901年）等字样。

11. 新会书院

新会书院，又称"冈邑书院"，位于广东省江门市新会区会城街道南宁社区惠民西路。建于民国初年（1918～1927年），由新会各姓族人筹款白银63万元兴建，为当

图2-72　新会书院头门（由西南往东北）

时县内各姓公共祖祠，20世纪50年代起交由新会一中使用。该祠堂坐东北向西南，主体建筑三路三进，通面阔32米，通进深110米，建筑占地面积3500平方米。中路三进建筑均为硬山顶，人字封火山墙，绿色琉璃瓦面，青砖墙身。新会书院整座建筑集木雕、石雕、砖雕、陶塑、灰塑、楹联等多种装饰于一体，规模宏大，工艺精湛，是民国时期新会代表建筑，为地方重要的祠堂建筑。1995年，新会书院被公布为新会市文物保护单位。

（1）头门陶塑正脊

新会书院头门五开间三进，木匾刻"新会书院"等字，前廊梁架雕有戏剧故事人物，两侧有石包台，方形石檐柱，门厅两侧为耳室（图2-72）。

新会书院头门正脊上安装有一条双面戏剧故事人物、花卉陶塑屋脊，分为上、下两层。下层由45块陶塑构件拼接而成，正面中间11块为以亭台楼阁为背景的戏剧故事人物，人物残损无存，仅剩作为背景的方框；两侧对称依次各为三块方框，五块戏剧故事人物，人物残损无存，一块镂空方框；四块花卉，一块方框，三块一组的凤凰衔书，其中凤凰的头部缺失。上层中间为宝珠脊刹。

图2-73　新会书院三进中路陶塑正脊局部（由西南往东北）

（2）二进中路陶塑正脊

新会书院三进中路五开间五进。屋顶正脊上安装有一条双面戏剧故事人物、花卉陶塑屋脊，分为上、下两层。该脊下层由45块陶塑构件拼接而成，中间为以亭台楼阁为背景的戏剧故事人物、花卉，两侧脊端为三块一组的夔龙纹。上层中间为宝珠脊刹。

（3）三进中路陶塑正脊

新会书院三进中路五开间五进。屋顶正脊上安装有一条双面戏剧故事人物、花卉陶塑屋脊，分为上、下两层。该脊下层由45块陶塑构件拼接而成，背面中间以花卉为题材，两侧脊端为三块一组的夔龙纹。上层中间为宝珠脊刹（图2-73）。

12. 英德白沙镇邓氏宗祠

英德白沙镇邓氏宗祠位于广东省清远市英德市白沙镇潭头村，建于明代。该祠堂坐南向北，三开间三进二天井建筑布局，面阔7.5米，进深22米，墙脚砌1.4米

图2-74 英德白沙镇邓氏宗祠首进及正脊（由北往南）

高的花岗岩条石，接砌青砖，悬山式屋顶[1]。邓氏宗祠檐壁绘有山水花鸟画，檐枋雕刻精美图案。祠堂的墙上，悬挂着刻有"光绪丙戌科 钦点即用知县 臣邓士芬恭承"字样的木匾额。1995年，邓氏宗祠被公布为英德市文物保护单位。

首进陶塑正脊

英德白沙镇邓氏宗祠首进正脊装饰有一条双面动物花鸟陶塑屋脊。该脊由11块陶塑构件拼接而成。正面中间为五块一组的五伦全图，居中为麒麟吐火，上面有"吴奇玉造"字样，两侧分别为牡丹、荷花、菊花及飞禽图案；两侧对称各为一块内塑祥云暗八仙的镂空方框；两侧脊端对称各为两块一组内嵌花卉的夔龙纹。背面中间为五块一组的"玉堂富贵"图，塑有玉兰、牡丹、绶带鸟等图案，其他部分的图案与正面相同。根据屋脊上繁复的花卉、动物造型，可以断定应为光绪时期的产品（图2-74）。

13. 清远东坑黄氏宗祠

清远东坑黄氏宗祠位于广东省清远市佛冈县水头镇东坑村，始建于明嘉靖元年（1522年），历代均有重修，现为清代建筑风格。该祠堂坐北向南，为三进院落四合院式布局，正祠与两边衬祠之间置青云巷，主体建筑为砖木结构，硬山

---

[1] 英德市博物馆：《英德市文物志》，2004年版（粤清内准字004009），第77～78页。

图2-75　清远东坑黄氏宗祠头门及正脊（由南往北）

顶，梁枋上饰有精致的木雕[1]。该祠堂头门上方原木匾上刻"黄氏宗祠嘉庆元年
仲春吉旦"，1990年改为"黄氏宗祠"水泥匾额；前院围墙内坪地有两件花岗岩
石旗杆夹，刻有"光绪十一年己酉科"、"钦赐举人黄昌祚立"。2005年，该祠
堂重修。2008年，东坑黄氏宗祠被公布为广东省文物保护单位。

头门陶塑正脊

　　清远东坑黄氏宗祠头门面阔三间，硬山顶，正脊上安装有一条双面人物花
卉陶塑屋脊，分为上、下两层。下层由19块陶塑构件拼接而成，正面中间七块为
以亭台楼阁为背景的戏剧故事人物，人物均已残损无存；两侧对称依次各为一块
方框，左侧塑有"中华民国叁十六年"年款，右侧塑有"南海石湾均玉窑造"店
号，一块内塑花瓶的镂空方框；两块一组的山公人物，人物已残损无存；两侧脊
端各为两块一组的凤凰衔书，凤凰的头部经过修补。背面构图与正面相同，仅在
与正面山公人物对应的部分为花卉图案，其中左侧为佛手花，右侧为茶花，其他
部分与正面图案相同。上层安装有两条相向倒立的陶塑鳌鱼（图2-75）。

14. 郁南竣峰李公祠

　　郁南峻峰李公祠位于广东省云浮市郁南县大湾镇五星村委会沙头自然村，建

---

[1]　杨森：《广东名胜古迹辞典》，北京：北京燕山出版社，1996年版，第1084页。

于清宣统元年（1909年）。该祠堂坐东南向西北，面阔6.25米，进深32.7米，砖瓦木结构，硬山顶，镬耳式封火山墙[1]。该祠堂每进皆有天井相隔，并且一进比一进高，最里一进最深最宽，为清代粤西建筑风格。祠堂还装饰有精美的木雕、石雕、砖雕、壁画、陶塑屋脊等，在粤西地区也不多见。2013年，大湾古民居建筑群[2]被公布为全国重点文物保护单位。

首进陶塑正脊

郁南竣峰李公祠首进正脊上安装有一条双面陶塑屋脊。该脊由七块陶塑构件拼接而成。正面中间五块为荷花、菊花、石榴、佛手等；两侧对称各为一块内塑暗八仙的镂空方框，左侧外端塑有"吴宝玉荣造"店号，右侧外端塑有"光绪戊申年"（1908年）年款。背面中间五块为牡丹；两侧对称各为一块内塑暗八仙的镂空方框，左侧外端塑有"吴宝玉荣造"店号，右侧外端塑有"光绪戊申年"年款（图2-76）。

（二）　港澳地区祠堂建筑

1. 新界新田大夫第

新田大夫第位于香港新界元朗区新田永平村，为文颂銮于清同治四年（1865年）所建。据文氏族谱记载，其先祖源自四川，南宋时辗转迁徙至江西及广东。据说当时其中一位显赫族人文天瑞与宋末名将文天祥有血缘关系。文氏自15世纪

---

[1]　郁南竣峰李公祠资料由广东省第三次文物普查办公室工作人员提供。

[2]　大湾古民居建筑群含其昌栈大屋、祺波大屋、李氏大宗祠、锦村李公祠、拨亭李公祠、象翁李公祠、禄村李公祠、竣峰李公祠、诚翁李公祠、介村李公祠、正村李公祠、学充李公祠、芳裕家塾、洁翁李公祠。

图2-76　郁南竣峰李公祠首进及正脊（由西北往东南）

已定居新田，文颂銮是文氏二十一世族人，他不但长袖善舞，而且乐善好施，深得乡党推崇，因此被清朝光绪皇帝御赐"大夫"名衔。新田大夫第为三开间二进两廊式建筑格局，中轴线上有门厅、天井和正厅，两边则是六间厢房和正房；上层的阁楼，可用作书房或客房。大夫第是香港最华丽的历史建筑之一，也是香港早期中西文化汇集的佐证，其建筑方式、结构和外形均为中国传统手法，并运用广东清水青砖、灰瓦和陶塑屋脊等材料，但有些部位则采用彩色玻璃、十字形装饰图案、西洋浮雕等装饰风格。1988年，大夫第由香港建筑署进行重修[1]。

（1）门厅陶塑正脊

新田大夫第一进门厅的正脊为双面人物花卉陶塑屋脊。该脊由11块以亭台楼阁为背景的戏剧故事人物构件拼接而成，以"郭子仪祝寿"和"醉打金枝"等戏剧故事为主题[2]，其中左侧外端塑有"同治四年"（1865年）年款，右侧外端塑有"文如璧造"店号。屋脊两侧其余部分为灰塑。该脊正面的人物图案保存较为完好，背面残缺严重，人物头部多数已残损不在。2008年1月10日，笔者在香港大夫第调查时，据大夫第工作人员介绍，这些残损的陶塑人物头部是以前当地村民用小石头投掷，相互比赛投射游戏所致（图2-77）。

（2）门厅正面两侧外墙陶塑看脊

新田大夫第一进门厅正面左侧外墙上镶嵌有五块以亭台楼阁为背景的戏剧故事人物陶塑看脊，中间一块的下方有"文如璧造"店号。正面右侧外墙上也镶嵌有五块以亭台楼阁为背景的戏剧故事人物陶塑看脊，中间一块的下方有"文如璧造"店号。

[1] 笔者根据2008年1月10日在香港新田大夫第调查时，在大夫第内所见陈列展览《大夫第简介》资料整理。

[2] 马素梅：《阅读石湾瓦脊：香港"大夫第"的郭子仪》，《石湾陶》2009年第2期。

图2-77 新界新田大夫第门厅陶塑屋脊（由北往南）

四 会馆建筑

会馆是明清时期发展起来的一种社会组织，除了少数为业缘性会馆外，绝大部分是以乡土为纽带建立起来的地缘性会馆。明清时期，广东地区商品经济发达，处于全国前列，广东商人的足迹遍布两广、东南亚等地。按照从事商贸活动的地缘差异，通常把广东商人划分为广州帮、潮州帮和客家帮。广东地缘性商人集团在外地经商，依靠会馆来联络乡情，互通信息，保护同乡利益，为同乡谋福祉等。随着广东商人的足迹遍及全国，广东会馆也星罗棋布。广东商人所建造的会馆都有固定的建筑物，大体上采用岭南祠堂式格局，在结构上既有祭祀、议事的厅堂，也有供同乡聚会、节日娱乐的戏台、花园，有的还提供住宿、读书等用房。广东会馆建造的经费大多由同籍乡人集体捐助，建筑一般追求高大华丽的视觉效果，汇聚本地建筑和装饰工艺的精华，以维护地域的门面。但是，经过无数次的人为破坏和自然耗损，岭南地区现存的广东会馆建筑数量有限，仍保留陶塑屋脊的会馆建筑更是屈指可数。

（一） 广东地区会馆建筑

1. 广州锦纶会馆

广州锦纶会馆[1]又名锦纶堂，现位于广东省广州市荔湾区康王南路。锦纶会馆始建于清雍正元年（1723年），清道光二十四年（1844年）重修，是清朝至民国期间广州丝织行业会馆。锦纶会馆原位于广州市荔湾区下九路西来新街21号，是一座典型的清代岭南祠堂式建筑，1999年，锦纶会馆被公布为广州市文物保护单位，2001年，广州建设康王路时，为保护这座古建筑，对其进行整体平移。锦纶会馆坐北朝南，为三路三进祠堂式建筑布局，现存主体建筑面积约700平方米，其石雕、木雕、陶塑、灰塑等体现了岭南建筑的装饰风格。2005年初，锦纶会馆进行重修。该会馆首进、二进屋顶上的陶塑正脊，应为近年重修时新塑的，釉色明显比三进屋顶陶塑正脊的鲜艳、光亮。

（1）首进陶塑正脊

广州锦纶会馆首进正脊下面为灰塑，在灰塑的上方装饰有一条双面花卉陶塑屋脊，分为上、下两层。下层由15块陶塑构件拼接而成，正面与背面构图相同。下层正面中间五块为荷花图案；两侧对称依次各为两块一组的牡丹花卉，两块一组的花

---

[1] 笔者根据2012年11月18日在广州锦纶会馆调查时，所见门前《锦纶会馆简介》碑刻资料整理。

图2-78　广州锦纶会馆首进及正脊（由南往北）

鸟图，左侧为佛手花鸟，右侧为石榴花鸟；两侧脊端对称各为一块夔龙纹。上层中间为祥云宝珠脊刹，两侧对称各为一条相向倒立的陶塑鳌鱼（图2-78）。

（2）二进陶塑正脊

广州锦纶会馆二进正脊下面为灰塑，在灰塑的上方装饰有一条双面花卉陶塑屋脊，分为上、下两层。下层由17块陶塑构件拼接而成，正面中间五块为凤凰牡丹；两侧对称依次各为两块一组的花卉图案，左侧为仙鹤荷花图，右侧为螃蟹芦苇图，三块一组的牡丹图；两侧脊端对称各为一块内嵌花瓶的夔龙纹。下层背面中间五块为凤凰牡丹图案；两侧对称依次各为两块一组的松树动物图案，左侧为喜鹊、双羊图，右侧为五羊开泰图，三块一组的花卉图案，左侧为牡丹图，右侧为菊花、兰花、梅花图；两侧脊端对称各为一块内嵌香炉的夔龙纹。上层中间为蝙蝠捧金钱、祥云、宝珠脊刹，两侧对称各为一条相向倒立的陶塑鳌鱼。

（3）三进陶塑正脊

广州锦纶会馆三进正脊下面为灰塑，在灰塑的上方装饰有一条双面花卉陶塑屋脊，分为上、下两层。下层由15块陶塑构件拼接而成，背面中间五块为荷花图；两侧对称依次各为一块内塑如意云纹的镂空方框，两块一组的花卉图，左侧为荷花，右侧为茶花，两侧脊端对称各为两块一组的夔龙纹，左侧外端的夔龙纹为新塑。上层中间为祥云宝珠脊刹，两侧对称各为一条相向倒立的陶塑鳌鱼（图2-79）。

图2-79　广州锦纶会馆三进陶塑正脊背面（由北往南）

2. 湛江广州会馆

湛江广州会馆位于广东省湛江市赤坎区福建街，建于清嘉庆年间（1796～1820年），三进约1100平方米，馆内拜亭别具一格[1]。广州会馆建筑原三进屋顶均装饰有花卉图案的陶塑正脊，20世纪90年代在湛江城市改造过程中，该会馆被拆毁，陶塑屋脊构件也已无存。

（二）　广西地区会馆建筑

1. 平乐粤东会馆

平乐粤东会馆位于广西壮族自治区桂林市平乐县，是广西最早成立的会馆之一。清同治十二年（1873年）番禺人许其光所撰《重建会馆并戏台碑记》[2]记载："东之商民连舻而至，道相望也。会馆之设创自明，莆沧桑以前不可考。顺治丁酉，宇宙鼎新，有萧孝廉、曾彦者为之图地界，越四十年，至康熙丁丑，规模始大也。……嘉庆丙寅，东人之官副总兵者萧凤来率众重修之。咸丰年间毁于寇。余同邑陈见田太史方守是郡……狩豕之所蹂躏，樵牧之所踯躅，欲理之未遑也。同治庚午，余始来广西道，经平，闾里萧条，蒿莱满目，馆之故址瓦砾如旧。逮癸酉以转，馕再过之，则栋□鳞集……由乾嘉以至今日，捐金庀材，重廓新其栋宇而不以为侈。"据此可知，平乐粤东会馆始建于明万历年间（1573～1620年），清康熙丁丑年（1697年）、嘉庆丙寅（1806年）重修，清咸丰年间（1851～1861年）毁于兵火，清同治十二年（1873年）修复。

平乐粤东会馆现由前厅、香亭、天后宫、厨房、侧厅等部分组成，砖木石结构，屋檐下装饰有金漆木雕花檐板，梁架上也有精美的金漆木雕图案。会馆前厅正脊原先装饰有精美的人物陶塑屋脊，可惜文化大革命期间被毁坏殆尽。

2. 钟山粤东会馆

钟山粤东会馆位于广西壮族自治区贺州市钟山县英家街尾西，由广州府商

[1]　陈泽泓：《岭南建筑志》，广州：广东人民出版社，1999年版，第315页。

[2]　该碑现镶嵌在平乐粤东会馆的墙上。

图2-80　百色粤东会馆前殿陶塑正脊（由东往西）

人建于清乾隆四十二年（1777年），建筑所用麻石构件均从广东水运而来。清道光五年（1825年）重修时加建戏台，民国十二年（1923年）风灾后曾修葺。

　　钟山粤东会馆坐北朝南，原建筑包括前殿、后殿、两廊、戏台，砖木结构，总体平面为四合院式布局，现仅存前殿、后殿两座建筑，砖木结构，硬山顶。民国时，国民党政府据此为粮仓。1947年6月4日晚，中共英家特支根据中共广西省工委的部署，在英家发动武装起义，开仓救贫度荒，因此粤东会馆是革命旧址之一。1985年，钟山县政府拨款维修[1]。该建筑前檐两侧石柱上为浅浮雕双龙戏珠石额枋，其上是通体透雕的瑞兽石麒麟，石枋下两端雀替为两两相伴的石雕八仙人物，两侧叠梁为木雕戏剧故事人物。墙上装饰有精细的山水、花鸟、人物工笔彩画，瓦面正脊夔龙内外均为花鸟灰塑，体现了清代岭南建筑的艺术风格。2000年，钟山粤东会馆被公布为广西壮族自治区级文物保护单位。

　　2007年6月26日，笔者在钟山县英家镇粤东会馆调查时，据当地老人介绍，他们小时候曾见过会馆前殿屋顶正脊上安装有陶塑屋脊，上面有浮雕的戏剧公仔人物，还有广东石湾造的字样，可以把手伸到人物公仔的后面，遗憾的是后来被台风刮坏了，现在改为灰塑屋脊。

---

[1]　笔者根据2007年6月26日在钟山县粤东会馆调查时，所见墙上镶嵌的《重修会馆建造戏台碑记》和《粤东会馆简介及保护范围》碑刻材料整理。

3. 百色粤东会馆

百色粤东会馆位于广西壮族自治区百色市解放步行街，始建于清康熙五十九年（1720年）。据清道光二十年（1840年）《重新鼎建百色粤东会馆碑记》[1]记载："先是康熙间里人梁煜等倡议□金鸠工……凡木石夫工多致自乡土。"由此可知，百色粤东会馆由广东商人梁煜等集资所建，所用建筑材料均从家乡运来。此后，百色粤东会馆又历经多次重修，会馆内现悬挂着清同治十一年（1872年）所刻的"粤东会馆"牌匾。该会馆建筑坐西向东，以前、中、后三大殿宇为主轴，两侧配以相对称的厢房和廊庑，构成"日"字形封闭院落[2]，砖木结构，硬山顶，清水墙，设计巧妙，结构严谨，雕梁画栋，屋顶上装饰有精美的陶塑屋脊，具有典型的岭南古建筑风格，是旧时广东商人在广西发展商贸的见证。1929年，邓小平、张云逸等率领的红七军曾以粤东会馆作为百色起义指挥部。1988年，百色粤东会馆被公布为全国重点文物保护单位。

（1）前殿陶塑正脊

百色粤东会馆前殿正脊为双面人物陶塑屋脊，分为上、下两层（图2-80）。

[1] 清道光二十年《重新鼎建百色粤东会馆碑记》现镶嵌在百色粤东会馆墙上，由时任翰林院编修南海罗文俊撰文，时任翰林院编修、国史馆纂修佛山骆秉章书写。

[2] 王美娜：《百色粤东会馆古建筑的特点及维护》，《广西右江民族师专学报》2002年第1期。

图2-81　百色粤东会馆中殿陶塑正脊（由东往西）

下层由19块陶塑构件拼接而成，正面中间九块以亭台楼阁为背景的戏剧故事人物；两侧对称依次各为一块内塑狮子花卉的镂空方框，左侧外端有"同治壬申"（1872年）年款，右侧外端有"吴奇玉重造"店号，两块戏剧故事人物；两侧脊端对称各为两块一组的麒麟。下层背面中间九块为戏剧故事人物；两侧对称依次各为一块内塑蝴蝶瓜果的镂空方框，左侧外端有"同治十一年"（1872年）年款，右侧外端有"粤东奇玉造"店号，两块戏剧故事人物；两侧脊端对称各为两块一组的麒麟，造型与正面相同。上层中间为禹门、宝珠脊刹，两侧对称各为一条由五块陶塑拼接的二拱云龙、一条相向倒立的陶塑鳌鱼。该脊保存相当完整。

（2）中殿陶塑正脊

百色粤东会馆中殿正脊为双面人物花卉陶塑屋脊，分为上、下两层。下层由19块陶塑构件拼接而成，正面中间10块为以亭台楼阁为背景的戏剧故事人物，左侧为一块亭台楼阁陶塑，右侧为两块亭台楼阁陶塑；两侧对称依次各为两块一组的缠枝牡丹纹，一块夔龙纹（图2-81）。下层背面中间九块为凤凰牡丹纹等，两侧依次各为无纹饰的亭台楼阁陶塑背面，两块花草纹，一块夔龙纹，图案与正面相同。上层中间为蓝宝珠脊刹。该脊也于1972年被龙卷风刮坏，1989年维修时重新进行拼装，屋脊两侧的花草纹明显与中部的戏剧故事人物陶塑不协调，风格迥异，应为其他屋脊的残存构件拼装于此。

（3）中殿两厢陶塑看脊

百色粤东会馆中殿左厢屋脊为单面陶塑看脊，由21块陶塑构件拼接而成。中间九块为以亭台楼阁为背景的戏剧故事人物，左侧外端有"同治壬申年"（1872年）年款，右侧外端有"吴奇玉店造"店号；两侧对称各为两块一组的山公人

物和两块一组的花卉图案；两侧脊端对称各为两块一组内塑花瓶的夔龙纹（图
2-82）。1972年，百色地区刮龙卷风时，此脊周围的瓦片都被吹落，1989年曾对
屋面和陶塑屋脊进行修补，1996年用水泥维修瓦顶，2002、2003年又对陶塑屋脊
上的人物头部进行修补。

百色粤东会馆中殿右厢屋脊为单面陶塑看脊，由21块陶塑构件拼接而成。中间
九块以亭台楼阁为背景的戏剧故事人物，左侧外端有"粤东南邑"字样，右侧外端
有"奇玉重造"店号；两侧对称各为两块一组的山公人物和两块一组的花卉；两侧
脊端对称各为两块一组内塑花瓶的夔龙纹（图2-83）。该脊保存较为完整。

（4）后殿陶塑正脊

百色粤东会馆后殿陶塑正脊也是1989年维修时重新拼装的，分为上、下两
层。下层由17块陶塑构件拼接而成，正面中间九块为单面、以亭台楼阁为背景的
戏剧故事人物陶塑，其中四块构件的外侧分别有"吴奇玉重造"、"同治十一
年"、"吴奇玉店造"、"同治壬申年"字样；两侧对称依次各为一块双面花卉
方框和一块内塑瓜果的双面夔龙纹，两块内塑花瓶的单面夔龙纹。上层中间为三
块单面陶塑人物，与下层的人物陶塑成为一体（图2-84）。

百色粤东会馆建筑上的戏剧故事人物陶塑屋脊，生动地呈现出广东粤剧中的
一些片段、场景，体现出旅居广西的广东商人们难忘故土的浓浓乡情，也展示了
岭南建筑陶塑屋脊的独特艺术风采。

4. 恭城湖南会馆

恭城湖南会馆位于广西壮族自治区桂林市恭城县城太和街，建于清同治十一

图2-82 百色粤东会馆中殿左厢陶塑看脊（由南往北）

图2-83 百色粤东会馆中殿右厢陶塑看脊（由北往南）

图2-84 百色粤东会馆后殿陶塑正脊（由东往西）

图2-85 恭城湖南会馆戏台及正脊（由西北往东南）

年（1872年），为当时三湘同乡会集资所建。会馆坐西北向东南，由门楼、戏台、正殿、厢房等组成。其为恭城"四大会馆"（广东会馆、湖南会馆、福建会馆、江西会馆）中至今唯独保存完整的一座，结构独特，造型奇巧，雕饰丰富，装修华丽，故有"湖南会馆一枝花"的美誉。恭城湖南会馆现被公布为广西壮族自治区级文物保护单位[1]。

戏台陶塑正脊

恭城湖南会馆内有一古戏台，平面呈"凸"字形，台基用青石垒砌，舞台部分的屋顶正脊为双面人物陶塑屋脊，分为上、下两层。下层由六块陶塑构件拼接而成，均为以亭台楼阁作背景的戏剧故事人物。上层中间为宝珠葫芦脊刹，两侧对称各为一条相向倒立的陶塑鳌鱼（图2-85）。从屋脊上面的陶塑人物造型和构图判断，应为清同治十一年（1872）建造会馆戏台时安装上去的。

---

[1] 笔者根据2007年6月30日在广西壮族自治区桂林市恭城县湖南会馆调查资料整理。

五　门楼及各地陈列的陶塑屋脊

（一）　广东地区

1. 广州镇海楼

广州镇海楼[1]坐落在广东省广州市越秀山小蟠龙岗上（图2-86）。明洪武十三年（1380年），永嘉侯朱亮祖等合宋代广州的东、西、子三城为一，并开拓北城八百余丈，城墙横跨越秀山，又在城墙上建高楼一座，共五层，俗称"五层楼"。当时珠江水面宽广，登楼而望，碧波荡漾，颇为壮阔，故楼名"望海"，后又名"镇海"。镇海楼屡遭损坏，数度重修。1928年重修时，将木构架改建成钢筋混凝土结构，但砖石砌筑的墙壁基本属于明代旧物。镇海楼自1928年重修后，即成为广州博物馆所在。镇海楼高28米，面阔31米，进深16米，东西两面山墙和后墙的第一、二层用红砂岩条石砌筑，三层以上为青砖墙，外墙逐层收减，复檐五层，歇山顶，绿琉璃瓦屋面。镇海楼朱墙绿瓦，雄伟壮观，被誉为"岭南第一胜览"，先后以"镇海层楼"和"越秀层楼"列为清代和现代的"羊城八

图2-86　广州镇海楼（由南往北）

[1]　《广州市文物志》编委会：《广州市文物志》，广州：岭南美术出版社，1990年版，第170～171页。

景"之一。1989年，镇海楼被公布为广东省文物保护单位。2013年，镇海楼与广州明城墙被公布为全国重点文物保护单位。

陶塑正脊

广州镇海楼正脊安装有一条双面花卉陶塑屋脊，分为上、下两层。下层由39块陶塑构件拼接而成，正面中间19块为牡丹花卉；两侧对称依次各为一块镂空方块，一块花板，左侧塑有"民国戊辰年"（1928年）年款，右侧塑有"石湾均玉造"店号，一块镂空方框，七块一组的花卉图案。上层中间为鲤鱼跳龙门、宝珠脊刹，两侧对称各为一条相向倒立的陶塑鳌鱼。

此外，在广州镇海楼上层檐四条垂脊的上方，分别装饰有三个垂兽；在下面四层檐的垂脊脊角处，各装饰有一条倒立的陶塑鳌鱼。

2. 佛山祖庙公园内陈列的陶塑屋脊

佛山祖庙公园内现陈列着六条陶塑屋脊，这些屋脊是佛山市博物馆于20世纪60年代起，在佛山旧城区改造过程中征集的，后来经过挑选、拼接陈列在佛山祖庙公园内，因此这些屋脊很可能不是原装组合。具体情况如下：

（1）清道光乙未年（1835年）奇玉店造狮子滚绣球陶塑正脊

该脊现陈列于佛山祖庙端肃门前通道左侧，由六块陶塑构件拼接而成。正面中间四块为狮子滚绣球，每两块一组，所塑狮子为独角造型，雄健威猛，神态生动，左侧外端塑有"道光乙未岁"年款，右侧外端塑有"奇玉店造"店号；两侧对称各为一块夔龙纹。背面中间四块为花卉图案，每两块一组，分别为菊花图、石榴图，两侧对称各为一块夔龙纹（图2-87）。

（2）清光绪丁酉年（1897年）奇玉店造动物花卉陶塑正脊

该脊现陈列于佛山祖庙端肃门前通道左侧，由七块陶塑构件拼接而成。正面中间五块为动物花卉图案，所塑动物为鹊鸟、松鹤、麒麟、凤凰、宝鸭等，两侧对侧各为一块夔龙纹。背面中间五块为牡丹图案，两侧对称各为一块夔龙纹，与正面相同（图2-88）。

（3）未署年款及店号荷花富贵图陶塑正脊

该脊现陈列于佛山祖庙公园褒宠牌坊南面，由九块陶塑构件拼接而成。正面中间三块为荷花图，并配有草书诗句："中通外直真君子，何事唐人称六郎"；两侧对称依次各为一块花卉图案，左侧为玉兰，右侧为梅花，一块内塑博古架果盘的镂空方框；两侧脊端对称各为一块夔龙纹。背面中间五块为牡丹图案，并配有草书诗句："近年多种侯王地，怪得人称富贵花"；其他与正面相同（图2-89）。

图2-87　佛山祖庙清道光乙未年奇玉店造狮子滚绣球陶塑正脊（由南往北）

图2-88　佛山祖庙清光绪丁酉年奇玉店造动物花卉陶塑正脊背面（由北往南）

图2-89　佛山祖庙未署年款及店号荷花富贵图陶塑正脊（由南往北）

（4）清光绪癸卯年（1903年）均玉店造人物陶塑看脊

该脊现陈列于佛山祖庙公园院内、藏珍阁展厅北面，由七块陶塑构件拼接而成。正面中间四块为以亭台楼阁为背景的戏剧故事人物，两侧对称各为一块花瓶和寿星公图案，左侧花瓶塑有"光绪癸卯"（1903年）年款，右侧花瓶塑有"均玉店造"店号；右侧边缘接一块内塑花卉的镂空方框。背面边缘为一块内塑暗八仙的镂空方框，其他六块为素胎，由此可以判断这块陶塑构件应为后来拼凑的。

（5）清光绪□□年均玉店"八仙过海"陶塑看脊

该脊现陈列于佛山祖庙公园院内、藏珍阁展厅北面，由10块陶塑构件拼接而成。正面中间八块为古代神话故事中铁拐李、汉钟离、张果老、吕洞宾、韩湘子、曹国舅、何仙姑、蓝采和等八位仙人，神态生动、栩栩如生，并以虾兵蟹将作为辅助题材，活灵活现，妙趣横生，左侧边缘的人物手持塑有"□绪"年款条幅，右侧边缘的人物手持塑有"均玉店造"店号条幅；两侧对称各为一块夔龙纹。背面中间八块为素胎，两侧对称各为一块夔龙纹，由此可知这条屋脊两侧的夔龙纹也是后来拼凑的。

(6) 未署年款及店号的人物陶塑屋脊

该脊现陈列于佛山祖庙公园院内、藏珍阁展厅北面，由六块陶塑构件拼接而成，其中四块以亭台楼阁为背景的戏剧故事人物，左侧接一块内塑牡丹花的镂空方框，右侧接一块夔龙纹。背面两侧的图案与正面相同，中间三块为花卉图案、一块为素胎无图案，该脊也是拼凑的，并非原装屋脊。

3. 广东粤剧博物馆内陈列的陶塑正脊

广东粤剧博物馆位于广东省佛山市禅城区兆祥路兆祥黄公祠内，2003年6月建成，展示明、清至当代广东粤剧的发展历史和文物资料。兆祥黄公祠建于清末民初，是佛山著名中成药"黄祥华如意油"始创人黄大年的祠堂，主体建筑坐西向东，由纵轴线上排列的头门、过亭、前殿、正殿等组成，南北两侧附有厢房，为三进院落四合院式布局[1]。2002年7月，兆祥黄公祠被公布为广东省文物保护单位。

佛山兆祥黄公祠的三进天井内现陈列着一条双面陶塑正脊。该脊由佛山市博物馆所藏旧脊拼凑而成，2003年广东粤剧博物馆筹建时陈列于此，由20块陶塑构件组成，并非原装屋脊。正面中间11块以亭台楼阁为背景的戏剧故事人物；两侧对称各为一块花板，左侧塑有"光绪庚寅"（1890年）年款，右侧塑有"文如璧造"店号；左侧接一块镂空方框，框内所塑之物已残损；两侧对称各为两块一组的凤凰衔书，凤凰头部已缺失；两侧脊端对称各为一块夔龙纹。

4. 广东石湾陶瓷博物馆内陈列的陶塑正脊

广东石湾陶瓷博物馆位于广东省佛山市禅城区高庙路5号，是广东首家陶瓷行业博物馆。在该馆二楼展厅内，现陈列着一条双面人物花卉陶塑正脊。该脊由12块陶塑构件拼接而成，分三组陈列在三个展柜里，每组四块。正面中间10块为以亭台楼阁为背景的戏剧故事人物，两侧对称各为一块内塑花篮的镂空方框。背面中间四块为戏剧故事人物，其余八块均为花卉图案，并塑有"高冠独占"、"共占春魁"词句和"光绪五年"（1879年）、"吴奇玉造"款识。这条屋脊由广东石湾陶瓷博物馆征集，不是原装屋脊，脊上所塑人物多处残损。

5. 佛山中国陶瓷城内陈列的陶塑正脊

佛山中国陶瓷城位于广东省佛山市禅城区江湾三路2号，2002年10月建成，是集博览、展销、信息、旅游于一体的现代物流中心，其主展馆建筑面积5万多

---

[1]　佛山市文物管理委员会：《佛山文物》（上篇）（内部交流），1992年版，第68页。

图2-90　三水区博物馆内陈列的陶塑屋脊构件

平方米，环境优美，是休闲、观光之所，也是挑选陶瓷产品的购物天堂。

在佛山中国陶瓷城四楼展厅内，陈列着一条双面人物花卉陶塑正脊。该脊由11块陶塑构件拼接而成。正面中间五块为以亭台楼阁为背景的戏剧故事人物；两侧对称各为两块一组的"竹林七贤"山公人物；两侧脊端各为一块内嵌蝙蝠衔"意新造"店号的镂空方框。背面中间五块为花鸟图案；两侧对称各为两块一组的花卉图案；两侧脊端对称各为一块内嵌蝙蝠衔"庚午年"（1870年）[1]年款的镂空方框。该脊保存较为完好。

6. 三水区博物馆内陈列的陶塑屋脊构件

三水区博物馆位于广东省佛山市三水区西南街道广海大道西森林公园纪元塔内。在三水区博物馆二楼展厅内，现陈列着两块陶塑屋脊构件。此构件为三水魁岗文塔第九层檐垂脊的原物，文化大革命期间遭到破坏（图2-90）。

魁岗文塔，又称雁塔，位于广东省佛山市三水区河口镇魁岗，始建于明万历三十年（1602年），清道光三年（1823年）重建，为平面八角形、九层仿楼阁

---

[1]　清乾隆十五年（1750年）、嘉庆十五年（1810年）、同治九年（1870年）均为庚午年。另外，广东省东莞市苏氏宗祠首进正脊的陶塑屋脊由意新店于丙子年（清光绪二年，即1876年）塑造，佛山中国陶瓷城内陈列的陶塑屋脊也由意新店塑造，由此可知此处的庚午年应为清同治九年（1870年）。

图2-91　澳门艺术博物馆内陈列的陶塑正脊正面

式砖石塔，塔高40余米，坐东向西。门前上额"文星开运"，为道光三年督粤使者阮元所题。自1986年起，三水县政府数次拨款修复文塔，现已基本恢复原貌。1984年，魁岗文塔被公布为佛山市文物保护单位。

（二）　港澳地区

澳门艺术博物馆内陈列的陶塑正脊

澳门艺术博物馆位于澳门新口岸冼星海大马路澳门文化中心，是澳门规模最大的文物艺术类博物馆。在该馆的陶瓷展厅内，现陈列着一条双面人物花卉陶塑正脊（图2-91）。该脊由13块陶塑构件拼接而成。正面中间七块以亭台楼阁为背景的戏剧故事人物；两侧对称依次各为一小块店号、年款方框，左侧塑有"吴奇玉造"店号、右侧塑有"光绪元年"（1875年）年款，一块镂空方框，左侧框内塑有茶花，右侧框内塑有牡丹、蝴蝶；两侧脊端对称各一块麒麟吐玉书图案。背面中间七块为花鸟图案，分别塑有菊花、孔雀牡丹、茶花等，其他部分与正面相同。

第三章

岭南地区建筑陶塑屋脊的生产与销售

　　清中晚期，岭南地区学宫、庙宇、祠堂、会馆等大型公共建筑流行用陶塑屋脊作为装饰，这些陶塑屋脊均由广东石湾窑生产。

一　石湾窑的陶塑屋脊产品

　　石湾位于广东省佛山市西南，距市区6公里，东北距广州20公里，北江支流东平河从旁边经过，四周都是丘陵山岗，陶土资源丰富，水陆交通方便。石湾拥有悠久的制陶历史，早在新石器时代晚期，石湾先民就已烧制陶器，佛山河宕遗址出土了夹砂陶片、较丰富的几何印纹陶及刻划记号。秦汉时期，厚葬风气盛行，在佛山市郊澜石汉墓出土了大量陶制器皿和陶制模型，其中M14出土的水田附船模型，生动地反映了东汉时期珠江三角洲一带的农业生产情况[1]。唐宋时期，石湾制陶业已初具规模，其产品以日用陶器为主，在石湾东部的大帽岗发现了唐宋时期的窑址，出土的陶瓷有碗、碟、罐、盆、器盖等；在石湾西北约9公里的奇石村也发现古窑址，从村北的虎头岗起至南面东平河口约3公里的沿河小山岗，范围很大，几乎都有古窑发现，陶瓷品种类型也相当多，有碗、碟、盆、罐、壶、魂坛等，可见这里曾是大规模的陶瓷生产基地[2]。明清时期，石湾窑陶瓷生产规模不断扩大，清顺治十六年（1659年）《三院严革私抽缸瓦饷示约》记载："南海石湾一隅，前际大江，后枕冈阜，无沃土可耕，无货物贸易。居民以陶为业，聚族皆然。陶成则运于四方，易粟以糊其口。"[3]清中期以后，石湾窑的陶瓷生产达到顶峰，"石湾有上、中、下三约。三约中共有缸瓦窑四十余处，皆系本乡之人开设，由来已久，供给通省瓦器之用。"[4]清朝末年，石湾尚有陶窑近百座。

　　石湾窑的产品包括日用陶瓷、美术陶瓷、建筑陶瓷和丧葬陶瓷等，屈大均

[1]　广东省文物管理委员会：《广东佛山市郊澜石东汉墓发掘报告》，《考古》1964年第9期。

[2]　佛山市博物馆：《广东石湾古窑址调查》，《考古》1978年第3期。

[3]　广东省社会科学院历史研究所中国古代史研究室等：《明清佛山碑刻文献经济资料》，广州：广东人民出版社，1987年版，第22页。

[4]　广东省社会科学院历史研究所中国古代史研究室等：《明清佛山碑刻文献经济资料》，广州：广东人民出版社，1987年版，第124～126页。

的《广东新语》记载："故石湾之陶遍二广，旁及海外之国。谚曰：石湾缸瓦，胜于天下。"[1]从明代中叶开始，石湾出现了一些专门生产美术陶瓷的工场，如嘉靖、万历年间的"祖堂居"等。到了明末清初，石湾陶塑逐步具有了民间艺术题材多样、风格朴实、手法浑厚豪放等特色，得到知识分子和广大社会群众的喜爱[2]。石湾窑的陶瓷生产行业可分为海口大盆行、水巷大盆行、横耳行、花盆行、白釉行、墨釉行、边钵行、埕行、钵行、塔行、缸行、红釉行、扁钵行等二十三行，"而此二十三行，复区别为大中小行。所谓大中小者，初因器物畅销与否而定。其业务鼎盛者，自然执业人众，故称大行；次曰中行；再次曰小行。"[3]其中花盆行属大行，清中晚期开始大量烧制陶塑屋脊产品。

二 制作技艺

清中晚期岭南地区建筑陶塑屋脊，通常是石湾花盆行的某一店号接受客户的订货后，由该店号所雇工人分工制作，为手工制作的产品。陶塑屋脊的生产大体分为配土、练土、制坯、塑形、干坯、素烧、出窑、施釉、烘烧、出窑等流程，与其他窑场的方法相差不多，一般分两次进行烧制，即先高温素烧坯体，再上釉后入窑进行釉烧。

（一） 塑形技法

石湾窑的陶塑屋脊产品大多以花鸟、人物为装饰题材。陶塑艺人根据订货方提供的屋脊长度进行整体设计，先制作作为主体的陶砖块，每条屋脊的陶砖块尺寸基本是一致的，正脊的陶砖块都是由单数拼接而成，垂脊及其他类型屋脊的陶砖块通常也为单数。陶砖块的中间掏空类似空心砖，这样可以减轻屋脊的重量，与官式琉璃屋脊的正脊筒、垂脊筒等做法相同。

[1] 屈大均：《广东新语》卷一四《器语》。

[2] 陈少丰：《中国雕塑史》，广州：岭南美术出版社，1993年版，第691页。

[3] 李景康：《石湾陶业考》，详见广东省文史研究馆编《广东文物》，上海：上海书店，1990年版，第1019~1027页。

　　清代官式琉璃正脊的构件包括正当沟、压带条、群色条、正脊筒、盖脊瓦、赤脚通脊、黄道、大群色、吻下当沟、抹角滴水等。正脊两端的正吻为龙头形，龙口大开咬住正脊，背上插着一柄宝剑，背后有一个小背兽，由数块吻件拼合而成，是整个屋脊最华丽的装饰物。官式琉璃垂脊的构件包括垂脊筒、搭头垂脊筒、戗尖垂脊筒、连座、垂兽座、垂兽、戗尖盖脊瓦、托泥当沟等。官式琉璃戗脊的构件包括承奉连、三连砖、戗脊筒等。此外，在戗脊与垂脊相交处，需要使用割角戗脊筒、割角承奉连、割角三连砖等构件，以便戗脊与垂脊严密结合。官式琉璃围脊的构件包括博脊筒、赤脚博脊筒、黄道博脊砖、博脊承奉连、博脊三连砖、蹬脊瓦、合角吻、合角兽等。

　　石湾窑陶塑屋脊的构件比较简单，没有官式琉璃屋脊构件那么复杂。每块陶砖块的尺寸一般为高60～100厘米，宽60厘米左右，厚20厘米左右。有些呈龙船状的正脊脊角，呈卷尾状的垂脊、戗脊脊角，两条垂脊相交处的构件，它们的尺寸与此不同，则要特殊设计。这种构件"制度"（大小和规格）的建立，目的就是要打下"大量生产"的基础。由于"规格化"使劳动易于熟练，对质量能够做出更大的保证[1]。陶砖块做好后，陶塑艺人就要根据设计好的题材在上面进行塑形。他们在保持石湾陶塑民间艺术特色的基础上，吸收我国传统绘画（尤其是写意画）和雕塑的表现技巧[2]，创造出雅俗共赏、适应各种文化层次观众欣赏的陶塑屋脊产品。艺人们所采用的雕塑技法包括贴塑、捏塑、搓塑、捺塑、刀塑等，可根据创作需要综合运用各种技法，其中以贴塑、捏塑为主。

　　以戏剧故事人物为题材的陶塑屋脊是石湾窑的特色产品。佛山是著名的工商业重镇，也是粤剧的发源地，本地商品经济的繁荣，为粤剧的流行营造了理想的环境。受粤剧艺术的影响，清中期以后，岭南地区建筑以戏剧故事人物为题材的木雕、砖雕、石雕、陶塑、灰塑作品应运而生。石湾制陶业的花盆行也开始大量制作以戏剧故事人物为题材的陶塑屋脊产品。

　　陶塑艺人们依照粤剧的舞台场景，将连台大戏故事情节移植到屋脊上，人物均按粤剧的生、旦、净、末行角色及其相应功架造型进行塑造。屋脊上的陶塑人物轮廓线条简练粗犷，面相具有较强的脸谱化，步伐、功架、仪态具有较强的戏剧动作程式化，"其整体多取用半、高雕塑的连贯形式展现于瓦脊之上，半、高浮雕塑人物的背部能牢固地黏结着背景实物，而背景实物又紧紧地粘贴在瓦脊砖

[1] 李允鉌：《华夏意匠》，天津：天津大学出版社，2005年版，第425页。

[2] 陈少丰：《中国雕塑史》，广州：岭南美术出版社，1993年版，第691页。

块之上。"[1]因为人物有了背景的支撑，其四肢体态的造型可以灵活多样。人物的衣服、帽、鞋及其他道具等较平整的花纹装饰，用预先雕刻好的模子印出后，再根据造型要求粘贴上去。人物的衣领、袖口、衣服的褶纹变化，以及手、眉、眼、须等，都是陶塑艺人在造型基本完成的体面上用工具捺制而成。陶塑屋脊上面的人物造型粗犷，只刻划出眼睛轮廓，忽略眼珠的雕琢，因此佛山当地人流行这样的一种说法："瓦脊公仔，有眼无珠，有前无后。"

陶塑艺人们在不断的实践中，逐渐认识到陶塑屋脊装饰的整体戏剧故事人物群像，不同于案头摆设的人物公仔，观赏者要站在一定的距离抬头才能望见屋脊上面的故事人物，因此他们巧妙地将人物身体向前倾斜，头部适当放大，便于从下往上观看，形成良好的观赏视线。

陶塑屋脊上面的人物可按照戏剧内容情节或环境分成多个视点，但都是以人物为中心，着重突出人物在整个画面中的地位，作为背景的亭台楼阁、山石等都进行简化处理，这与当时粤剧的演出场面和舞台布景密切相关。早期粤剧多在乡间的土台、庙台和临时架搭的戏棚演出，场面大，观众多，但舞台设施简单，如果人物舞台形象不够高大，远处的观众就无法看见。为了照顾观众的欣赏需求，粤剧艺人们脚穿厚底靴、身穿宽大的蟒靠，撩袍踢甲、耍弄雉鸡尾、挥刀弄把、吹胡抛须，人物造型千姿百态，生动传神，再配以颜色鲜明、款式多样的服饰，这样就可以让站在后面的观众能够真切地欣赏粤剧艺人们的精彩表演和舞台形象。石湾陶塑艺人们精心塑造的这些戏剧故事人物屋脊产品，也为研究当年粤剧的行当、服饰、功架、排场等，提供了大量珍贵的实物资料。

（二）　施釉方法

陶塑屋脊的塑形完成晒干后，便可进行素烧后施釉。因屋脊上面的装饰题材丰富，塑形繁复，层次分明，再加上胎体所用的石湾陶土比较粗糙，因此陶塑屋脊所施的釉比较厚，主要采用涂釉的方法在其表面进行施釉。

陶塑屋脊使用的釉彩主要有黄、绿、蓝、褐、白五色。这些釉彩大多以普通植物灰（如桑枝、芒、橘、松木、杂木及稻草等）为基础材料，混合石灰，配以适量的瓷土，这种釉可称为石灰釉；有些加入玻璃粉而成，即玻璃釉；用玉石粉或玛瑙、五金、石灰、蚬壳等研磨成粉并配合矿质颜料而成的釉，即矿物釉。黄釉以松柴灰、泥浆、稻草灰、藤黄等制成；绿釉以稻草灰、玻璃粉、铜屑等炼制

---

[1]　黄松坚：《石湾瓦脊公仔的技艺特色及其发展》，《雕塑》1997年第4期。

而成；蓝釉以稻草灰、玻璃粉、钴制成；褐釉以稻草灰、玻璃粉、铁屑等炼制而成；白釉一般用稻草灰，桑枝灰制成[1]。其中，绿釉和蓝釉是石湾窑陶塑屋脊产品最常用的色调。

陶塑屋脊上面的戏剧故事人物，其面部、肌肤不施釉彩，这样既可以突出人物的身份、强化人物的形象性格，又能够避免面容、肌肤模糊和产生反光，使面部神态和肌肤结构更加清楚明朗，显得质朴而庄重。

另外，根据石湾著名陶艺家梁华甫（1905～2005年）先生记载："花脊完成烧制后，更需要用现成颜色再加在釉面上，其中黄色部分要用金箔贴上，一方面增加美丽，人物则描画，二方面能遮盖有破裂之处。"[2]由此可知，陶塑屋脊釉烧完成后，还要进行颜色修补，这样烧制而成的屋脊，色彩鲜艳，耐高温、抗腐蚀、不怕热胀冷缩，日晒雨淋后更加艳丽。陶塑屋脊的素淡颜色与岭南地区山青水绿、气候宜人的自然环境相协调，减少眩光，便于欣赏，体现了当时岭南地区的社会风尚和审美情趣。

（三）　窑烧方法

明清时期，石湾所用的陶窑一般为龙窑。因窑为长条形，建筑在上岗的斜坡上，由下自上，顺应火势，犹如一条斜卧的火龙，故名龙窑。石湾尚存最古老的龙窑为"南风古灶"，建于明正德年间（1506～1521年），五百年来窑火不绝，生产不断，一直保留着传统的柴烧方式烧制陶器，为花盆行的专用窑，至今保存完好并仍在使用，已被列为全国重点文物保护单位。

南风古灶现窑体总长34.4米，窑室内长30.87米，窑面有投柴孔（俗称"火眼"）29排，每排五个。火眼作为烧窑时观测窑温和投放木柴之用。窑炉前端的燃烧室俗称"灶头"，是用于预热升温。窑灶共有五个窑门，用于产品出入，窑体左侧四个，俗称"灶口"，尾部一个，俗称"栏尾"。南风古灶是从元代"文灶"的基础上进行改建的，从长度到投柴孔都进行了变革。南风古灶的出现，是石湾陶瓷生产历史上的一次重大革新，也是石湾陶瓷生产技术进步的里程碑，同时也为烧制大宗的陶塑屋脊产品提供了空间。

南风古灶窑身的上、中、下三部分，有高、中、低三种温度的火力，所以装窑的技术很重要，器物放置的部位不同，就可烧成老嫩不同、釉色各异的产品。

[1]　张维持：《广东石湾陶器》，广州：广东旅游出版社，1991年版，第71～78页。

[2]　孟涵：《梁华甫笔记摘录》（上），《石湾陶》2012年第3期。

窑的中段火温在1200摄氏度左右，适合放置陶塑屋脊产品。

南风古灶是以木柴为燃料，烧制一窑陶塑屋脊等产品需时约三天，俗称"三日火"。第一天是装窑，窑工师傅通过窑门，把陶塑屋脊等器物装进窑内，不同规格、釉色的产品要放在相应不同的位置，屋脊则需要放在窑的中部，然后用砖封住窑门。第二天，陶工首先在灶头点火，用大的木柴不断燃烧，这个过程称为"挤火"，火势会沿着龙窑的斜坡慢慢向上升。12个小时后，灶头的温度已经比较高，师傅就会转移到窑背上继续加柴。在窑背上是用小木柴来烧，师傅揭开"火眼"盖观测火色，如果火候不够，就把准备好的小木柴投放进去，继续增温，这个过程俗称"上火"，需时约六个小时。"上火"工序完成后，师傅就会停止加柴，让窑内的高温继续酝酿，约30个小时后，窑温慢慢下降，就可撬开窑门砖，搬出屋脊等产品。

三　装饰题材

建筑作为一种人为产品，是人们为了自己的生存和生活而创造的环境，它的风格必然渗透着当时、当地的文化特征。建筑形成不过是这种文化特征在建筑领域中外化了的表现[1]。陶塑屋脊是清中晚期岭南地区大型公共建筑重要的装饰手法之一。陶塑艺人们将花卉瓜果、祥瑞动物、纹样器物、戏剧故事人物等不同的装饰题材，进行创意性组合，烧制出内容丰富的陶塑屋脊产品，既有实用、坚固的一面，又有美观、艺术的一面，表达了岭南地区人们对美好生活的追求和平安吉祥的向往，也体现了岭南地区独特的地域文化特征。

（一）　花卉瓜果

花卉瓜果是清中晚期岭南地区建筑陶塑屋脊的主要装饰内容之一，寄托了人们对幸福、美满生活的渴望与追求（图3-1）。

陶塑屋脊上面所塑的花卉瓜果，包括牡丹、荷花、莲花、梅花、菊花、茶

---

[1]　唐孝祥：《近代岭南建筑美学研究》，北京：中国建筑工业出版社，2003年版，第90页。

1.菊花（玉林大成殿陶塑正脊）

2.凤凰牡丹（澳门观音堂一进中路陶塑正脊）

3.荷花（恭城文庙大成门陶塑正脊）

4.喜鹊梅花（澳门观音堂一进中路陶塑正脊）

5.玉兰花（东莞苏氏宗祠首进陶塑正脊）

6.佛手花（澳门观音堂三进中路陶塑正脊）

7.石榴（恭城文庙大成门陶塑正脊）

8.岭南佳果（东莞苏氏宗祠三进陶塑正脊）

9.葫芦　　　　　　　　　　10.水仙　　　　　　　　　　11.葡萄
（东莞苏氏宗祠三进陶塑正脊）　　（东莞苏氏宗祠三进陶塑正脊）　　（澳门观音堂三进中路陶塑正脊）

图3-1　陶塑屋脊的花卉瓜果题材

花、玉兰花、水仙、竹子、佛手花、石榴、桃子、葡萄、柚子、葫芦、杨桃等。其中，牡丹象征富贵，荷花象征高洁，莲花象征廉洁，梅花象征坚强，菊花象征高雅，茶花象征吉祥，玉兰花象征纯洁，水仙象征吉祥，竹子象征傲骨，佛手花象征福与寿，桃子象征长寿，石榴、葡萄象征多子，柚子谐音"佑子"象征团圆，葫芦谐音"福禄"象征多子。

（二） 祥瑞动物

祥瑞动物也是清中晚期岭南地区建筑陶塑屋脊常见的装饰题材。屋脊上面所塑的祥瑞动物包括龙、凤凰、麒麟、狮子、骏马、鹿、仙鹤、喜鹊、鳌鱼、鲤鱼、鸭子、蝙蝠等（图3-2）。

龙：岭南地区古为百越之地，《汉书·地理志》记载："自交趾至会稽，七八千里，百粤杂处。"粤即越，战国时浙东为瓯越，福建为闽越，广东居南越，广西南部居骆越。越为古三苗之一部，北人后称其为"南蛮"。许慎《说文解字》："南蛮，蛇种，从虫"，又"闽，东南越，蛇种，从虫门声。"闽越人崇拜蛇，以蛇为图腾，后来便作为部落的名称。古人常将图腾作为其崇拜对象，并以艺术的形象表现展示，借以庇护本部落或民族的利益。蛇本为龙的本体，因此，岭南古建筑装饰几乎处处充斥着龙的形象，其中尤以龙形象的脊饰给人以深刻的印象[1]。岭南地区级别较高的学宫、庙宇等建筑的正脊上可用龙纹作为装饰，在正脊上方常以跑龙作装饰，呈二龙戏珠造型，宝珠脊刹位于中央，两条跑龙在宝珠两侧昂首相望，龙身沿屋脊弯曲而行，生动异常，寓意太平盛世、光明普照大地。

此外，岭南地区一些庙宇建筑的陶塑屋脊也用草龙纹作为装饰。草龙纹构图更加抽象，更加图案化，不再强调龙的牙、角、鬃、鳞等，而是把龙爪、龙尾都变成卷草，具有福寿延年的寓意。

凤凰：凤凰是中国传说中的瑞鸟，为百禽之首，其形象类似孔雀。凤鸟崇拜为中国上古图腾崇拜的重要内容之一，汉代盛行用凤鸟作为脊饰[2]。人们相信凤凰生长在东方的君子之国，翱翔于四海之外，只有君道清明之时，它才会出现于世。在岭南地区陶塑屋脊的两侧脊端，常用凤凰衔书作为装饰，两只凤凰回首相望，口衔诏书，喻指皇帝颁诏授官，寓意富贵吉祥、国泰民安。凤凰也常与牡丹搭配，作为富贵的象征。

---

[1] 程建军：《岭南古建筑脊饰探源》，《古建园林技术》1988年第4期。

[2] 吴庆洲：《中国古建筑脊饰的文化渊源初探》，《华中建筑》1997年第2期。

麒麟：麒麟的形态通常被设想为鹿的身躯，马的圆蹄，牛的尾巴，头上长有一角、角的前端为肉瘤状，它不食草、不食肉，通常伴随着圣王或是喜庆祥端之时出现。传说孔子降生的当天晚上，有麒麟降临到孔府，并吐玉书，上有"水精之子，继衰周而素王"的字样[1]。因此，岭南地区庙宇、会馆、祠堂等建筑的陶塑屋脊，常以麒麟作为装饰，以示祥瑞降临、圣贤诞生。

狮子：在岭南地区陶塑屋脊上面，通常以"太狮少狮"、"狮子滚绣球"作为装饰题材。太狮代表"太师"，这是古代朝廷中的最高官阶，少狮代表"少保"，是太子的年轻侍卫。因太师和少保在朝廷中具有权势，人们常以"太狮少狮"来期盼官运亨通、飞黄腾达。此外，在岭南地区一些建筑的屋顶上，常安装有陶塑狮子，呈蹲踞状或脚踏绣球状，面目严肃，具有辟邪的作用，守护其所在的建筑空间免遭邪气侵入。

骏马：《拾遗记·周穆王》记载："周穆王驭八龙之骏巡天下，八匹神马辅王而行，功勋卓著。"古代以骏马比喻人才，因此岭南地区陶塑屋脊也以骏马作为装饰题材。

鹿：《汉书·蒯通传》记载："且秦失其鹿，天下共逐之。"张晏注："鹿喻帝位。"鹿谐音"禄"。鹿在古代还被视为神物，象征着吉祥、幸福和长寿。

仙鹤：仙鹤为千年仙禽，常与松树一起，松鹤寓意健康长寿，通常作为陶塑屋脊上面店号、年款方框的四周装饰。

喜鹊：在岭南地区的陶塑屋脊上，活泼的喜鹊通常与傲雪的梅花组合使用，寓意喜上枝头、喜上眉梢。

鳌鱼：传说鳌为海中大龟，龟属水中动物。因龟长寿，成为中国四灵之一，《礼记·礼运》记载："麟凤龙龟，谓之四灵。"因此，鳌鱼具有神圣之意，能够起到消灾灭火的象征作用。在岭南地区学宫、祠堂、庙宇、会馆等建筑屋顶上，流行用鳌鱼作为装饰，通常安装在正脊上方的两端，也有状元及第、独占鳌头之寓意。其造型为鱼头朝下，鱼尾朝上，鱼嘴微张，两眼圆睁，相向倒立在正脊上方的两侧；还有的为鱼嘴大张，吞衔正脊。鳌鱼周身遍布鱼鳞，尾鳍分张，仿佛在水中游动，形态十分生动。

鲤鱼：鲤鱼跳龙门用来比喻旧时科举制度下的中考者，赞美其光宗耀祖。在岭南地区建筑陶塑正脊的中间脊刹部位，常塑成鲤鱼跳龙门造型，寄托了人们企盼高升的美好愿望。

---

[1] 徐华铛：《古建上的主要装饰纹样——麒麟》，《古建园林技术》2001年第2期。

1.三拱跑龙（新会学官大成殿陶塑正脊）

2.云龙图（番禺学官大成门陶塑正脊）

3.教子朝天图（恭城文庙大成门陶塑正脊）

4.龙虎汇（新兴国恩寺山门牌坊看脊）

5.凤凰衔书（新会学宫大成殿陶塑正脊）　　　　　　6.凤凰衔书（恭城文庙大成门陶塑正脊）

7.凤凰衔书
（澳门观音堂一进中路陶塑正脊）

8.变体龙
（广州仁威庙中路正殿陶塑正脊）

9.凤凰衔书
（西环鲁班先师庙正殿陶塑正脊）

10.麒麟
（澳门观音堂二进左路青云巷门楼陶塑正脊）

11. 麒麟（百色粤东会馆前殿陶塑正脊） 　　12. 麒麟（花都盘古神坛陶塑正脊）

13. 鳌鱼 14. 鳌鱼 15. 鳌鱼 16. 鳌鱼
（澳门观音堂一进中路陶塑正脊）（南海云泉仙馆前殿陶塑正脊）（湾仔北帝庙前殿陶塑正脊）（南海云泉仙馆前殿右侧保护墙陶塑看脊）

17. 太狮少狮图（恭城文庙大成门陶塑正脊）

18. 百鸟朝凤图（南海云泉仙馆前殿右侧保护墙陶塑看脊）

19.狮子滚绣球（澳门观音堂二进中路陶塑正脊）

20.六骏图（南海云泉仙馆前殿左侧保护墙陶塑看脊）

21.鹿回头
（澳门观音堂二进右路青云巷门楼陶塑正脊）

22.牧牛图
（澳门观音堂二进中路陶塑正脊）

图3-2　陶塑屋脊的祥瑞动物题材

鸭子：鸭子常与莲花组合，取"宝鸭穿莲"之意。"莲鸭"谐音为"连甲"，"穿"为"中"的意思，寓意读书人在殿试中连登榜首。

蝙蝠：蝙蝠常和古钱搭配，表示福在眼前、好事临近。

（三）　纹样、器物

暗八仙：暗八仙是清中晚期岭南地区建筑陶塑屋脊常用的装饰题材，即神话故事中八仙所执的法器，象征吉祥、如意。暗八仙包括汉钟离所执的扇子，张果老所持的渔鼓，韩湘子所持的笛子，铁拐李所携的葫芦，曹国舅所执的玉板，吕洞宾所持的宝剑，蓝采和所持的花篮，何仙姑所持的荷花。暗八仙一般用来装饰陶塑屋脊的镂空方框部分（图3-3）。

宝珠：古人传为一种能聚光引火的宝珠，是一种神奇的通灵宝物，被视为祥光普照大地、永不熄灭的吉祥物。宝珠或宝瓶原先位于佛塔塔刹的最顶端，作为塔顶的饰物，是最具有宗教色彩的象征符号[1]。在岭南地区学宫、庙宇、会馆等建筑主殿屋顶正脊上方中央位置，常见用宝珠脊刹作为装饰，中间为宝珠，外端常以火焰环绕，也称为火珠。

夔龙纹：据《山海经·大荒东经》记载："有兽，状如牛，苍身而无角，一足，名曰夔。"商周青铜器上，常以夔纹作为装饰，经过工匠们的简化和图案化后，其形象为头不大、身曲折如回纹。古人也有把夔归入龙类，称其为"夔龙"，所以夔属于具有神圣意义的兽类。粤人自古崇蛇，以蛇、龙为图腾，所以常以夔龙纹作为装饰，适用于各种形状的构件上[2]。因此，在清中晚期岭南地区建筑陶塑屋脊正脊的两端，流行用高出正脊的夔龙纹作装饰。

博古纹：博古纹与夔龙纹十分相似，都是以方形作组合，不同之处在于夔龙纹通常作为陶塑屋脊两端的装饰，并塑有眼睛，头、角、身和尾均被简化。博古纹仅为简单的方形组合，通常作为陶塑屋脊镂空方框部分的装饰。博古架内有些放置果盘，盘上摆放岭南佳果，如摆上石榴、佛手、仙桃三者，寓意多子多福多寿，构成一幅"三多图"，象征人生幸福美好；有些放置香炉、鼎、花瓶等器物，具有"紫气东来"、"四季平安"的寓意。

卷草纹：卷草纹是根据各种攀藤植物的形象，经过提炼、简化而成，因其图案富有韵律、连绵不断，具有世代绵长的寓意。有时陶塑艺人把龙头加在卷

---

[1] 吴庆洲：《建筑哲理、意匠与文化》，北京：中国建筑工业出版社，2005年版，第140页。

[2] 楼庆西：《砖雕石刻》，北京：清华大学出版社，2011年版，第38页。

1.暗八仙（东莞苏氏宗祠首进陶塑正脊）

2.博古架器物（澳门观音堂二进中路陶塑正脊）

3.博古架器物（恭城文庙大成门陶塑正脊）

4.莲花宝珠脊刹
（澳门观音堂二进中路陶塑正脊）

5.夔龙纹宝珠脊刹
（新会学宫大成殿陶塑正脊）

6.祥云纹宝珠脊刹
（桂平三界庙后殿陶塑正脊）

7.鲤鱼跳龙门宝珠脊刹
（恭城文庙大成门陶塑正脊）

8.鲤鱼跳龙门
宝珠脊刹
（百色粤东会馆前殿
陶塑正脊）

9.鲤鱼跳龙门宝珠脊刹
（三水胥江祖庙武当行宫山门
陶塑正脊）

10.鲤鱼跳龙门宝珠脊刹
（南海云泉仙馆前殿陶塑正脊）

11.宝珠脊刹
（番禺学宫大成殿陶塑正脊）

12.夔龙纹
（澳门观音堂二进中路陶塑正脊）

13.夔龙纹
（佛山祖庙公园端肃门前通道左侧陈列的陶塑正脊）

14.夔龙纹
（桂平三界庙后殿陶塑正脊）

15.夔龙纹
（佛山祖庙三门陶塑正脊）

图3-3　陶塑屋脊的纹样、器物题材

草纹的一端，便把它变成龙形（称为卷草缠枝龙或草龙），或在卷草末端加上平排幼长的曲线，使它看来恰似龙的触须[1]。岭南地区建筑的陶塑垂脊多用卷草纹作装饰。

（四）　人物故事

日神、月神：据说日神、月神的来源与人类起源的神话传说有关，即盘古开天、日月创世。《五运历年记》认为中华民族的日神、月神是盘古氏的双眼所化，左眼化为日神，右眼化为月神。民间流传的"男左女右"习俗就由此而来。在岭南地区庙宇建筑山门正面两侧的垂脊正前方，常以陶塑日神、月神作为装饰。日神衣饰打扮、举手投足，均为粤剧舞台上老生的造型与功架；月神身穿华贵宫衣，其造型源自粤剧舞台上旦角的身段与扮相。日神为男、位于左侧，月神为女、位于右侧，人们企盼其能日夜庇护、助镇庙宇，也反映了中国哲学上的阴阳观念（图3-4，1-4）。

瓦将军：瓦将军常被立于屋顶的斜坡上，是民间辟邪物之一。据《绘图鲁班经》卷四记载："凡置瓦将军者，皆因对面或有兽头、屋脊、墙头、牌坊脊，如隔屋见者宜用瓦将军。"人们将这位"瓦兽总管瓦将军之神，供于屋顶。凡有冲犯，乞神速谴，永镇家宅平安如意，全赖威风，凶神速避，吉神降临"，其功能与福建闽南一带的屋顶风狮爷相通[2]。在佛山祖庙前殿、正殿的垂脊脊角前方，各安装有一个陶塑瓦将军，他们均呈坐姿，双手按在大腿上，身披盔甲，威风凛凛（图3-4，5-7）。

戏剧故事人物：我国古建筑装饰与戏剧艺术有着密切的关系。清乾隆以后，社会经济繁荣，为戏剧发展提供了安定的社会环境。乾隆皇帝本人嗜好戏剧，至同治、光绪年间，慈禧太后当政，宫廷演剧之风更盛。受宫廷演剧之风影响，清代民间戏剧也异常繁荣。清代宫廷对戏剧服饰的设计和穿戴都是很讲究的，到了道光年间，宫廷与民间在演剧服饰的款式和用法上已基本一致[3]，戏剧服装崇尚华丽。人们在生活中喜欢看戏剧，所以中国古建筑的雕刻题材很多都源于戏剧作品，体现出建筑艺术的地域风格（图3-4，8-21）。

粤剧是广东最大的地方戏曲剧种，又称广东大戏、广府戏，流行于广东、

[1] 马素梅：《屋脊上的愿望》，香港：三联书店（香港）有限公司，2002年版，第70页。

[2] 周星：《"风狮爷"、"屋顶狮子"及其它》，《民俗研究》2002年第1期。

[3] 宋俊华：《中国古代戏剧服饰研究》，广州：广东高等教育出版社，2011年版，第264页。

1. 日神、月神
（桂平三界庙前殿正面垂脊两端）

2. 日神、月神
（百色粤东会馆前殿正面垂脊两端）

3. 日神、月神
（原佛山祖庙三门前东、西两侧墙头，现由佛山市博物馆收藏）

4. 日神、月神
（西环鲁班先师庙前殿正面垂脊两端）

5. 瓦将军
（佛山祖庙前殿背面垂脊脊角）

6. 瓦将军
（佛山祖庙正殿背面垂脊脊角）

7. 瓦将军
（佛山祖庙正殿背面垂脊脊角）

8. 仙人弈棋（百色粤东会馆中殿左厢陶塑看脊）

9. 八仙人物（澳门观音堂一进中路陶塑正脊）

10. 八仙过海（佛山祖庙院内陈列陶塑看脊）

11. 郭子仪祝寿（新界新田大夫第门厅陶塑正脊）

12.姜子牙封神（佛山祖庙三门陶塑正脊）

13.太白退番书（桂平三界庙前殿陶塑正脊）

14.竹林七贤（博罗冲虚观山门陶塑正脊）

15.刘备过江招亲（佛山祖庙前殿陶塑正脊）

16.郭子仪祝寿（佛山祖庙三门陶塑正脊）

17.和合二仙（佛山祖庙三门陶塑正脊）

18.舌战群儒（佛山祖庙三门陶塑正脊）

19.太白退番书（广州陈家祠中进西厅陶塑正脊）

20.哪吒闹东海（佛山祖庙前殿西廊陶塑看脊）

21.薛平贵勇降烈马（广州陈家祠首进正厅西侧陶塑正脊）

图3-4　陶塑屋脊的人物故事题材

广西、香港、澳门、东南亚等粤语方言地区。佛山是粤剧的发源地，粤剧演出非常盛行。佛山祖庙建有万福台，佛山很多会馆内也都建有固定的戏台。清代，佛山全镇共建36座砖木戏台，其中地点确切的有琼花、山陕、福建、江西、潮梅、颜料行、钉行、纸行等会馆；祖庙、华光、盘古、三界、舍人、上沙观音庙等庙宇[1]。在粤剧流行的年代，石湾乡民每年都会请戏班来演出，石湾陶塑艺人对粤剧非常熟悉，他们在看戏之余，还研究粤剧以及舞台上表演的技法，收集《江湖十八本》等粤剧剧本和舞台脸谱等资料。于是，陶塑艺人们仿照粤剧人物服饰、功架造型、楼台布景等来塑造屋脊，有些陶塑艺人还将家喻户晓的粤剧剧目中代表性场景直接搬上屋脊，组成了连景式演出画面，生旦净末丑一应俱全，有些屋脊上面所塑的人物多达几百个。以粤剧人物故事为题材的陶塑屋脊，是石湾陶塑艺人们的一大艺术创举，使得岭南地区建筑更加瑰丽壮观，同时也是岭南地区生活情趣的真实展现。

粤剧演出剧目大多取材于《三国演义》、《隋唐演义》、《封神演义》、《水浒传》、《杨家将》等小说演义。陶塑屋脊上所塑的人物故事内容大多取自粤剧中的题材和历史故事，主要有"姜子牙封神"、"哪吒闹东海"、"穆桂英挂帅"、"李元霸伏龙驹"、"薛平贵勇降烈马"、"刘备过江招亲"、"瑶池祝寿"、"郭子仪祝寿"、"竹林七贤"、"和合二仙"、"八仙过海"等。

四 生产店号

清代中期以后，整个石湾制陶业进入了大发展时期，从业人员增多，产品种类多样，并出现了以产品种类划分的行会组织。行会作为民间的、自发的管理机构，严格规定不许跨行生产。清末民初时期，石湾制陶行业的各种行会多达36个，主要有缸行、埕行、边钵行、古玩行、花盆行、陶釉行、砌窑行、落货行等[2]。民国《佛山忠义乡志·卷六·实业》也有相关记载："缸瓦多来自石湾乡，制品颇有名，销行内地及西、北江等处，店号大者数家。"

[1] 陈志杰：《粤剧与佛山古代民间工艺的成就》，《佛山文史资料》第80辑，第37页。
[2] 张维持：《广东石湾陶器》，广州：广东旅游出版社，1991年版，第33～50页。

陶塑屋脊的生产隶属于石湾花盆行。陶塑屋脊是花盆行某一店号接受对方订货后制作的，上面一般都会塑上生产店号和制作年款，通常年款在屋脊的左侧，店号在屋脊的右侧。花盆行全盛时期，共有七十多家店号，其中生产陶塑屋脊的店号主要有英玉店、奇玉店、美玉店、陶珍店、英华店、奇新店、文如璧店、均玉店、陆遂昌店、意新店、新怡彰店、宝玉店、利玉店、巧如璋店、洪永玉店、德玉店、美华店、文逸安堂、奇华店、万玉店、九如安、宝源窑、同和窑等。现在，岭南地区建筑保存下来的陶塑屋脊，多为奇玉店、文如璧、均玉店、宝玉店等制作的产品（图3-5）。

英玉店：为石湾制陶业花盆行早期的店号，目前岭南地区建筑所见最早的陶塑屋脊为该店的产品，即玉林大成殿陶塑正脊，脊上有"嘉庆壬申"（1812年）年款。

奇玉店：为石湾制陶业花盆行早期的著名老店号，落款有奇玉店、吴奇玉、石湾奇玉店、粤东奇玉店、石湾沙头街吴奇玉店等多种。目前所见，该店号在清嘉庆丁丑年（1817年）已烧制早期的陶塑人物屋脊，光绪末年歇业，现存陶塑屋脊制品较多。

文如璧：广东顺德人，清代康熙年间石湾陶艺家，子孙后代袭其店名，至光绪年间歇业。由于技艺精湛，便以店主之名为店号，生产经营艺术陶器，民国初年分为两店，一为如璧生记，一为如璧[1]。文如璧店早期精制日常用具，后期精制各式的陶塑屋脊。清道光晚期至咸丰以后，该店制造的陶塑屋脊以塑造人物形象见长，内容多选自粤剧传统剧目和民间故事传说，因产品质量上乘而享有盛名。该店号生产的陶塑屋脊，常被安装在一些建筑物中显要建筑的屋顶，如佛山祖庙三门正脊、广州陈家祠首进正厅正脊、横县伏波庙前殿正脊等。

均玉店：为清代晚期石湾花盆行著名店号，以生产陶塑屋脊及大型人物造像见长，创作出大量以历史故事、神话故事和民间传说等为题材的优秀作品。民国时期，该店仍有生产陶塑屋脊产品。店主人潘灶，南海潘村人，世业陶，店号承祖遗，均玉号拥有陶窑三四座，全盛时有工人近二百名，资金估计有当时币制八至十万元。……陶塑屋脊成型多由郭流、邝辉担任，人物装饰是由陈河艺人担任[2]。

宝玉店：始创于清同治年间，为石湾花盆行著名店号，该店创始人吴圣原，原籍广东四会，以制作陶塑屋脊闻名。民国时期仍在生产陶塑屋脊制品。

---

[1] 张维持：《广东石湾陶器》，广州：广东旅游出版社，1991年版，第120页。

[2] 孟涵：《梁华甫笔记摘录》（上），《石湾陶》2012年第3期。

1. 英玉店造，嘉庆壬申
（玉林大成殿陶塑正脊）

2. 石湾奇玉造，嘉庆丁丑岁
（澳门观音堂二进中路陶塑正脊）

3. 奇玉店造，道光乙未岁
（佛山祖庙公园端肃门前通道左
侧陈列的陶塑正脊）

4. 陶珍造，道光癸卯岁
（南海神庙头门旧脊）

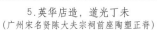

5. 英华店造，道光丁未
（广州宋名贤陈大夫宗祠前座陶塑正脊）

6. 如璧造，戊申岁
（横县伏波庙前殿右厢房陶塑看脊）

7.如璧店造，咸丰辛酉
（新会学宫大成殿陶塑正脊）

8.石湾奇玉造，同治乙丑年
（桂平三界庙前殿陶塑正脊）

9.文如璧造，同治四年
（新界新田大夫第门厅陶塑正脊）

10.意新造，庚午年
（佛山中国陶瓷城四楼展厅陈列的陶塑正脊）

11.石湾均玉造，同治壬申岁
（恭城文庙大成门陶塑正脊）

12.意新造，丙子年
（东莞苏氏宗祠首进陶塑正脊）

13.新怡彰造，光绪二年
（澳门观音堂一进中路陶塑正脊）

14.文如璧造，光绪戊子
（三水胥江祖庙武当行宫山门陶塑正脊）

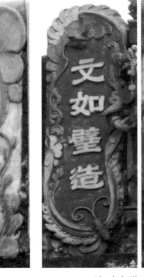

15.宝玉号店造，光绪戊子年
（东莞康王庙首进陶塑正脊）

16.文如璧造，光绪辛卯
（广州陈家祠首进正厅西侧陶塑正脊）

17.石湾宝玉荣造，光绪壬辰年
（广州陈家祠后进西厅陶塑正脊）

18.宝玉荣记，光绪甲午
（广州陈家祠中进西厅陶塑正脊）

19.正面：西泰利承办，石湾奇玉造；背面：粤东奇玉造，光绪廿三年
（横县伏波庙大殿陶塑正脊）

20.文如壁造，光绪己亥　　　　　　21.石湾宝玉造
（佛山祖庙三门陶塑正脊）　　　　（佛山祖庙前殿陶塑戗脊）

22.□永玉造，光绪己亥　　　　　23.石湾均玉造，光绪廿七年
（东莞荣禄黎公家庙二进陶塑正脊）　　　（花都盘古神坛陶塑正脊）

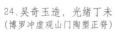

24.吴奇玉造，光绪丁未　　　　　　25.文如壁造，光绪戊申
（博罗冲虚观山门陶塑正脊）　　　　（番禺学宫大成殿陶塑正脊）

26.德玉造
（上环文武庙前殿墀头）

27.美玉造
（九龙城侯王庙佛光堂前院陶塑看脊）

28.陆遂昌造，石湾利玉造
（佛山市博物馆藏陶塑屋脊残件）

29.李万玉作，徐志稳、徐荣辉造；宣统元年
（湾仔洪圣古庙前殿陶塑正脊）

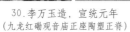

30.李万玉造，宣统元年
（九龙红磡观音庙正座陶塑正脊）

31.石湾均玉造，民国甲寅年
（九龙油麻地天后庙前殿陶塑正脊）

图3-5　陶塑屋脊上的店号、年款

五　销售

　　佛山由于扼西、北江交通要冲，明中叶以后发展成为广州外港，各省运来货物必先集中于佛山，再由行商转购或出口，各省所需中外货物也在此采办，"西、北各江货物聚于佛山者多，有贩回省卖与外洋者"[1]。这一得天独厚的经济地理区位，为佛山城镇的兴起和经济发展提供了极为有利的条件，使之崛起成为工商业巨镇。到明景泰年间（1450～1456年），佛山"民庐栉比，屋瓦鳞次，三千余家"[2]；明末，佛山"生齿日繁，四方之舟车日以辐辏"[3]；清康熙年间，佛山"桡楫交击，争沸喧腾，声越四、五里，有为郡会所不及者。……阛阓层列，百货山积，凡希靓之物，会城所未备者，无不取给于此，往来络绎，骈踵摩肩，廛肆居民，楹逾千万"[4]。佛山繁荣的商业贸易，也促进了手工业的发展，"故商务为天下最，而土产之美，手工之巧亦为远近所贵"[5]，"南海之石湾善陶，其瓦器有黑白青黄红绿各色，备极工巧，通行二广"[6]，"石湾之陶遍两广，旁及海外之国"[7]。佛山独特的地理位置、便利的水路交通以及繁荣的商业环境，为石湾窑生产的陶塑屋脊产品提供了广阔的市场销售空间。

　　岭南地区背倚五岭，面临南海，珠江水系纵横其间，河网密集。珠江水系由西江、北江、东江和流溪河诸水构成。

　　西江为珠江水系的主流，发源于云南省东部，贯穿两广。"西江，曰郁水，亦名牂牁江。发源于云南之沾益州，名巴盘江。由阿迷、弥勒经贵州之普安、永宁，入广西之泗城、南宁，邕水会之，其势渐大。至浔州为右江，左江来会之。左江即渌水也，源出贵州。又东至梧州，漓水会之。自此入广东封川境，贺水会

---

[1]　道光《佛山忠义乡志》卷一一《艺文下》。

[2]　《佛山真武庙灵应祠记》，详见《明清佛山碑刻文献经济资料》，广州：广东人民出版社，1987年版，第3页。

[3]　《重修灵应祠记》，见《明清佛山碑刻文献经济资料》，广州：广东人民出版社，1987年版，第15页。

[4]　道光《佛山忠义乡志》卷一二《金石上》。

[5]　民国《佛山忠义乡志》卷六《实业》。

[6]　范端昂：《粤中见闻》卷一七《物部·瓦缸》。

[7]　屈大均：《广东新语》卷一六《器语》。

之。至德庆，泷水会之。出高要峡，绥江水会之。至三水，与北江合。至西南镇
分流为二；南趋西樵，至崖门入海；东经会城，至虎门入海。"[1]西江是联系广
东、广西的交通命脉，通过它可以使贵州、云南、四川、湖南、广西的商品先进
入佛山，而后运往广州和其他各地。

北江发源于江西省倍丰县大石山，流经广东的南雄、始兴、仁化，至曲江，
这一段称为浈水。浈水在曲江与发源于湖南临武县麻石砰的武水交会。自曲江以
下，始称北江，流经英德、清远而达三水。北江和西江在三水思贤滘相汇，然后
分汊入海。北江河床坡度较大，沿河多滩石，不如西江航运便利，但它却衔接了
北路的陆运，使江西、湖广和北方各省的商品，经大庾岭之后，沿北江而入佛
山，佛山的货物也可沿此路北上，运往上述各省。

东江发源于江西省安远县，流经广东的和平、龙川、河源、紫金、惠阳、博
罗、增城、东莞等县，注入狮子洋。流溪河发源于广东从化七星岭，南流至南海
县和顺附近，与官窑水相会，经广州入狮子洋。除珠江水系之外，粤东地区主要
河流为韩江（包括榕江、练江），较小的溪流有南溪、北溪、黄岗溪、练水、龙
江、赤岸水等。粤西地区，有鉴江、漠阳江、廉江、九洲江等[2]。

明清时期，佛山成为连接西江、北江、东江的交通要道，"佛山镇为南韶孔
道，南通梧桂，东达会城。商贾辐辏，帆樯云集，亦南海剧地也"[3]，"地据省
会上游，扼西北两江之冲，川广云贵各省货物皆先到佛山，然后转输西北各省。
故商务为天下最。"[4]这一时期，广东始终是缺粮大省，所需米粮很大部分来自
广西，清初屈大均亦有记载："东粤少谷，恒仰资于西粤。"[5]佛山缺粮的情况更
为严重。"鳞次而居者三万余家。其商贾媚神以希利，迎赛无虚日。市井少年侈
婚娶，闹酒食。三、五富人则饰其祠室以自榜，故外观殊若有余，而其人率无田
业。贫既无隔宿之炊，富亦乏周岁之储。举镇数十万人，尽仰资于粤西暨罗定之
谷艘，日计数千石。"[6]而米粮贸易主要是通过水路与外界往来。这一时期，向广
东供应粮食的主要是广西东部的桂林、平乐、柳州、梧州、浔州等距离较近的
府。西江水系的桂江、柳江、浔江和贺江把这几个地区连在一起，构成一个便利

[1] 张渠撰、程明点校：《粤东闻见录》，广州：广东高等教育出版社，1990年版，第26页。
[2] 叶显恩：《广东航运史》，北京：人民交通出版社，1989年版，第1页。
[3] 道光《佛山忠义乡志》卷一《乡域志》。
[4] 民国《佛山忠义乡志》卷一四《人物八》。
[5] 屈大均：《广东新语》卷一四《食语》。
[6] 乾隆《佛山忠义乡志》卷三《乡事志》。

的水上运输网，为广西向广东的大量粮运提供了可能[1]。高、雷、廉三府地处广东西南部沿海，常年高温有利于作物生长。这三府与珠江三角洲没有内河航道可通，由于交通不便，廉州的部分米谷取道广西横县进入西江，再东运广州，正如屈大均记载："谷多不可胜食，则以大车载至横州之平佛，而贾人买之，顺乌蛮滩水而下，以输广州。盖西粤之谷，亦即东粤之谷也。"[2]

在两广米粮贸易的同时，广东的盐、布匹、丝绸、铁器、陶瓷、海味等产品，经由佛山，溯西江而上，进入广西梧州，折经桂江北上到达平乐、桂林；经浔江而上到桂平，折经柳江上至柳州，与红水河接通到达桂西及云南，自桂平溯郁江而上到贵县达南宁，然后还可折右江到达百色，沿郁江而下还可到达郁林等地。这一时期，广东商人大量地进入广西，从事商贸活动，在广西形成了"无东不成市"的格局，并在各大城镇建立会馆，作为开发占领市场的据点，还为当地捐资修建庙宇，以祈求神灵保佑、生意兴隆。广东商人在广西建会馆、修庙宇，务求壮观气派，建筑用料考究，雕梁画栋，汇聚广东地区建筑和装饰工艺的精华，所用的材料也大部分从广东水运过来，而石湾窑生产的陶塑屋脊自然成为其首选的装饰材料，以显示自己的实力，维护地域的门面。

为了方便石湾窑产品的运输，"石湾乡有土名湾头冈高庙前海旁旷地，为该乡通衢之官埠也。盖缘乡民艺业陶冶，所需土泥柴植，载运于斯埠河旁，以藉起运。往来商民船只湾泊于此地，诚为喉咽要地。……庙前官埠俱系湾泊柴米，停顿缸瓦、泥船以及各项船只。"[3]由于拥有便利的水运交通条件和广阔的市场需求，石湾窑的"缸瓦：由石湾运省。用高塘、江村、东莞白泥，夹石湾沙□□。每年出口值银一百余万元。行销于西北江、钦廉一带及外洋各埠"，"缸瓦窑，石湾为盛，年中贸易过百万，为工业一大宗。"[4]由此可知，陶塑屋脊作为石湾窑的主要产品之一，由广东商人通过水路交通运输的方式，大量运往两广、香港、澳门以及越南、马来西亚等地（图3-6）。

[1]　陈春声：《市场机制与社会变迁——18世纪广东米价分析》，北京：中国人民大学出版社，2010年版，第33页。

[2]　屈大均：《广东新语》卷一四《食语》。

[3]　广东省社会科学院历史研究所中国古代史研究室等：《明清佛山碑刻文献经济资料》，广州：广东人民出版社，1987年版，第44页。

[4]　广东省社会科学院历史研究所中国古代史研究室等：《明清佛山碑刻文献经济资料》，广州：广东人民出版社，1987年版，第321页。

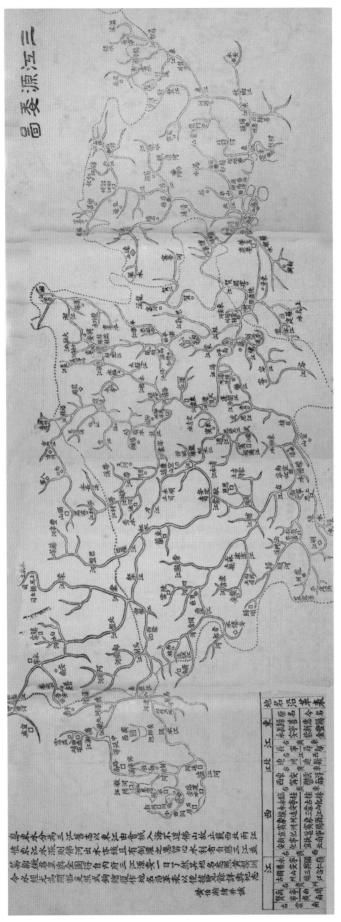

图3-6 陶塑屋脊产品销售的水路交通图

第四章

岭南地区建筑陶塑屋脊的
考古学研究

建筑是人类文化的结晶。某一时代整个社会倾全力去建造的有代表性的一些重要建筑物，必然反映出当时最高的科学技术、文化艺术水平[1]。清中晚期，岭南地区学宫、庙宇、祠堂、会馆等大型公共建筑的屋顶，流行用陶塑屋脊作为装饰。陶塑屋脊之美在于其实现了装饰性、时代性、地域性三者的统一。

一　分类

清中晚期岭南地区建筑陶塑屋脊，按照其所在建筑物屋顶造型不同及其所处位置不同，可分为正脊、垂脊、戗脊、角脊、围脊、看脊等不同类型。

（一）　陶塑正脊

陶塑正脊通常以戏剧故事人物、花卉、祥瑞动物、器物纹样等为装饰题材，内容丰富，双面都有图案。有些正脊的上层还装饰有宝珠脊刹、鳌鱼、跑龙等。按照其装饰题材，可以分为六型。

A型：陶塑正脊的上层装饰有宝珠脊刹、鳌鱼、跑龙等，可以分为九式。

A型Ⅰ式：以二龙戏珠纹、花卉、戏剧故事人物等为题材，脊角向上翘起，呈龙船状，上层装饰有宝珠脊刹、三拱跑龙，以新会学宫大成殿陶塑正脊为代表（图4-1，1）。

A型Ⅱ式：以戏剧故事人物、花卉等为题材，脊端为凤凰衔书图案，上层装饰有宝珠脊刹、鳌鱼、三拱跑龙，以恭城文庙大成门陶塑正脊为代表（图4-1，2）。

A型Ⅲ式：以二龙戏珠纹、花卉等为题材，脊端为夔龙纹，上层装饰有宝珠脊刹、鳌鱼、三拱跑龙，以番禺学宫大成殿陶塑正脊为代表（图4-1，3）。

A型Ⅳ式：以花卉等为题材，脊角向上翘起，呈龙船状，上层装饰有宝珠脊刹、鳌鱼、二拱跑龙，以长乐学宫大成殿陶塑正脊为代表（图4-1，4）。

A型Ⅴ式：以戏剧故事人物、花卉等为题材，脊端为凤凰衔书图案，上层装

[1] 李允鉌：《华夏意匠》，天津：天津大学出版社，2005年版，第17页。

饰有宝珠脊刹、鳌鱼、二拱跑龙，以三水胥江祖庙武当行宫山门陶塑正脊为代表（图4-1，5）。

　　A型Ⅵ式：以戏剧故事人物、花卉等为题材，脊端为回首麒麟图案，上层装饰有宝珠脊刹、鳌鱼、二拱跑龙，以百色粤东会馆前殿陶塑正脊为代表（图4-1，6）。

　　A型Ⅶ式：以戏剧故事人物、动物、花卉等为题材，脊端为夔龙纹，上层装饰有宝珠脊刹、鳌鱼、二拱跑龙，以南海云泉仙馆前殿陶塑正脊为代表（图4-1，7）。

　　A型Ⅷ式：以戏剧故事人物、花卉等为题材，脊端为凤凰衔书图案，上层装饰有宝珠脊刹、单拱跑龙，两侧为倒立的鳌鱼，以大屿山大澳杨侯古庙正殿陶塑正脊为代表（图4-1，8）。

　　A型Ⅸ式：以戏剧故事人物等为题材，脊端为夔龙纹，上层装饰有宝珠脊刹、单拱跑龙，以鹤山大凹关帝庙山门陶塑正脊为代表（图4-1，9）。

1.A型Ⅰ式（新会学宫大成殿陶塑正脊）

2.A型Ⅱ式（恭城文庙大成门陶塑正脊）

3.A型Ⅲ式（番禺学宫大成殿陶塑正脊）

4.A型Ⅳ式（长乐学宫大成殿陶塑正脊）

5.A型Ⅴ式（三水胥江祖庙武当行宫山门陶塑正脊）

6.A型Ⅵ式（百色粤东会馆前殿陶塑正脊）

7.A型Ⅶ式（南海云泉仙馆前殿陶塑正脊）

8.A型Ⅷ式（大屿山大澳杨侯古庙正殿陶塑正脊）

9.A型Ⅸ式（鹤山大凹关帝庙山门陶塑正脊）

图4—1　陶塑正脊A型图

B型：陶塑正脊的上层装饰有宝珠脊刹、鳌鱼，可以分为四式。

B型Ⅰ式：以螭龙纹、花卉等为题材，脊角向上翘起，呈龙船状，上层装饰有宝珠脊刹、鳌鱼，以兴宁学宫大成殿陶塑正脊为代表（图4-2，1）。

B型Ⅱ式：以戏剧故事人物、花卉、动物等为题材，脊端为变体龙图案，上层装饰有宝珠脊刹、鳌鱼，以广州仁威庙中路正殿陶塑正脊为代表（图4-2，2）。

B型Ⅲ式：以戏剧故事人物、花卉、动物等为题材，脊端为凤凰衔书图案，上层装饰有宝珠脊刹、鳌鱼，以东莞康王庙头门陶塑正脊为代表（图4-2，3）。

B型Ⅳ式：以二龙戏珠纹、戏剧故事人物、花卉、动物等为题材，脊端为夔龙纹，上层装饰有宝珠脊刹、鳌鱼，以桂平三界庙前殿陶塑正脊为代表（图4-2，4）。

1.B型Ⅰ式（兴宁学宫大成殿陶塑正脊）

2.B型Ⅱ式（广州仁威庙中路正殿陶塑正脊）

3.B型Ⅲ式（东莞康王庙头门陶塑正脊）

4.B型Ⅳ式（桂平三界庙前殿陶塑正脊）

图4-2　陶塑正脊B型图

C型：陶塑正脊的上层装饰有鳌鱼，可以分为四式。

C型Ⅰ式：以戏剧故事人物、花卉、动物等为题材，脊端为变体龙图案，上层装饰有鳌鱼，以广州陈家祠首进正厅陶塑正脊为代表（图4-3，1）。

C型Ⅱ式：以戏剧故事人物、花卉、动物等为题材，脊端为凤凰衔书图案，上层装饰有鳌鱼，以广州陈家祠首进西厅陶塑正脊为代表（图4-3，2）。

C型Ⅲ式：以二龙戏珠、戏剧故事人物、花卉等为题材，脊端为夔龙纹，上层装饰有鳌鱼，以广州五仙观后殿陶塑正脊为代表（图4-3，3）。

C型Ⅳ式：以戏剧故事人物、花卉等为题材，脊端为戏剧故事人物，上层装饰有鳌鱼，以广州陈家祠中进西厅陶塑正脊为代表（图4-3，4）。

1.C型Ⅰ式（广州陈家祠首进正厅陶塑正脊）

2.C型Ⅱ式（广州陈家祠首进西厅陶塑正脊）

3.C型Ⅲ式（广州五仙观后殿陶塑正脊）

4.C型Ⅳ式（广州陈家祠中进西厅陶塑正脊）

图4-3　陶塑正脊C型图

1.D型Ⅰ式（英德白沙镇邓氏宗祠首进陶塑正脊）

2.D型Ⅱ式（佛山祖庙文魁阁陶塑正脊）

3.D型Ⅱ式（佛山祖庙武安阁陶塑正脊）

图4-4　陶塑正脊D型图

D型：陶塑正脊上层仅有宝珠或没有任何装饰，可以分为二式。

D型Ⅰ式：以戏剧故事人物、花卉等为题材，脊端为夔龙纹，上层仅有宝珠或没有任何装饰，以英德白沙镇邓氏宗祠首进陶塑正脊为代表（图4-4，1）。

D型Ⅱ式：以动物、花卉等为题材，脊端为鳌鱼鸱吻形状，以佛山祖庙文魁阁、武安阁陶塑正脊为代表（图4-4，2、3）。

E型：在灰塑正脊的上方，装饰有陶塑跑龙、鳌鱼和宝珠脊刹。

以恭城文庙大成殿正脊为代表（图4-5）。

E型（恭城文庙大成殿正脊）

图4-5　陶塑正脊E型图

F型：灰塑正脊的上方，装饰有陶塑鳌鱼和宝珠脊刹。

以恭城文庙东、西两侧廊庑正脊为代表（图4-6）。

F型（恭城文庙廊庑正脊）

图4-6　陶塑正脊F型图

（二）　陶塑垂脊

　　陶塑垂脊通常以花卉、卷草纹、蝙蝠云纹等为装饰题材，双面都有图案。在规模较高的庙宇垂脊上方，还装饰有垂兽。按照其装饰题材，可以分为二型。

　　A型：以花卉为题材，上方装饰有垂兽，以佛山祖庙正殿、前殿陶塑垂脊为代表（图4-7）。

1.A型　　　　　　　　　　　　　　　　　2.A型
（佛山祖庙正殿背面东侧陶塑垂脊）　　　　（佛山祖庙正殿背面西侧陶塑垂脊）

3.A型（佛山祖庙前殿正面东侧陶塑垂脊）　　4.A型（佛山祖庙前殿正面西侧陶塑垂脊）

5.A型（佛山祖庙正殿陶塑垂脊东侧面）

6.A型（佛山祖庙前殿陶塑垂脊西侧面）

图4-7　陶塑垂脊A型图

　　B型：以花卉、卷草纹、蝙蝠云纹为装饰题材，上方没有垂兽。按照其装饰题材，可以分为三式。

　　B型Ⅰ式：以卷草纹为装饰题材，以番禺学宫崇圣殿陶塑垂脊、新会学宫大成殿陶塑垂脊为代表（图4-8，1、2）。

　　B型Ⅱ式：以花卉为装饰题材，以德庆悦城龙母祖庙大殿陶塑垂脊为代表（图4-8，3、4）。

　　B型Ⅲ式：以云纹为装饰题材，以广州五仙观后殿陶塑垂脊为代表（图4-8，5）。

1.B型Ⅰ式（番禺学宫崇圣殿陶塑垂脊）

2.B型Ⅰ式（新会学宫大成殿陶塑垂脊）

3.B型Ⅱ式（德庆悦城龙母祖庙大殿陶塑垂脊）

4.B型Ⅱ式（德庆悦城龙母祖庙大殿陶塑垂脊西侧面）

5.B型Ⅲ式（广州五仙观后殿陶塑垂脊）

图4-8　陶塑垂脊B型图

（三） 陶塑戗脊

陶塑戗脊通常以花卉、卷草纹等为装饰题材，双面都有图案。在规模较高的庙宇戗脊上方，还装饰有戗兽。按照其装饰题材，可以分为二型。

A型：以花卉为题材，上方装饰有戗兽，以佛山祖庙正殿、前殿陶塑戗脊为代表（图4-9）。

1.A型（佛山祖庙正殿背面陶塑戗脊）

2.A型（佛山祖庙前殿背面东侧陶塑戗脊）

3.A型（佛山祖庙前殿背面西侧陶塑戗脊）

4.A型（佛山祖庙正殿西侧面陶塑屋脊）

图4-9　陶塑戗脊A型图

1.B型Ⅰ式（番禺学宫大成殿陶塑戗脊）

2.B型Ⅱ式（德庆悦城龙母祖庙香亭陶塑戗脊）

图4-10　陶塑戗脊B型图

B型：以花卉、卷草纹等为装饰题材，上方没有戗兽。按照其装饰题材，可以分为二式。

B型Ⅰ式：以卷草纹为装饰题材，以番禺学宫大成殿陶塑戗脊为代表（图4-10，1）。

B型Ⅱ式：以花卉为装饰题材，以德庆悦城龙母祖庙香亭陶塑戗脊为代表（图4-10，2）。

（四）　陶塑角脊

陶塑角脊通常以卷草纹、蝙蝠云纹等为装饰题材，双面都有图案。按照其装饰题材，可以分为二型。

A型：以卷草纹为装饰题材，以新会学宫大成殿下层檐陶塑角脊为代表（图4-11，1）。

B型：以蝙蝠云纹为装饰题材，以广州五仙观后殿下层檐陶塑角脊为代表（图4-11，2）。

1.A型（新会学宫大成殿下层檐陶塑角脊）

2.B型（广州五仙观后殿下层檐陶塑角脊）

图4-11　陶塑角脊类型图

1.A型（玉林大成殿陶塑围脊）

2.B型（德庆悦城龙母祖庙大殿陶塑围脊）

图4-12　陶塑围脊类型图

（五）　陶塑围脊

陶塑围脊通常以龙纹、戏剧故事人物等为装饰题材，为单面屋脊。按照其装饰题材，可以分为二型。

A型：以龙纹为装饰题材，以玉林大成殿陶塑围脊为代表（图4-12，1）。

B型：以戏剧故事人物为装饰题材，以德庆悦城龙母祖庙大殿陶塑围脊为代表（图4-12，2）。

（六）　陶塑看脊

陶塑看脊通常以花鸟、祥瑞动物、戏剧故事人物等为装饰题材。按照其装饰题材，可以分为三型。

A型：以花鸟、祥瑞动物为装饰题材，脊端为鳌鱼，单面，以南海云泉仙馆前殿右侧保护墙陶塑看脊为代表（图4–13，1）。

B型：以戏剧故事人物为装饰题材，单面，以百色粤东会馆中殿两厢陶塑看脊，香港九龙城侯王庙佛光堂前院陶塑看脊，佛山祖庙前殿东、西两廊陶塑看脊，广州仁威庙中路正殿东、西两廊陶塑看脊等为代表（图4–13，2、3、4、5）。

1.A型（南海云泉仙馆前殿右侧保护墙陶塑看脊）

2.B型（百色粤东会馆中殿左厢陶塑看脊）

3.B型（九龙城侯王庙佛光堂前院陶塑看脊）

4.B型（广州仁威庙中路中殿东廊陶塑看脊）

5.B型（广州仁威庙中路中殿西廊陶塑看脊）

6.C型（新兴国恩寺山门牌坊陶塑看脊）

图4-13　陶塑看脊类型图

　　C型：以祥瑞动物为装饰题材，双面，以新兴国恩寺山门牌坊陶塑看脊为代表（图4-13，6）。

此外，岭南地区庙宇建筑的墀头，也流行用陶塑作为装饰。陶塑墀头通常以戏剧故事人物为装饰题材，人物造型与陶塑屋脊上面的人物造型一致，其下方通常塑有生产店号，同为屋脊生产店号的产品（图4-14）。

1.广州宋名贤陈大夫宗祠前座陶塑墀头

2.澳门观音堂二进左路陶塑墀头

3.西环鲁班先师庙前殿陶塑墀头　　　4.上环文武庙前殿陶塑墀头

图4-14　陶塑墀头图　　　　　　　5.澳门观音堂二进右路陶塑墀头

二 分期

清中晚期岭南地区建筑陶塑屋脊作为一种人为产品和一种文化现象，它的风格必然渗透着这一特定历史时期的政治、经济等生产生活方式，传达出这一时期岭南地区的社会风俗和审美特征。

因时间久远，乾隆时期陶塑屋脊若保存下来，实非易事。至今尚未见到这一时期的陶塑屋脊实例，但在清乾隆六年（1741年）的石湾《花盆行历例工价列》[1]中，已有关于陶塑屋脊产品价格的详细记载，说明乾隆时期石湾窑烧制的陶塑屋脊已经作为常规产品大量生产。

清乾隆六年（1741年）《花盆行历例工价列》（图4-15）中关于陶塑屋脊价格的相关记载，现摘录如下："满清乾隆六年八月吉日，联行东西家会同面议各款工价实银，不折不扣，永垂不朽。胪列于左：下等价列：……大号鳌鱼每对银三钱四分八厘、宝珠每座、狮子每对；二号鳌鱼每对银二钱八分八厘、宝珠每座、狮子每对；三号鳌鱼每对银二钱五分八厘、宝珠每座；……大号二拱龙每对银一两五钱六分；大号单拱龙每对银一两二钱六分。"

清乾隆五十九年（1794年），石湾花盆行又对乾隆六年的《花盆行历例工价列》进行重修，对陶塑脊饰的价格做了调整，具体内容如下："满清乾隆六年八月吉日，联行东西家会同面议各款工价实银，不折不扣，永垂不朽。胪列于左：……大号鳌鱼每对银二钱九分、宝珠每座、狮子每对；二号鳌鱼每对银二钱四分、宝珠每座、狮子每对；三号鳌鱼每对银二钱一分五、宝珠每座；……大号二拱龙每对银一两二钱五分；大号单拱龙每对银一两零五分；……二尺双面斗脊、二尺二高合配驳尾、一尺八寸高合配驳尾，每碌面议。……甲寅岁仲夏吉日东西阖行重修。"

从以上的记载可知，清乾隆晚期石湾窑生产的大号鳌鱼、二号鳌鱼、三号鳌鱼、大号二拱龙、大号单拱龙等陶塑屋脊构件的价格要比乾隆早期同样产品价格

[1] 广东省社会科学院历史研究所中国古代史研究室等：《明清佛山碑刻文献经济资料》，广州：广东人民出版社，1987年版，第47～72页。

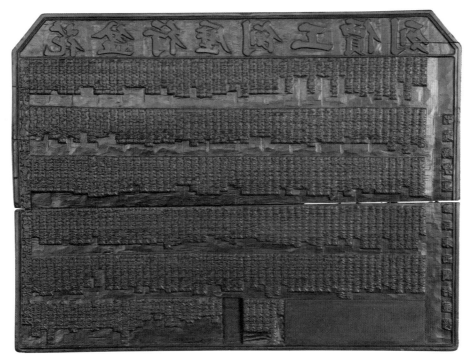

图4-15　清乾隆石湾窑《花盆行历例工价列》印版（佛山市博物馆藏）

便宜，而且还出现了二尺双面斗脊、二尺二高合配驳尾、一尺八寸高合配驳尾等新型的陶塑屋脊构件产品。据此可以判定，清乾隆时期，岭南地区建筑开始使用陶塑屋脊装饰屋顶，陶塑屋脊已经成为石湾窑的主要产品之一。

目前所见，石湾窑最早的陶塑屋脊案例为清嘉庆壬申年（1812年）英玉店制作的广西玉林大成殿陶塑正脊。笔者根据田野调查所获取的清中晚期岭南地区建筑陶塑屋脊的实物、图片资料，按照现存的陶塑屋脊自身所呈现出的风格特征，可以将其分为三期：第一期为嘉庆至道光早期，第二期为道光中期至咸丰时期，第三期为同治至宣统时期。

（一）　第一期：嘉庆至道光早期

嘉庆至道光早期，陶塑屋脊的整体构图简洁、疏朗，屋脊上面的戏剧故事以文戏为主，人物服饰朴素，人物与背景在同一角度，尚未出现人物前倾现象。这一时期陶塑屋脊保存下来的实例较少。

1. "嘉庆壬申"（1812年），玉林大成殿陶塑正脊正面

2. 玉林大成殿陶塑正脊局部

3. 玉林大成殿陶塑围脊局部

4. "嘉庆丁丑岁"（1817年），澳门观音堂二进中路陶塑正脊局部

5. "道光八年"（1828年），黄姚古镇宝珠观门厅陶塑正脊背面局部

图4-16　第一期（嘉庆至道光早期）陶塑屋脊案例

1. 现存嘉庆时期陶塑屋脊案例

（1）玉林大成殿陶塑正脊（疑为A型Ⅰ式）："嘉庆壬申（1812年），英玉店造"，以花卉、戏剧故事人物、云龙纹等为装饰题材，两端呈龙船状，上层的宝珠脊刹、跑龙均已残损无存（图4-16，1、2）。

（2）玉林大成殿陶塑围脊（A型）：以二龙戏珠纹、夔龙纹等为装饰题材，尽显孔庙的尊贵地位（图4-16，3）。

（3）澳门观音堂二进中路陶塑正脊（B型Ⅳ式）："嘉庆丁丑岁（1817年），石湾奇玉造"，以戏剧故事人物、花卉、动物等为装饰题材，脊端为夔龙纹，上层中间为莲花、金钱、蓝宝珠脊刹，两侧为倒立的鳌鱼（图4-16，4）。

2. 现存道光早期陶塑屋脊案例

黄姚古镇宝珠观门厅陶塑正脊（无法分类）："道光八年季秋（1828年），石湾奇玉造"，以戏剧故事人物、花卉为装饰题材，由陶塑残件拼接而成，人物部分破损严重（图4-16，5）。

（二）　第二期：道光中期至咸丰时期

道光中期至咸丰时期，是陶塑屋脊的成熟期。这一时期的陶塑屋脊以戏剧故事人物、花卉、动物等为装饰题材，屋脊上面的戏剧故事以武打戏为主，人物行当丰富、服饰华丽，出现了脚穿厚底靴、身穿蟒靠的武将形象，人物尚未出现明显前倾的现象。

1. 现存道光中晚期陶塑屋脊案例

（1）佛山祖庙公园端肃门前通道左侧陈列的陶塑正脊（D型Ⅰ式）："道光乙未岁（1835年），奇玉店造"，以动物、花卉为装饰题材，脊端为夔龙纹（图4-17，1）。

（2）恭城文庙状元门陶塑正脊（B型Ⅳ式）："道光癸卯岁（1843年），粤东美玉造"，以戏剧故事人物、花卉为装饰题材，人物部分破损严重，仅存背景框架，脊端为夔龙纹，上层中间为宝珠脊刹，两侧为倒立的鳌鱼（图4-17，2）。

（3）原广州南海神庙头门陶塑正脊（无法分类）："道光癸卯岁（1843年），石湾陶珍造"，该脊仅存戏剧故事人物、花鸟残件（图4-17，3）。现脊为菊城陶屋于1986年烧制。

（4）原广州南海神庙大殿陶塑正脊（无法分类）："乙巳年造（1845年）"，现仅存残件，1986年菊城陶屋重塑时仍沿用旧脊年款。

（5）原广州南海神庙后殿陶塑正脊（无法分类）："乙巳年造（1845年）"，现仅存残件，1986年菊城陶屋重塑时仍沿用旧脊年款。

（6）广州宋名贤陈大夫宗祠前座陶塑正脊（B型Ⅳ式）："道光丁未（1847年），英华店造"，以花卉为装饰题材，脊端为夔龙纹，上层中间为卷草纹、绿宝珠脊刹，两侧倒立的鳌鱼为1986年维修时新塑（图4-17，4）。

（7）深圳新二村康杨二圣庙前殿陶塑正脊（B型Ⅳ式）："道光廿七年（1847年）"，以戏剧故事人物、花卉为装饰题材，脊端为夔龙纹，上层的宝珠脊刹、鳌鱼已缺失（图4-17，5）。

（8）横县伏波庙前殿陶塑正脊（疑为B型Ⅱ式）："道光戊申岁（1848年），石湾如璧造"，以戏剧故事人物为装饰题材，脊端为变体龙图案，上层鳌鱼缺失、仅存宝珠脊刹残痕（图4-17，6）。

（9）横县伏波庙前殿东厢陶塑看脊（B型）："道光戊申（1848年），如璧店造"，以戏剧故事人物为装饰题材。

（10）横县伏波庙前殿西厢陶塑看脊（B型）："戊申岁（1848年），如璧造"，以戏剧故事人物为装饰题材。

（11）龙州县伏波庙前殿陶塑正脊（疑为B型Ⅳ式）："道光戊申岁（1848年），石湾奇新店造"，以戏剧故事人物为装饰题材，脊端为夔龙纹，屋脊中间部分及上层缺失。

2. 现存咸丰时期陶塑屋脊案例

（1）原三水胥江祖庙武当行宫正殿陶塑正脊（疑为A型Ⅶ式）："咸丰三年（1853年），文如璧造"，以戏剧故事人物为装饰题材，脊端为夔龙纹，1992年维修时由菊城陶屋重塑，仍沿用旧脊年款。

（2）吴川香山古庙山门陶塑正脊（A型Ⅴ式）："咸丰八年（1858年），石湾奇玉店造"，以戏剧故事人物为装饰题材，脊端为凤凰衔书图案，上层中间为宝珠脊刹，两侧为二拱跑龙、倒立的鳌鱼。

（3）新会学宫大成殿陶塑正脊（A型Ⅰ式）："咸丰辛酉（1861年），文如璧店造"，以二龙戏珠纹为装饰题材，脊端向上翘起，呈龙船状，上层中间为宝珠脊刹，两侧为三拱跑龙（图4-17，7）。大成殿的陶塑垂脊（B型Ⅰ式）、陶塑戗脊（B型Ⅰ式）以卷草纹为装饰题材。

1."道光乙未岁"（1835年），佛山祖庙公园端肃门前陈列的陶塑正脊

2."道光癸卯岁"（1843年），恭城文庙状元门陶塑正脊

3."道光癸卯岁"（1843年），广州南海神庙头门陶塑正脊残件

4."道光丁未"（1847年），广州宋名贤陈大夫宗祠前座陶塑正脊

5."道光廿七年"（1847年），深圳新二村康杨二圣庙前殿陶塑正脊局部

6."道光戊申岁"（1848年），横县伏波庙前殿陶塑正脊局部

7."咸丰辛酉"（1861年），新会学官大成殿陶塑正脊局部

图4-17　第二期（道光中期至咸丰时期）陶塑屋脊案例

（三）　第三期：同治至宣统时期

同治至宣统时期，是陶塑屋脊从繁荣走向衰落的时期，也是现存屋脊案例数量最多的时期。这一时期的陶塑屋脊，以戏剧故事人物和花卉、动物等为装饰题材，屋脊上面的戏剧故事以武打戏为主，整体构图繁复，人物行当齐全，服饰极其华丽，人物明显前倾，可使观众抬头仰望时形成良好的视觉效果。此外，这一时期的陶塑屋脊装饰更为丰富，在一些正脊脊端的夔龙纹和凤凰衔书图案的尾部，常镶嵌水果、花卉等图案。

1．现存同治时期陶塑屋脊案例

（1）原东莞迳联罗氏宗祠首进陶塑正脊（无法分类）："同治三年（1864年）"，屋脊上仅剩一块花卉残件，其上方为只剩头部的鳌鱼。2007年该祠堂维修时，屋脊残件被拆卸下来，现改为灰塑屋脊，上层两端为新塑的鳌鱼。

（2）桂平三界庙前殿陶塑正脊（B型Ⅳ式）："同治乙丑年（1865年），石湾奇玉造"，以戏剧故事人物为装饰题材，脊端为夔龙纹，上层中间为禹门宝珠脊刹，两端为倒立的鳌鱼。

（3）桂平三界庙后殿陶塑正脊（B型Ⅳ式）："同治乙丑年（1865年），石湾奇玉造"，以戏剧故事人物、花卉为装饰题材，脊端为夔龙纹，上层中间为禹门宝珠脊刹，两端为倒立的鳌鱼（图4-18，1）。

（4）长洲大石口天后宫正殿陶塑正脊（B型Ⅳ式）："同治乙丑年（1865年），石湾奇玉造"，以戏剧故事人物为装饰题材，脊端为夔龙纹，上层中间为宝顶脊刹，两端为倒立的鳌鱼。

（5）新界新田大夫第门厅陶塑正脊（疑为D型Ⅰ式）："同治四年（1865年），文如璧造"，以戏剧故事人物为装饰题材（图4-18，2），屋脊两侧其余部分为灰塑。

（6）新界新田大夫门厅正面左侧外墙陶塑看脊（B型）："文如璧造"，以戏剧故事人物为装饰题材。

（7）新界新田大夫门厅正面右侧外墙陶塑看脊（B型）："文如璧造"，以戏剧故事人物为装饰题材。

（8）广州仁威庙中路头门陶塑正脊（A型Ⅴ式）："同治丁卯年（1867年），文如璧店造"，以戏剧故事人物、蝙蝠云纹为装饰题材，脊端为凤凰衔书图案，上层中间为宝珠脊刹，两侧为二拱云龙、倒立的鳌鱼。

（9）广州仁威庙中路正殿陶塑正脊（B型Ⅱ式）："同治六年（1867年），文如璧造"，以云纹、花卉为装饰题材，脊端为变体龙图案，上层中间为宝珠脊刹，两端为倒立的鳌鱼。

（10）长乐学宫大成门陶塑正脊（B型Ⅰ式）："同治七年（1868年），奇玉店造"，以花卉为装饰题材，脊角向上翘起，呈龙船状，上层中间为宝珠脊刹，两端为倒立的鳌鱼。

（11）长乐学宫大成殿陶塑正脊（A型Ⅳ式）："同治七年（1868年），奇玉店造"，以牡丹花卉为装饰题材，脊角向上翘起，呈龙船状，上层中间为宝珠脊刹，两侧为二拱跑龙、倒立的鳌鱼（图4-18，3）。

（12）佛山中国陶瓷城四楼展厅内陈列的陶塑正脊（D型Ⅰ式）："同治庚午年（1870年），意新店造"，以戏剧故事人物、花卉为装饰题材。

（13）梧州龙母庙龙母宝殿陶塑正脊（无法分类）："同治辛未（1871年），吴奇玉店造"，以戏剧故事人物为装饰题材。1987年该庙重修时，将别处庙宇屋脊残件拼装在此处。

（14）恭城文庙大成门陶塑正脊（A型Ⅱ式）："同治壬申岁（1872年），石湾均玉造"，以戏剧故事人物、花卉为装饰题材（图4-18，4），脊端为凤凰衔书图案，上层中间为宝珠脊刹，两侧为三拱跑龙、倒立的鳌鱼。

（15）百色粤东会馆前殿陶塑正脊（A型Ⅵ式）："同治壬申（1872年），吴奇玉重造"，以戏剧故事人物为装饰题材（图4-18，5），脊端为回首麒麟图案，上层中间为禹门、宝珠脊刹，两侧为二拱云龙、倒立的鳌鱼。

（16）百色粤东会馆中殿左厢陶塑看脊（B型）："同治壬申（1872年），吴奇玉店造"，以戏剧故事人物为装饰题材，脊端为夔龙纹。

（17）百色粤东会馆中殿右厢陶塑看脊（B型）："奇玉重造"，以戏剧故事人物为装饰题材，脊端为夔龙纹。

（18）百色粤东会馆中殿陶塑正脊（无法分类）："同治壬申（1872年），吴奇玉重造"，以戏剧故事人物、花卉为装饰题材，上层有宝珠脊刹，1972年被龙卷风刮坏，1989年维修时用屋脊残存构件重新拼装而成。

（19）香港仔天后庙前殿陶塑正脊（B型Ⅳ式）："同治癸酉（1873年），陆遂昌店造"，以戏剧故事人物为装饰题材，脊端为夔龙纹，上层中间为宝珠脊刹，两端为倒立的鳌鱼。

2. 现存光绪时期陶塑屋脊案例

（1）东莞苏氏宗祠首进陶塑正脊（C型Ⅲ式）："丙子年（1876年），意新造"，以花卉为装饰题材，脊端为夔龙纹，上层两端为倒立的鳌鱼。

（2）东兴三圣宫前殿陶塑正脊（无法分类）："光绪二年（1876年）"，以戏剧故事人物、花卉为装饰题材，现屋顶正脊只剩两块花卉纹陶塑构件。

（3）澳门观音堂一进中路陶塑正脊（A型Ⅴ式）："光绪二年（1876年），新怡彰造"，以戏剧故事人物、花卉为装饰题材，脊端为凤凰衔书图案，上层中间为鲤鱼跳龙门宝珠脊刹，两侧为二拱跑龙、倒立的鳌鱼（图4-18，6）。

（4）澳门观音堂二进左路青云巷门楼陶塑正脊（D型Ⅰ式）："光绪二年（1876年），新怡彰造"，以戏剧故事人物、动物、花鸟为装饰题材，脊端为夔龙纹。

（5）澳门观音堂二进右路青云巷门楼陶塑正脊（D型Ⅰ式）："光绪二年（1876年），新怡彰造"，以戏剧故事人物、动物、花卉为装饰题材，脊端为夔龙纹。

（6）广东石湾陶瓷博物馆二楼展厅陈列的陶塑正脊（疑为D型Ⅰ式）："光绪五年（1879年），吴奇玉造"，以戏剧故事人物、花卉为装饰题材。

（7）新界吉澳天后宫正殿陶塑正脊（B型Ⅳ式）："光绪六年（1880年），巧如璋造"，以戏剧故事人物为装饰题材，脊端为夔龙纹，上层中间为宝珠脊刹，两侧为倒立的鳌鱼。

（8）东莞李氏大宗祠首进陶塑正脊（疑为C型Ⅱ式）："光绪捌年（1882年），石湾均玉店造"，以戏剧故事人物、花卉为装饰题材（图4-18，7），脊端为后修补的嵌瓷彩凤凰，上层两侧为新塑的鳌鱼。

（9）大屿山大澳杨侯古庙前殿陶塑正脊（A型Ⅷ式）："光绪戊子（1888年），石湾巧如璋造"，以戏剧故事人物为装饰题材，脊端为凤凰衔书图案，上层中间为花瓶托蓝宝珠脊刹，两侧为单拱跑龙、倒立的鳌鱼。

（10）三水胥江祖庙武当行宫山门陶塑正脊（A型Ⅴ式）："光绪戊子（1888年），文如璧造"，以戏剧故事人物为装饰题材（图4-18，8），脊端为凤凰衔书图案，上层中间为鲤鱼跳龙门、宝珠脊刹，两侧为二拱云龙、倒立的鳌鱼。

（11）东莞康王庙头门陶塑正脊（B型Ⅲ式）："光绪戊子年（1888年），宝玉号店造"，以戏剧故事人物、花卉为装饰题材，脊端为凤凰衔书图案，上层中间为宝珠脊刹，两侧为倒立的鳌鱼。

（12）广州陈家祠后进正厅陶塑正脊（C型Ⅲ式）："光绪十陆年（1890年），美玉成记造"，以戏剧故事人物为装饰题材，脊端为夔龙纹，上层两端为倒立的鳌鱼。

（13）广东粤剧博物馆三进天井陈列的陶塑正脊（无法分类）："光绪庚寅（1890年），文如璧造"，以戏剧故事人物为装饰题材，脊端分别为凤凰衔书图案和夔龙纹，由佛山市博物馆所藏旧脊拼接而成，非原装屋脊。

（14）顺德路涌三帝庙正庙头门陶塑正脊（B型Ⅲ式）："光绪庚寅年（1890年），洪永玉店造"，以戏剧故事人物为装饰题材，脊端为凤凰衔书图案，上层有宝珠脊刹，两侧为倒立的鳌鱼。

（15）广州陈家祠首进正厅陶塑正脊（C型Ⅰ式）："光绪辛卯年（1891年），文如璧店造"，以戏剧故事人物为装饰题材，脊端为变体龙图案，上层两侧为倒立的鳌鱼。

（16）广州陈家祠首进正厅东侧陶塑正脊（C型Ⅱ式）："光绪辛卯年（1891年），文如璧造"，以戏剧故事人物为装饰题材，脊端为凤凰衔书图案，上层两侧为倒立的鳌鱼。

（17）广州陈家祠首进正厅西侧陶塑正脊（C型Ⅱ式）："光绪辛卯年（1891年），文如璧造"，以戏剧故事人物为装饰题材，脊端为凤凰衔书图案，上层两侧为倒立的鳌鱼。

（18）原广州陈家祠中进聚贤堂陶塑正脊（疑为C型Ⅱ式）：该脊原由吴奇玉店于光绪辛卯年（1891年）烧制，以戏剧故事人物为装饰题材，1976年毁于台风，1981年由石湾建筑陶瓷厂仿制。

（19）广州陈家祠后进东厅陶塑正脊（C型Ⅱ式）："光绪壬辰年（1892年），石湾宝玉店造"，以戏剧故事人物为装饰题材，脊端为凤凰衔书图案，上层两侧为倒立的鳌鱼。

（20）广州陈家祠后进西厅陶塑正脊（C型Ⅱ式）："光绪壬辰年（1892年），石湾宝玉店造"，以戏剧故事人物为装饰题材，脊端为凤凰衔书图案，上层两侧为倒立的鳌鱼。

（21）大屿山大澳天后古庙正殿陶塑正脊（B型Ⅲ式）："光绪十八年（1892年），石湾均玉造"，以戏剧故事人物、花卉为装饰题材，脊端为凤凰衔书图案，上层中间宝顶脊刹、两侧倒立的鳌鱼为新塑。

（22）广州陈家祠首进东厅陶塑正脊（C型Ⅱ式）："光绪癸巳年（1893年），文如璧造"，以戏剧故事人物为装饰题材，脊端为凤凰衔书图案，上层两侧为倒立的鳌鱼。

（23）广州陈家祠首进西厅陶塑正脊（C型Ⅱ式）："光绪癸巳年（1893年），文如璧造"，以戏剧故事人物为装饰题材（图4-18，9），脊端为凤凰衔书图案，上层两侧为倒立的鳌鱼。

（24）上环文武庙前殿陶塑正脊（B型Ⅲ式）："光绪十九年（1893年）"，以戏剧故事人物、花卉为装饰题材，脊端为凤凰衔书图案，由屋脊残件拼成，残损部分用灰泥修补。上层中间为宝珠脊刹，两侧为倒立的鳌鱼。

（25）广州陈家祠中进东厅陶塑正脊（C型Ⅳ式）："光绪甲午年（1894年），石湾宝玉荣造"，以戏剧故事人物为装饰题材，脊端为戏剧故事人物，上层两侧为倒立的鳌鱼。

（26）广州陈家祠中进西厅陶塑正脊（C型Ⅳ式）："光绪甲午年（1894年），宝玉荣记造"，以戏剧故事人物为装饰题材，脊端为戏剧故事人物，上层两侧为倒立的鳌鱼。

（27）德庆悦城龙母祖庙大殿前东廊陶塑看脊（B型）："光绪廿七年（1901年），石湾均玉造"，以戏剧故事人物为装饰题材。

（28）东莞黎氏大宗祠首进陶塑正脊（C型Ⅲ式）："光绪乙未（1895年），文如璧造"，以戏剧故事人物、花卉为装饰题材，脊端为夔龙纹，上层两侧为倒立的鳌鱼。该脊除两侧脊端的夔龙纹为原物外，其他为2004年重修时，由佛山石湾美术陶瓷厂重新烧制，仍沿用旧脊店号、年款。

（29）东莞黎氏大宗祠三进陶塑正脊（C型Ⅲ式）："光绪乙未（1895年），文如璧造"，以花卉、戏剧故事人物为装饰题材，脊端为夔龙纹，上层两侧为倒立的鳌鱼。该脊除两侧脊端的夔龙纹为原物外，其他均为2004年重塑。

（30）鹤山大凹关帝庙山门陶塑正脊（A型Ⅸ式）："光绪丙申（1896年）"，以戏剧故事人物为装饰题材，脊端为夔龙纹，上层中间为宝珠脊刹，两侧为单拱跑龙；中间缺失的陶塑构件用灰塑填补。

（31）佛山祖庙藏珍阁陶塑正脊（B型Ⅳ式）："光绪廿叁年（1897年），奇玉造"，以花卉为装饰题材，脊端为夔龙纹，上层中间为如意、花卉纹脊刹，两侧为倒立的鳌鱼。

（32）佛山祖庙公园端肃门前通道左侧陈列的陶塑正脊（D型Ⅰ式）："光绪丁酉年（1897年），奇玉店造"，以动物、花卉为装饰题材，脊端为夔龙纹。

（33）横县伏波庙大殿陶塑正脊（A型Ⅶ式）："光绪廿三年（1897年），粤东奇玉造"，以戏剧故事人物、花鸟为装饰题材，脊端为卷龙纹，上层禹门脊刹已残缺，两侧二拱跑龙的头部和尾部均已破损。

（34）长洲洪圣庙正殿陶塑正脊（B型Ⅲ式）："光绪丁酉年（1897年）"，以戏剧故事人物为装饰题材，脊端为两块凤凰的尾部，上层中间宝珠脊刹，两侧为新塑的鳌鱼。该脊是重修时将两条屋脊的构件进行重组拼装，因此出现"光绪丁酉年"、"同治十四年"两个年款。清代无"同治十四年"的纪年，疑为后来重修时搞错。

（35）郁南狮子庙前殿陶塑正脊（无法分类）："光绪戊戌年（1898年），石湾奇玉造"，以戏剧故事人物、花卉为装饰题材，脊端为凤凰衔书图案，屋脊右半部分缺失。

（36）郁南狮子庙正殿陶塑正脊（B型Ⅳ式）："光绪戊戌年（1898年），石湾奇玉造"，以花鸟为装饰题材，脊端为夔龙纹，上层中间为云纹宝珠脊刹，两侧为倒立的鳌鱼。

（37）佛山祖庙三门陶塑正脊（B型Ⅳ式）："光绪己亥（1899年），文如璧造"，以戏剧故事人物为装饰题材，脊端为夔龙纹，上层中间为宝珠脊刹，两侧为铜制鳌鱼、凤凰（图4-18，10）。

（38）佛山祖庙前殿陶塑正脊（B型Ⅲ式）："光绪廿五年（1899年），文如璧造"，以戏剧故事人物为装饰题材，脊端为凤凰衔书图案，上层中间为黄宝珠脊刹，两侧为铜制鳌鱼。

（39）佛山祖庙前殿陶塑垂脊（A型）、戗脊（A型）："光绪廿五年（1899年），石湾宝玉造"，以花卉为装饰题材，垂脊上方各四个垂兽；戗脊上方各三个戗兽。

（40）佛山祖庙前殿东廊陶塑看脊（B型）："光绪廿五年（1899年），石湾均玉造"，以戏剧故事人物为装饰题材。

（41）佛山祖庙前殿西廊陶塑看脊（B型）："光绪廿五年（1899年），石湾均玉造"，以戏剧故事人物为装饰题材。

（42）佛山祖庙正殿陶塑正脊（B型Ⅲ式）："光绪廿五年（1899年），石湾吴宝玉造"，以戏剧故事人物为装饰题材，脊端为凤凰衔书图案，上层中间为黄宝珠脊刹，两侧为铜制鳌鱼。正殿陶塑垂脊（A型）、戗脊（A型）以花卉为装饰题材，垂脊上方各四个垂兽，戗脊上方各三个戗兽。

（43）佛山祖庙庆真楼陶塑正脊（A型Ⅶ式）："光绪廿五年（1899年），石湾宝玉店造"，以戏剧故事人物为装饰题材，脊端为夔龙纹，上层中间为宝珠脊刹，两侧为二拱跑龙。

（44）东莞荣禄黎公家庙二进陶塑正脊（C型Ⅲ式）："光绪己亥（1899年），□永玉造"，以戏剧故事人物、花卉为装饰题材，脊端为夔龙纹，上层现仅剩右侧的一条鳌鱼。

（45）东莞荣禄黎公家庙三进陶塑正脊（D型Ⅰ式）："光绪己亥（1899年）"，店号已缺损无存，以戏剧故事人物、花卉为装饰题材，脊端为夔龙纹。

（46）原中山北极殿、武帝庙墙上陶塑看脊（B型）："光绪己亥（1899年），文如璧造"，1995年重修时所塑，仍沿用旧脊店号、年款。

（47）花都盘古神坛陶塑正脊（A型Ⅵ式）："光绪廿七年（1901年），石湾均玉造"，以戏剧故事人物、花卉为装饰题材，脊端为回首麒麟，上层中间为宝珠脊刹，两侧为二拱跑龙，鳌鱼已缺失。

（48）德庆悦城龙母祖庙山门陶塑正脊（A型Ⅶ式）："光绪二十七年（1901年），石湾均玉造"，以戏剧故事人物为装饰题材，脊端为夔龙纹，上层中间为葫芦脊刹，两侧为二拱云龙、倒立的鳌鱼。该脊于1988年重修，背面有"戊辰年重造"（1988年）年款、"中山菊城陶屋"店号。

（49）德庆悦城龙母祖庙香亭前东廊陶塑看脊（B型）："光绪廿七年（1901年），石湾均玉造"，以戏剧故事人物为装饰题材。

（50）德庆悦城龙母祖庙龙母寝宫前东廊陶塑看脊（B型）："光绪廿七年（1901年），石湾均玉造"，以戏剧故事人物为装饰题材。

（51）佛山祖庙公园展厅前陈列的陶塑看脊（B型）："光绪癸卯（1903年），均玉店造"，以戏剧故事人物为装饰题材。

（52）博罗冲虚观山门陶塑正脊（A型Ⅶ式）："光绪丁未（1907年），吴奇玉造"，以人物故事、花鸟为装饰题材，脊端为夔龙纹，上层中间为夔龙纹、花卉、禹门宝珠脊刹，两侧为灰塑云龙和陶塑鳌鱼（图4-18,11）。

（53）湾仔北帝庙前殿陶塑正脊（A型Ⅱ式）："光绪三拾三年（1907年），石湾均玉店造"，以戏剧故事人物、花卉为装饰题材，脊端为凤凰衔书图案，上层中间为鲤鱼禹门红宝珠脊刹，两侧为三拱云龙、倒立的鳌鱼。

（54）南海云泉仙馆前殿陶塑正脊（A型Ⅶ式）："光绪戊申（1908年），文如璧造"，以动物、花鸟为装饰题材，脊端为夔龙纹，上层中间为禹门宝珠脊刹，两侧为二拱跑龙和倒立的鳌鱼。

（55）南海云泉仙馆后殿陶塑正脊（A型Ⅶ式）：以云龙纹为装饰题材，脊端为夔龙纹，上层中间为禹门宝珠脊刹，两侧为二拱跑龙和倒立的鳌鱼。该脊虽然没有店号、年款，但从其传神的云龙纹造型，可以判定应与前殿正脊一起烧制于光绪戊申年（1908年）（图4-18，12）。

（56）番禺学宫大成殿陶塑正脊（A型Ⅲ式）："光绪戊申（1908年），文如璧造"，以龙纹、花卉为装饰题材，脊端为夔龙纹，上层中间为宝珠脊刹，两侧为三拱跑龙、倒立的鳌鱼。大成殿陶塑垂脊（B型Ⅰ式）、戗脊（B型Ⅰ式）为卷草纹图案（图4-18，13）。

（57）郁南峻峰李公祠首进陶塑正脊（D型Ⅰ式）："光绪戊申年（1908年），吴宝玉荣造"，以花卉为装饰题材（图4-18，14）。

（58）大屿山大澳关帝古庙前殿陶塑正脊（B型Ⅲ式）："光绪廿□年，均玉□"，以戏剧故事人物为装饰题材，脊端为凤凰衔书图案，上层中间为花瓶托蓝宝珠脊刹，两侧为倒立的鳌鱼。

（59）佛山祖庙公园展厅前陈列的陶塑看脊（B型）："□绪□□，均玉店造"，以八仙人物为装饰题材。

3. 现存宣统时期陶塑屋脊案例

（1）湾仔洪圣古庙前殿陶塑正脊（A型Ⅶ式）："宣统元年（1909年），李万玉作、徐志稳、徐荣辉造"，以戏剧故事人物为装饰题材，上层中间为鲤鱼跳龙门宝珠脊刹，两侧为二拱云龙、花瓶。

（2）九龙红磡观音庙正座陶塑正脊（A型Ⅴ式）："宣统元年（1909年），李万玉造"，以戏剧故事人物、动物为装饰题材，脊端为凤凰衔书图案，上层中间为鲤鱼跳龙门脊刹，宝珠已缺失，两侧为二拱云龙、倒立的鳌鱼（图4-18，15）。

（3）大屿山东涌侯王古庙前殿陶塑正脊（B型Ⅲ式）："宣统贰年（1910年），九如安造"，以戏剧故事人物为装饰题材，脊端为凤凰衔书图案，上层中间为红宝珠脊刹，两侧为造型奇特的倒立鳌鱼。

1. "同治乙丑年" (1865年), 桂平三界庙后殿陶塑正脊背面

2. "同治四年" (1865年), 新界新田大夫第门厅陶塑正脊局部

3. "同治七年" (1868年), 长乐学宫大成殿陶塑正脊局部

4. "同治壬申岁" (1872年), 恭城文庙大成门陶塑正脊局部

5. "同治壬申" (1872年), 百色粤东会馆前殿陶塑正脊局部

6. "光绪二年"（1876年），澳门观音堂一进中路陶塑正脊局部

7. "光绪捌年"（1882年），东莞李氏大宗祠首进陶塑正脊局部

8. "光绪戊子"（1888年），三水胥江祖庙武当行宫山门陶塑正脊局部

9. "光绪癸巳年"（1893年），广州陈家祠首进西厅陶塑正脊局部

10．"光绪己亥"（1899年），佛山祖庙三门陶塑正脊

11．"光绪丁未"（1907年），博罗冲虚观山门陶塑正脊

12．"光绪戊申"（1908年），南海云泉仙馆后殿陶塑正脊

13、"光绪戊申"（1908年），番禺学宫大成殿陶塑屋脊

14．"光绪戊申年"（1908年），郁南峻峰李公祠首进陶塑正脊

15．"宣统元年"（1909年），九龙红磡观音庙正座陶塑正脊

图4—18　第三期（同治至宣统时期）陶塑屋脊案例

4．现存民国时期陶塑屋脊案例

清末民国时期，由于外国资本主义势力的入侵以及洋货的大量涌入，石湾制陶业也遭受了严重的打击。民国初期，石湾陶瓷业比全盛时期的清代已明显地衰落下来。到了20世纪30年代更为剧烈，"在最近几年，石湾陶业一落千丈，六十四条窑，从前是开齐的，现在没有一半生火，工人失业，天多一天"[1]。日本侵略军占领佛山期间，石湾陶瓷业已陷入一蹶不振的局面，陶塑屋脊这一最具岭南地方特色的建筑装饰材料也逐渐走到了末路，现存民国时期的陶塑屋脊已寥寥无几。

（1）九龙油麻地天后庙前殿陶塑正脊（A型Ⅲ式）："民国甲寅年（1914年），石湾均玉造"，以戏剧故事人物为装饰题材，上层中间为鲤鱼跳龙门宝珠脊刹，两侧为三拱云龙、倒立的鳌鱼（图4-19，1）。

（2）广州镇海楼陶塑正脊（B型Ⅳ式）："民国戊辰年（1928年），石湾均玉造"，以花卉为装饰题材，上层中间为鲤鱼跳龙门、宝珠脊刹，两端为倒立的鳌鱼；垂脊上方各有三个垂兽（A型）。

（3）西环鲁班先师庙前殿陶塑正脊（B型Ⅲ式）："民国十七年（1928年），石湾均玉窑造"、省城聚兴选办、香港钟照记建，以戏剧故事人物为装饰题材，脊端为凤凰衔书图案，上层中间为花瓶、蝙蝠、蓝宝珠脊刹，两侧为倒立的鳌鱼（图4-19，2）。

（4）西环鲁班先师庙正殿陶塑正脊（A型Ⅴ式）："民国十七年（1928年）"，以戏剧故事人物为装饰题材，脊端为凤凰衔书图案，上层中间为荷叶、宝珠脊刹，两侧为二拱云龙、倒立的鳌鱼（图4-19，3）。

（5）长洲西湾天后宫前殿陶塑正脊（B型Ⅲ式）："民国己巳年（1929年）"，以戏剧故事人物为装饰题材，脊端为凤凰衔书图案，上层中间为宝珠脊刹，两侧为倒立的鳌鱼。

（6）花都水仙古庙中路头门陶塑正脊（A型Ⅶ式）：原脊的年款为民国（残），店号为石湾（残），以戏剧故事人物、花卉为装饰题材，脊端为夔龙纹，上层中间为宝珠脊刹，两侧为二拱跑龙、倒立的鳌鱼。原脊现由广州市花都区博物馆收藏。现在屋顶上的陶塑屋脊为乙亥年（1995年）由中山陶屋重修。

（7）清远东坑黄氏宗祠头门陶塑正脊（C型Ⅱ式）："中华民国叁十六年（1947年）"，以戏剧故事人物、花卉为装饰题材，脊端为凤凰衔书图案，上层

[1]　佛山市陶瓷工贸集团公司：《佛山市陶瓷工业志》，广州：广东科技出版社，1991年版，第18页。

1."民国甲寅年"（1914年），九龙油麻地天后庙前殿陶塑正脊局部

2."民国十七年"（1928年），西环鲁班先师庙前殿陶塑正脊

3."民国十七年"（1928年），西环鲁班先师庙正殿陶塑正脊背面

4."中华民国叁十六年"（1947年），清远东坑黄氏宗祠头门陶塑正脊背面

图4-19　民国时期陶塑屋脊案例

两侧为倒立的鳌鱼（图4-19，4）。

（8）新会书院头门、二进中路、三进中路陶塑正脊（均为D型Ⅰ式）：民国初期。

吴良镛先生认为："建筑的问题必须从文化的角度去研究和探索，因为建筑正是在文化的土壤中培养出来的；同时，作为文化发展的进程，并成为文化之有形的和具体的表现。"[1]从清中晚期岭南地区建筑陶塑屋脊自身发展的历程来看，除乾隆时期的陶塑屋脊至今尚未发现实物例证外，屋脊造型与装饰题材是由简而繁的，符合客观事物发展的一般规律。而同治至宣统时期的陶塑屋脊最为繁复，表明了文化艺术兴盛时的一种意态。陶塑屋脊不仅仅属于物质文化范畴，它也是一种文化符号，透过它可以看到清中晚期岭南地区的一些社会文化现象。陶塑屋脊上面装饰的戏剧故事人物，大多源于粤剧的演出剧目，是在粤剧文化的土壤中发展起来的，因此陶塑屋脊堪称是这一时期粤剧兴衰的晴雨表。

粤剧是外来的多种戏曲声腔和广东本地土戏、民间说唱艺术不断融合和丰富而形成、发展、壮大起来的。早在明代，南戏就已在广东广为流行，其中弋阳腔和昆腔，对早期粤剧的形成有着深远的影响。明末清初，西秦戏入粤，又促进了早期粤剧戏班吸收梆子腔演唱。乾隆年间，是清代的升平盛世时期，广州地区经济发达，商业繁盛，外省商人来粤贸易者众多，各省戏班也随着商旅队伍涌入广州，并于清乾隆二十四年（1759年）在广州建造了"外江梨园会馆"。这时，广腔班除了仍有少数班在广州舞台与外江班抗衡外，大部分退出广州而向珠江三角洲各县发展。清中期以后，二黄入粤，又为混合班所吸收，于是弋、昆腔日渐被梆黄声腔取代，粤剧遂成为以梆、黄结合为主要声腔的剧种[2]。

清代自嘉庆以来，湖北以及四川与陕西、河南三省接壤的地区，连年爆发白莲教起义，农民斗争的烽火不断燃烧。于是，清政府出于巩固其政治统治的需要，在嘉庆三年（1798年）、嘉庆四年（1799年）连年发布禁演花部诸腔的命令。在清嘉庆三年的禁令里，指明"起自秦、皖，而各处辗转流传"的乱弹、梆子、秦腔、弦索等就是"严行禁止"的对象，规定"嗣后除昆弋两腔仍照旧准其演唱，其外乱弹、梆子、弦索、秦腔等戏，概不准再行演唱"。粤剧也属于被禁之列[3]。

佛山与广州相邻，水陆交通方便，手工业、商业都很发达，并建立起各种行

[1] 吴良镛：《广义建筑学》，北京：清华大学出版社，1989年版，第66页。

[2] 赖伯疆、黄镜明：《粤剧史》，北京：中国戏剧出版社，1988年版，第1页。

[3] 余勇：《明清时期粤剧的起源、形成和发展》，北京：中国戏剧出版社，2009年版，第4～5页。

会组织。因此，本地戏班就以佛山为根据地，不断发展壮大，使佛山成为早期粤剧戏班和艺人的大本营、集散地，并于明万历年间建立粤剧的行会组织——琼花会馆。据乾隆《佛山忠义乡志》记载："梨园歌舞赛繁华，一带红船泊晚沙；但到年年天贶节，万人围住看琼花。"[1]可见当时佛山演戏之盛。粤剧发展至道光年间，其艺术风格和特色已相当鲜明而稳定，其剧目的思想内容和精神特质，也与其他剧种判然有别[2]。清道光、咸丰年间，本地班每到一个地方，常演反抗外族入侵以及歌颂平民百姓中的英雄豪杰的武打戏剧目，舞台特别重视做和打，这正是当时沉重的民族和阶级压迫的产物。

清咸丰四年（1854年）六月，著名粤剧"武打家"李文茂与天地会领袖陈开等人在佛山蒙清冈率数百人起义，响应太平天国起义，一举攻下佛山。他们随后围攻广州，半年未能攻克，于是改从肇庆攻打广西，攻下浔州，建立大成国。李文茂又率军攻克平南县、贵县等地，清咸丰七年（1857年）攻下柳州，自称平靖王，铸造"平靖胜宝"钱币，任命官吏，进行社会改革。但他仍不忘其粤剧艺人本色，"每逢朔望，他带着文武诸官到各庙烧香，头带紫金冠，上插雉鸡尾，身穿黄缎绣龙马褂及绣长袍，腰挂宝剑，五光十色，俨然舞台打扮也。"[3]清咸丰八年（1858年），李文茂的起义队伍被清廷残酷镇压，最后以失败告终，但却给清政府以沉重的打击。李文茂起义失败后，清廷迁怒于粤剧和琼花会馆，于是下诏焚毁琼花会馆，粤剧也被取缔、禁演，艺人被迫四散，有的到外江戏班"插掌子"，有的被迫走入乡村，有的被迫漂洋过海，以延残喘。此后，粤剧演出被迫中断了若干年。

清同治七年（1868年），两广总督瑞麟为母祝寿，巡抚以下的各级官员争选戏班送到总督府助庆。粤剧戏班经过多年的培养，人才蔚起，名角如武生邝新华、花旦勾鼻章、小武大和、小生师爷伦、男丑鬼马三等人，应征入府，会串堂戏。当勾鼻章饰演杨贵妃登台时，仪态万方，一座倾倒。总督母亲注视片刻后，忽然涕泪交流，起身回房。于是，传命停止演出，群官惊慌失措，诸伶惶恐不安。这时，传勾鼻章入内，其他各伶先退下。第二天，邝新华率师爷伦和鬼马三等人入总督府探问，只见勾鼻章已易弁而笄，变成总督府的千金小姐。据传总督有妹早丧，相貌与勾鼻章极为相似，总督之母见勾鼻章后，十分想念自己的女儿，因此让其穿闺服为女儿，以安慰太夫人。于是，邝新华等人趁此时机，央求

[1] 乾隆《佛山忠义乡志》卷一一《艺文志》之《汾江竹枝词》。

[2] 赖伯疆、黄镜明：《粤剧史》，北京：中国戏剧出版社，1988年版，第13页。

[3] 广西博物馆：《李文茂在广西反清斗争史略》，《佛山文史资料》第5辑，第20页。

勾鼻章向总督请求解禁粤剧，"章允之，其后瑞麟果向清廷奏准粤班复业，章之力也"。[1]随后，粤剧劫后逢春，艺人们筹建八和会馆，戏班业务日益兴旺，艺术水平不断提高，出现了生机勃勃的局面，粤剧史上称之为"粤剧中兴"。正如宣统《南海县志》记载："严禁本地班，不许演唱，不六、七年旋复，旧弊之难革如此。"[2]

　　岭南地区建筑陶塑屋脊上面装饰的戏剧故事人物，其现存状况与粤剧自身发展的历程是一致的。清嘉庆初年，粤剧属于被禁之列，因此未见嘉庆早期以戏剧故事为题材的陶塑屋脊。道光、咸丰年间，粤剧本地班常演反抗外族入侵以及歌颂平民百姓中的英雄豪杰的武打戏，因此道光中期至咸丰时期陶塑屋脊上面出现了脚穿厚底靴、身穿蟒靠的武将形象，这一时期民间戏剧的服饰与宫廷戏剧服饰趋于一致，服饰华丽，造型生动。咸丰八年（1858年），粤剧艺人李文茂起义队伍被清廷残酷镇压后，粤剧遭到禁演，直至同治七年（1868年）的"粤剧中兴"，此间，以戏剧故事人物为题材的陶塑屋脊生产也走向低迷，现存实物案例屈指可数。自同治七年（1868年）以后，随着粤剧演出的活跃和粤剧剧目的丰富，石湾陶塑艺人们制作了大量以戏剧故事人物为题材的陶塑屋脊产品，并通过水路运往西北江及港澳等地区，广泛地装饰在学宫、庙宇、祠堂、会馆等重要建筑的屋顶上，彰显了这一时期岭南建筑独特的地域风格。进入民国时期，由于社会风气变革、外国资本主义势力的入侵以及洋货的大量涌入，"佛山先承其弊。从前通津利步各街近海，行店多至二百余家，铺尾通海深二、三十丈不等，今皆闭歇"[3]，石湾陶瓷业开始走向衰落，陶塑屋脊也失去了其赖以存在的土壤。

[1]　麦啸霞：《广东戏剧史略》，详见《广东文物》，上海：上海书店，1990年版，第805页。
[2]　宣统《南海县志》卷二六《杂录》。
[3]　民国《佛山忠义乡志》卷一四《人物八》。

表4-1　清中晚期岭南地区建筑陶塑屋脊分期表

历史分期	屋脊类型		三期	二期	一期
正脊	A型	Ⅰ式	✓	✓	✓
		Ⅱ式	✓		
		Ⅲ式	✓		
		Ⅳ式	✓		
		Ⅴ式	✓	✓	
		Ⅵ式	✓		
		Ⅶ式	✓	✓	
		Ⅷ式	✓		
		Ⅸ式	✓		
	B型	Ⅰ式	✓		
		Ⅱ式	✓	✓	
		Ⅲ式	✓		
		Ⅳ式	✓	✓	✓
	C型	Ⅰ式	✓		
		Ⅱ式	✓		
		Ⅲ式	✓		
		Ⅳ式	✓		
	D型	Ⅰ式	✓	✓	
		Ⅱ式	✓		
	E型				✓
	F型		✓	✓	
垂脊	A型		✓		
	B型	Ⅰ式	✓	✓	
		Ⅱ式	✓		
		Ⅲ式	✓		
戗脊	A型		✓		
	B型	Ⅰ式	✓	✓	
		Ⅱ式	✓		
角脊	A型			✓	
	B型		✓		
围脊	A型				✓
	B型		✓		
看脊	A型		✓		
	B型		✓	✓	
	C型		✓		

三　地域分布

谭其骧先生指出："中国文化有地区性，不能不问地区笼统地谈中国文化。"[1]宋代以后，在中央政府颁布的《营造法式》的影响下，官式建筑逐步统一，但是民间建筑在营造上保存的地方特色，则成为建筑风格分区的重要标志。清中晚期岭南地区建筑陶塑屋脊作为一种建筑文化景观，有别于官式建筑的琉璃屋脊，具有鲜明的地域风格。此外，俞伟超先生也指出，对于考古学遗存和古器物、古建筑，研究的内容，必须从"物质底层、社会组织、精神文化"这三个因子进行探索。既要研究"物"，又要研究"文"，而后者才是更高的目的[2]。陶塑屋脊作为岭南地区建筑文化的一个因子，其地域特质的形成和发展必然受到自然条件、社会历史、人文环境等的影响和制约。因此，在对清中晚期岭南地区建筑陶塑屋脊进行研究时，还要揭示其地域分布背后的自然、历史、民系等更深层次的社会因素。

岭南地区北枕五岭，南临大海，横亘两广北部的南岭山地，把岭南与中原分开，形成一个相对独立的地理区域。岭南地区丘陵起伏，河涌纵横，属热带、亚热带季风气候类型，气候特点为潮湿、炎热、多雨、多台风。这种特殊的地理气候条件成为决定岭南建筑的最根本因素，建筑物的脊饰也要适应这一自然气候条件。清中晚期，石湾窑生产的陶塑屋脊具有釉面光滑、耐风雨侵蚀、造型生动、色彩明快等特点，既可以作为建筑物屋顶的装饰，又能够解决屋脊漏雨问题，体现出对岭南自然环境的适应性。

岭南地处僻远，历史上战乱少，社会相对安定，与中原地区形成鲜明对照。另外，南岭不是一条山脉，而是一群山地，中间有很多可供往来的通道，便于岭外居民南迁。因此，在中国古代的历次移民运动中，大量北人南迁，分赴岭南各地。移民带来中原文化、荆楚文化、巴蜀文化、吴越文化等地域文化，而且由于交通线分布不同，岭外居民来源不一，以及土著文化差异等，对民系形成和岭南

---

[1] 谭其骧：《中国文化的时代差异和区域差异》，《复旦大学学报》1986年第2期。

[2] 俞伟超：《考古学是什么》，北京：中国社会科学出版社，1996年版，第133页。

文化区域分异作用较大[1]。

先秦时期，岭南地区百越杂处，主要有南越、西瓯、骆越、闽越等。秦始皇三十三年（前214年），秦统一岭南，设立南海、桂林、象郡，实行封建统治，这次进入岭南的移民除了军人外，还有"逋亡人、赘婿、贾人"[2]。汉初，赵佗割据岭南，建立南越国，其重心在南越人集中的珠江三角洲和西江地区。汉武帝元鼎五年（前112年），50万大军南下，平定南越国，再次推动了汉越民族融合，"今粤人大抵中国种，自秦汉以来日滋月盛，不失中州清淑之气"[3]。魏晋南北朝时期，北方战乱，中原移民一部分定居粤北和粤东北，但更多的人移入西江和北江中下游地区。唐元和年间（806～820年），张九龄开通大庾岭道后，北人入粤者日渐增加。安史之乱后，中原移民逐渐以珠江三角洲地区为落户目的地。五代时期，岭南为南汉刘龑政权割据，保持一个相对安定的社会环境，吸引了为避北方战乱而南下的移民入居。北宋末和南宋末，金人和元人相继南侵，又有大量灾民流落岭南。

早期北方移民进入岭南，多取道湘桂走廊和贺江南下，定居于西江流域，唐以后多取道大庾岭，过梅关后沿北江南下。这些移民聚族而居，结成村落，这种以血缘关系组合起来的族群，只要有某个共同因素把他们联合起来，即可在地域上连成一片，构成与其他族群相区别的群体。大抵到唐宋时代，岭南越人先后融合于汉族，成为不同民系的一部分。如在珠江三角洲、西江、北江和桂江流域的越人发展为广府系；在粤东内地和粤东北的越人被融合为客家系，由于客家人进入之时，广府、潮汕两大民系已基本形成东、西分布的态势，留给客家人的只有粤北、粤东的两片相连的山区地带；在粤东沿海和琼雷沿海的越人演变为福佬系。未被汉化的那部分越人，则发展为壮、黎、瑶、畲等少数民族[4]。

大抵在宋代前后，广府、客家文化相继形成，并各占有一定区域。基本上以宋代英德府为界，即今清远、花县、从化、增城一线，也是明清时代广州府与韶关府、广州府与惠州府的政区分界，此线东北部和北部为客家文化圈，西南部为广府文化圈。宋元时期，经大庾岭过南雄珠玑巷入居珠江三角洲的移民大增，大量村落在各地出现，田园纵横，祠庙林立，因此有"顺德祠堂南海庙"之说。广

[1] 司徒尚纪：《岭南历史人文地理——广府、客家、福佬民系比较研究》，广州：中山大学出版社，2001年版，第4页。

[2] 司马迁：《史记》卷六《秦始皇本纪第六》。

[3] 屈大均：《广东新语》卷七《人语》。

[4] 司徒尚纪：《岭南历史人文地理——广府、客家、福佬民系比较研究》，广州：中山大学出版社，2001年版，第5页。

府文化显然比客家文化具有强劲的优势，它不断向外传播和扩张；但当它向东北部和北部推进时，却遇到客家文化的阻碍而不得不停顿下来，在文化景观上显示了这种过渡地带的特色[1]。福佬文化在岭南从潮汕经海陆丰绕过珠江口，直下雷州半岛和海南岛，除在中间为东江客家文化区分隔外，主要呈条带状分布，与广府文化圈大面积文化接触只发生在雷州半岛。

明清时期，岭南地区经济、文化繁荣，跃居全国先进行列，并形成了广州帮、客家帮、潮州帮三大商人集团。广州帮是指籍为广州府地区的商人，包括番禺、南海、顺德、东莞、新安（宝安）、三水、增城、龙门、香山、新会、新宁（台山）、恩平、开平、从化、花县、连州、阳山、连山、清远等县，相当于今珠江三角洲地区大部。广州帮商人使用粤语方言，形成于珠江三角洲和两广沿海，他们充分利用北、西、东江和沿海航线等便捷的水路交通，除与内地做生意外，同时也利用南海交通，角逐海外市场[2]。此外，广东肇庆府、广西梧州府的商人也属于广州帮这个地域商人集团。潮州帮商人主要是清康熙以后开海贸易才形成的，包括清代潮州府海阳、潮阳、揭阳、饶平、惠来、澄海、普宁、丰顺、南澳等县的商人群体，使用潮汕方言。客家帮商人是指清代嘉应州属下的大埔、程乡（梅县）、平远、振平（蕉岭）、长乐（五华）、兴宁等县的商人群体，操客家方言，主要是入清以后形成的[3]。岭南地区商人集团的活动，不但加快了珠江流域各地区经济的联合，也促进了岭南地区建筑装饰艺术的交流。

清中期以后，石湾窑生产的陶塑屋脊产品，大量装饰在珠江三角洲广府地区的学宫、庙宇、祠堂、会馆等大型公共建筑的屋顶上，以显示建筑物的庄严与壮观，也是当地经济实力的体现。随着广府地区商人大量而频繁地进入广西从事贸易活动，广西在语言、习俗等方面都开始广东化，形成了"无东不成市"的局面。陶塑屋脊也追随着广府商人的足迹，沿着西江水路运往广西，出现在梧州、贺州、钟山、平乐、恭城、玉林、桂平、横县、邕宁、百色、龙州等地重要建筑的屋顶上。

陶塑屋脊作为广府系文化的一个重要元素，随着广州帮商人的商贸活动，不断地向北江和东江流域的客家系地区传播和扩张，出现在博罗、五华、兴宁、英德、始兴等地的庙宇、祠堂、学宫等建筑的屋顶上。其中，始兴是粤北政治中

---

[1]　司徒尚纪：《岭南历史人文地理——广府、客家、福佬民系比较研究》，广州：中山大学出版社，2001年版，第370页。

[2]　司徒尚纪：《中国南海海洋文化》，广州：中山大学出版社，2009年版，第136～137页。

[3]　司徒尚纪：《中国南海海洋文化》，广州：中山大学出版社，2009年版，第142页。

心，有"粤北第一古郡"之称。兴宁作为粤东商业重镇，清朝至民国时期，素有"小南京"之称。在以始兴、兴宁为代表的客家系地区，其学宫等建筑的屋顶上，采用广府系地区流行的陶塑屋脊作为装饰，一方面说明了广府文化从珠江三角洲中心区向边缘地区的辐射与传播，另一方面也见证了当时始兴、兴宁、五华等地商品经济的繁荣景象。此外，雷州府是清代广东西部沿海地区对外贸易的重要基地。雷州半岛的湛江、吴川等地对外贸易繁盛，广府系商人来此经商，陶塑屋脊也随之辐射到这一地区。

福佬系所处的潮汕地区，位于东南沿海，临海而多台风。从古建筑的角度分析，潮汕地区及台湾受闽南影响较大，属闽南建筑系。潮汕地区建筑物往往采用硬山式山墙，以减小风力对建筑物的影响，建筑的脊饰多用嵌瓷，而不像广府系地区采用陶塑屋脊。嵌瓷是用各种颜色的瓷片在屋脊等一些主要部位贴出花草、鸟兽、虫鱼、人物等立体形象，既增强了潮汕地区建筑的气势和美观，又坚固耐风雨侵蚀，适应了海风侵蚀的气候特点，成为潮汕地区建筑一绝。

香港原属宝安县，鸦片战争前曾是广州外港，"1842年开埠之前，很是荒凉，居民极少"[1]。鸦片战争后，香港割让给英国。1869年，苏伊士运河通航后，欧洲通往东方的航程大大缩短，香港作为一个自由港，万商云集，成为远东商业贸易中心。这一时期，大批珠江三角洲地区的移民迁来此地，广府文化也因此成为香港的文化主流，广府地区的多神信仰习俗、庙宇建筑形式及装饰艺术也被带到了香港。正如清光绪二十年《重修香港文武二帝庙堂碑记》所记："自诸国通商以后，凡海运之入中土者，先至止焉。由是行而商者，皆出其途；坐而贾者，视为乐土。其中群萃杂处，虽重九译，靡不梯航而至，以抱以贸，乐其利而忘其劳。独是远方之人，自为风气，要皆先入以为主。故其识见卒不为中土所移易。而圣人神道之教，势亦遏而不行。呜呼。地则香港，时至今日，即我中土之人，耳濡目染，身其地亦复心其人，皆意中事耳。而尚勤有功于民则祀之念，用以知其畏神服教有足多者。"[2]香港地区的庙宇建筑形式与广府地区一致，并大量采用陶塑屋脊作为装饰，现存实例较多。

澳门原属香山县的一个小渔村，人口不多。自明嘉靖三十二年（1553年）被葡萄牙人赁居后，很快发展成为一个世界性贸易港口，也是中西文化交流最早的一个基地。随后，大量珠江三角洲居民纷纷涌入澳门谋生，澳门文化也保留了许多传统的广府文化。澳门观音堂采用广府地区的院落建筑布局，屋顶上大量采用

[1] 王庚武：《香港史新编》（下册），香港：三联书店有限公司，1997年版，第651页。

[2] 科大卫、陆鸿基、吴伦霓霞：《香港碑铭汇编》，香港：香港市政局出版，1986年版，第261页。

陶塑屋脊作为装饰，见证着广府文化向澳门的渗透。

在广西横县伏波庙大殿陶塑正脊的正面，除了塑有生产店号外，还塑有"西泰利承办"字样；在香港西环鲁班先师庙前殿陶塑正脊的正面，也塑有"省城聚兴选办"、"香港钟照记建"字样。由此可知，当时在石湾窑陶塑屋脊生产方与岭南各地建筑陶塑屋脊使用方之间，存在着"西泰利"、"省城聚兴"等商业店号，实现了陶塑屋脊生产与销售的有效衔接（图4-20）。

（一）　广东地区陶塑屋脊案例[1]

广东地区的陶塑屋脊，主要分布在广府地区、客家地区和雷州半岛地区。

1. 广府地区

（1）番禺学宫大成门陶塑正脊（B型Ⅳ式）、垂脊（B型Ⅰ式）。

（2）番禺学宫大成殿陶塑正脊（A型Ⅲ式）、垂脊（B型Ⅰ式）、戗脊（B型Ⅰ式）。

（3）番禺学宫崇圣殿陶塑正脊（B型Ⅳ式）、垂脊（B型Ⅰ式）、戗脊（B型Ⅰ式）。

（4）广州仁威庙中路头门陶塑正脊（A型Ⅴ式）。

（5）广州仁威庙中路正殿陶塑正脊（B型Ⅱ式）。

（6）广州南海神庙头门陶塑正脊（无法分类），原脊为道光癸卯岁（1843年）、石湾陶珍造，仅存残件，现脊为1986年由菊城陶屋烧制。

（7）广州南海神庙大殿陶塑正脊（无法分类），乙巳年造（1845年），仅存残件，1986年菊城陶屋重塑时仍用旧脊年款。

（8）广州南海神庙后殿陶塑正脊（无法分类），乙巳年造（1845年），仅存残件，1986年菊城陶屋重塑时仍用旧脊年款。

（9）广州五仙观后殿陶塑正脊（C型Ⅲ式）、垂脊（B型Ⅲ式）、戗脊（B型Ⅱ式）、角脊（B型）。

（10）广州陈家祠首进正厅陶塑正脊（C型Ⅰ式）。

（11）广州陈家祠首进正厅东侧陶塑正脊（C型Ⅱ式）。

（12）广州陈家祠首进正厅西侧陶塑正脊（C型Ⅱ式）。

（13）广州陈家祠首进东厅陶塑正脊（C型Ⅱ式）。

---

[1] 按照现在广东地区行政区划排序。

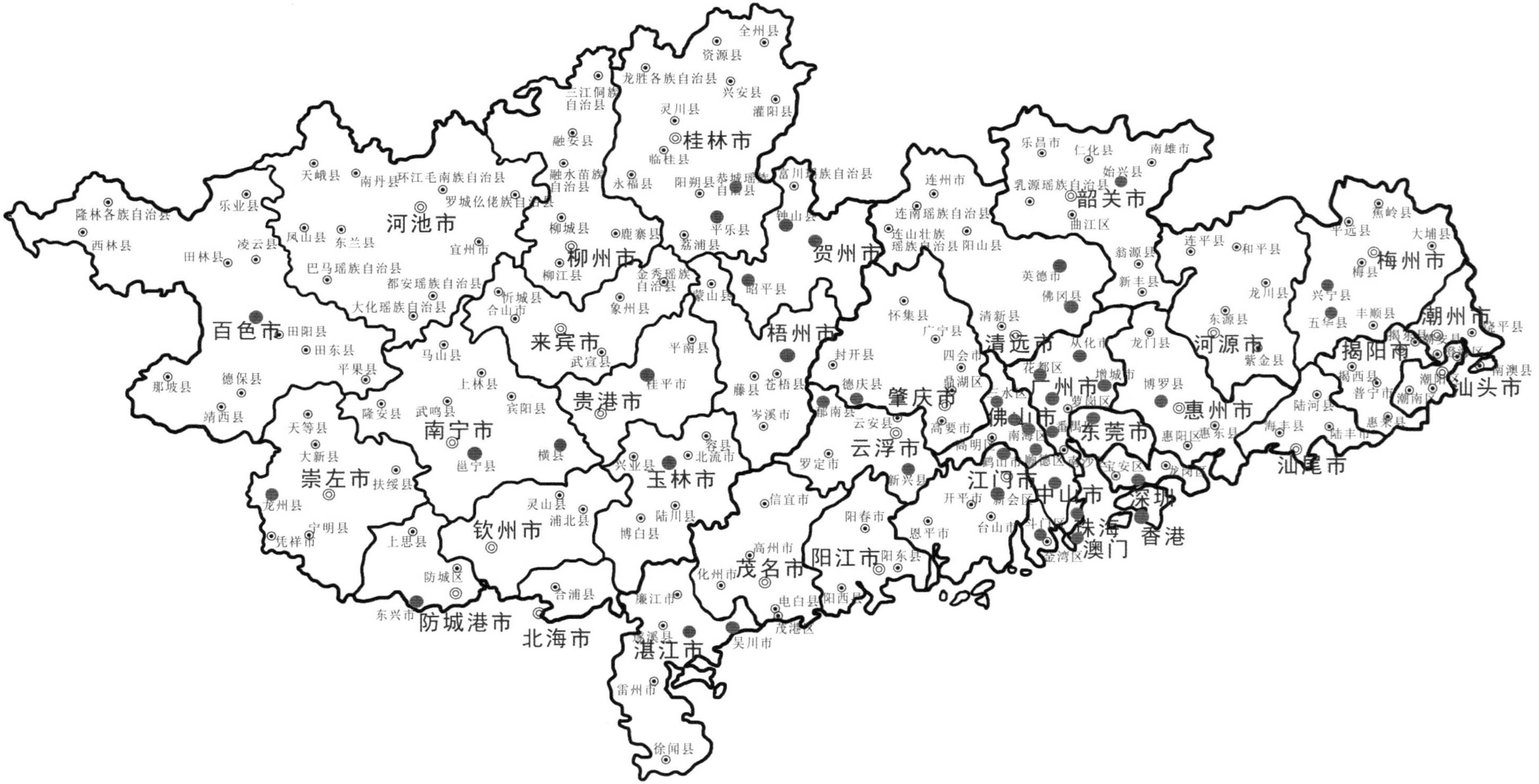

图4-20 清中晚期岭南地区建筑陶塑屋脊地域分布图

（14）广州陈家祠首进西厅陶塑正脊（C型Ⅱ式）。

（15）广州陈家祠中进聚贤堂陶塑正脊（疑为C型Ⅱ式），原脊1976年毁于台风，1981年由石湾建筑陶瓷厂仿制。

（16）广州陈家祠中进东厅陶塑正脊（C型Ⅳ式）。

（17）广州陈家祠中进西厅陶塑正脊（C型Ⅳ式）。

（18）广州陈家祠后进正厅陶塑正脊（C型Ⅲ式）。

（19）广州陈家祠后进东厅陶塑正脊（C型Ⅱ式）。

（20）广州陈家祠后进西厅陶塑正脊（C型Ⅱ式）。

（21）广州宋名贤陈大夫宗祠前座陶塑正脊（B型Ⅳ式）。

（22）广州锦纶会馆首进陶塑正脊（B型Ⅳ式）。

（23）广州锦纶会馆二进陶塑正脊（B型Ⅳ式）。

（24）广州锦纶会馆三进陶塑正脊（B型Ⅳ式）。

（25）广州镇海楼陶塑正脊（B型Ⅳ式）、垂脊（A型）。

（26）花都盘古神坛陶塑正脊（A型Ⅵ式）。

（27）花都水仙古庙中路头门陶塑正脊（A型Ⅶ式），原脊现由广州市花都区博物馆收藏，现脊为中山菊城陶屋于乙亥年（1995年）重修。

（28）增城学宫大成殿陶塑正脊（疑为A型Ⅳ式）、垂脊（B型Ⅰ式）。

（29）从化学宫大成殿陶塑正脊（A型Ⅰ式）。

（30）深圳新二村康杨二圣庙前殿陶塑正脊（B型Ⅳ式）。

（31）珠海上栅太保庙两厢外墙陶塑看脊（B型）。

（32）珠海唐家三圣庙圣堂庙、金花庙陶塑正脊（F型）。

（33）佛山祖庙三门陶塑正脊（B型Ⅳ式）。

（34）佛山祖庙前殿陶塑正脊（B型Ⅲ式）、垂脊（A型）、戗脊（A型）。

（35）佛山祖庙前殿东廊陶塑看脊（B型）。

（36）佛山祖庙前殿西廊陶塑看脊（B型）。

（37）佛山祖庙正殿陶塑正脊（B型Ⅲ式）、垂脊（A型）、戗脊（A型）。

（38）佛山祖庙庆真楼陶塑正脊（A型Ⅶ式）。

（39）佛山祖庙藏珍阁陶塑正脊（B型Ⅳ式）。

（40）佛山祖庙公园端肃门前通道左侧陈列的清道光乙未年（1835年）奇玉店造狮子滚绣球陶塑正脊（D型Ⅰ式）。

（41）佛山祖庙公园端肃门前通道左侧陈列的清光绪丁酉年（1897年）奇玉店造动物花卉陶塑正脊（疑为D型Ⅰ式）。

（42）佛山祖庙公园展厅前陈列的清光绪癸卯年（1903年）均玉店造人物陶塑看脊（B型）。

（43）佛山祖庙公园展厅前陈列的清光绪□□年均玉店"八仙过海"陶塑看脊（B型）。

（44）佛山中国陶瓷城四楼展厅陈列的陶塑正脊（D型Ⅰ式）。

（45）广东石湾陶瓷博物馆二楼展厅陈列的陶塑正脊（无法分类）。

（46）广东粤剧博物馆三进天井陈列的陶塑正脊（无法分类）。

（47）南海云泉仙馆前殿陶塑正脊（A型Ⅶ式）。

（48）南海云泉仙馆后殿陶塑正脊（A型Ⅶ式）。

（49）南海云泉仙馆前殿左侧保护墙上陶塑看脊（A型）。

（50）南海云泉仙馆前殿右侧保护墙上陶塑看脊（A型）。

（51）顺德西山庙山门明间陶塑正脊（A型Ⅶ式）、次间陶塑正脊（C型Ⅳ式）、梢间陶塑正脊（D型Ⅰ式），为1985年重修时石湾美术陶瓷厂制作；"西山庙"匾额下陶塑看脊（C型），为晚清石湾"文逸安堂造"。

（52）顺德路涌三帝庙正庙头门陶塑正脊（B型Ⅲ式）。

（53）高明媲鲁何公祠首进陶塑正脊（无法分类），现屋顶仅存四块以亭台楼阁为背景的戏剧故事人物陶塑屋脊残件。

（54）三水胥江祖庙武当行宫山门陶塑正脊（A型Ⅴ式）。

（55）三水胥江祖庙武当行宫正殿陶塑正脊（疑为A型Ⅶ式），1992年维修时由菊城陶屋重塑，仍沿用旧脊年款。

（56）东莞迳联罗氏宗祠首进陶塑正脊（无法分类），屋脊上仅剩一块陶塑残件，2007年维修时改为灰塑屋脊。

（57）东莞苏氏宗祠首进陶塑正脊（C型Ⅲ式）。

（58）东莞李氏大宗祠首进陶塑正脊（疑为C型Ⅱ式）。

（59）东莞黎氏大宗祠首进陶塑正脊（C型Ⅲ式），除两侧脊端的夔龙纹为原件外，其他构件由佛山石湾美术陶瓷厂于2004年重新烧制。

（60）东莞黎氏大宗祠三进陶塑正脊（C型Ⅲ式），除两侧脊端的夔龙纹为原件外，其他构件由佛山石湾美术陶瓷厂于2004年重新烧制。

（61）东莞荣禄黎公家庙二进陶塑正脊（C型Ⅲ式）。

（62）东莞荣禄黎公家庙三进陶塑正脊（D型Ⅰ式）。

（63）东莞康王庙头门陶塑正脊（B型Ⅲ式）。

（64）中山北极殿、武帝庙墙上陶塑看脊（B型），1995年重修。

（65）新会学宫大成殿陶塑正脊（A型Ⅰ式）、垂脊（B型Ⅰ式）、戗脊（B型Ⅰ式）、角脊（A型）。

（66）新会书院头门、二进中路、三进中路陶塑正脊（均为D型Ⅰ式）。

（67）鹤山大凹关帝庙山门陶塑正脊（A型Ⅸ式）。

（68）德庆悦城龙母祖庙山门陶塑正脊（A型Ⅶ式），该脊于1988年重修。

（69）德庆悦城龙母祖庙香亭陶塑正脊（F型）、垂脊（B型Ⅱ式）、戗脊（B型Ⅱ式）。

（70）德庆悦城龙母祖庙香亭前东廊陶塑看脊（B型）。

（71）德庆悦城龙母祖庙香亭前西廊陶塑看脊（B型），由"菊城陶屋"于"乙丑年重修"（1985年）。

（72）德庆悦城龙母祖庙大殿陶塑正脊（A型Ⅶ式）、垂脊（B型Ⅱ式）、戗脊（B型Ⅱ式）、围脊（B型），其中正脊由"菊城陶屋"于"庚午年重修"（1990年）。

（73）德庆悦城龙母祖庙大殿前东廊陶塑看脊（B型）。

（74）德庆悦城龙母祖庙大殿前西廊陶塑看脊（B型），由"菊城陶屋"于1990年（庚午年）重修。

（75）德庆悦城龙母祖庙龙母寝宫前东廊陶塑看脊（B型）。

（76）德庆悦城龙母祖庙龙母寝宫前西廊陶塑看脊（B型），由"小榄陶屋"于1991年（辛未年）重修。

（77）清远东坑黄氏宗祠头门陶塑正脊（C型Ⅱ式）。

（78）郁南狮子庙前殿陶塑正脊（无法分类）。

（79）郁南狮子庙正殿陶塑正脊（B型Ⅳ式）。

（80）郁南峻峰李公祠首进陶塑正脊（D型Ⅰ式）。

（81）新兴国恩寺山门牌坊陶塑看脊（C型）。

2．客家地区

（1）始兴大成殿陶塑正脊（E型）。

（2）兴宁学宫大成门陶塑正脊（C型Ⅰ式），应为重修时新塑。

（3）兴宁学宫大成殿陶塑正脊（B型Ⅰ式），上层葫芦脊刹、鳌鱼应为近年新塑。

（4）长乐学宫大成门陶塑正脊（B型Ⅰ式）。

（5）长乐学宫大成殿陶塑正脊（A型Ⅳ式）。

（6）博罗冲虚观山门陶塑正脊（A型Ⅶ式）。

（7）博罗酥醪观正殿陶塑正脊（B型Ⅳ式），应为近年重修时新塑。

（8）博罗陈孝女祠头门陶塑正脊（A型Ⅱ式）。

（9）博罗陈孝女祠过殿陶塑正脊（A型Ⅲ式），上层脊刹和两条三拱云龙均为近年新塑。

（10）英德白沙镇邓氏宗祠首进陶塑正脊（D型Ⅰ式）。

3. 雷舟半岛地区

（1）吴川香山古庙山门陶塑正脊（A型Ⅴ式）。

（2）原广州会馆头门陶塑正脊（D型Ⅰ式），该脊于20世纪90年代湛江城市改造过程中，会馆被拆，屋脊构件也已无存。

（二）　广西地区陶塑屋脊案例[1]

（1）横县伏波庙前殿陶塑正脊（疑为B型Ⅱ式）。

（2）横县伏波庙前殿东厢陶塑看脊（B型）。

（3）横县伏波庙前殿西厢陶塑看脊（B型）。

（4）横县伏波庙大殿陶塑正脊（A型Ⅶ式）。

（5）恭城文庙状元门陶塑正脊（B型Ⅳ式）。

（6）恭城文庙大成门陶塑正脊（A型Ⅱ式）。

（7）恭城文庙大成殿陶塑正脊（E型）。

（8）恭城文庙东西两侧廊庑陶塑正脊（F型）。

（9）恭城湖南会馆戏台陶塑正脊（B型Ⅳ式）。

（10）梧州龙母庙龙母宝殿陶塑正脊（无法分类），1987年该庙修复时，由别处庙宇屋脊残件拼成。

（11）东兴三圣宫前殿陶塑正脊（无法分类），屋顶只剩两块花卉陶塑屋脊构件。

（12）桂平三界庙前殿陶塑正脊（B型Ⅳ式）。

（13）桂平三界庙后殿陶塑正脊（B型Ⅳ式）。

（14）玉林大成殿陶塑正脊（疑为A型Ⅰ式）、围脊（A型）。

（15）百色粤东会馆前殿陶塑正脊（A型Ⅵ式）。

---

[1]　按照现在广西地区行政区划排序。

（16）百色粤东会馆中殿左厢陶塑看脊（B型）。

（17）百色粤东会馆中殿右厢陶塑看脊（B型）。

（18）百色粤东会馆中殿陶塑正脊（无法分类），1972年被龙卷风刮坏，1989年维修时用屋脊残件拼成。

（19）百色粤东会馆后殿陶塑正脊（无法分类），1972年被龙卷风刮坏，1989年维修时用屋脊残件拼成。

（20）黄姚古镇宝珠观门厅陶塑正脊（无法分类），由陶塑屋脊残件拼接而成，人物部分破损严重。

（21）黄姚古镇古戏台陶塑正脊（无法分类），由陶塑屋脊残件拼接而成。

（22）黄姚古镇真武亭陶塑正脊（无法分类），由陶塑屋脊残件拼接而成。

（23）龙州县伏波庙前殿陶塑正脊（疑为B型Ⅳ式），屋脊中间部分及上层缺失。

（三）　港澳地区陶塑屋脊案例[1]

1. 香港地区

（1）铜锣湾天后庙前殿陶塑正脊（无法分类），从该脊现存情况判断，为残件拼成。

（2）铜锣湾天后庙正殿陶塑正脊（无法分类），为残件拼成。

（3）湾仔洪圣古庙前殿陶塑正脊（A型Ⅶ式）。

（4）湾仔北帝庙前殿陶塑正脊（A型Ⅱ式）。

（5）香港仔天后庙前殿陶塑正脊（B型Ⅳ式）。

（6）上环文武庙前殿陶塑正脊（B型Ⅲ式）。

（7）西环鲁班先师庙前殿陶塑正脊（B型Ⅲ式）。

（8）西环鲁班先师庙正殿陶塑正脊（A型Ⅴ式）。

（9）鸭脷洲洪圣庙前殿陶塑正脊（C型Ⅲ式）。

（10）筲箕湾天后古庙前殿陶塑正脊（B型Ⅲ式）。

（11）九龙侯王庙陶塑看脊（B型），共六条。

（12）九龙红磡观音庙正座陶塑正脊（A型Ⅴ式）。

（13）九龙油麻地天后庙前殿陶塑正脊（A型Ⅲ式）。

（14）九龙深水埗武帝庙陶塑正脊（F型），正面垂脊的脊端有陶塑日神、月神，塀头为戏剧故事人物陶塑。

（15）新界吉澳天后宫正殿陶塑正脊（B型Ⅳ式）。

（16）新界塔门天后古庙正殿陶塑正脊（B型Ⅳ式）。

（17）新界荃湾天后宫前殿陶塑正脊（B型Ⅲ式），2005年重修时新塑。

（18）大屿山东涌侯王古庙前殿陶塑正脊（B型Ⅲ式）。

（19）大屿山大澳杨侯古庙前殿陶塑正脊（A型Ⅷ式）。

（20）大屿山大澳关帝古庙前殿陶塑正脊（B型Ⅲ式）。

（21）大屿山大澳天后古庙正殿陶塑正脊（B型Ⅲ式）。

（22）长洲洪圣庙正殿陶塑正脊（B型Ⅲ式）。

（23）长洲西湾天后宫前殿陶塑正脊（B型Ⅲ式）。

（24）长洲大石口天后宫正殿陶塑正脊（B型Ⅳ式）。

（25）新界新田大夫第门厅陶塑正脊（疑为D型Ⅰ式）。

（26）新界新田大夫第门厅正面左侧外墙陶塑看脊（B型）。

（27）新界新田大夫第门厅正面右侧外墙陶塑看脊（B型）。

2．澳门地区

（1）澳门观音堂一进中路陶塑正脊（A型Ⅴ式）。

（2）澳门观音堂二进中路陶塑正脊（B型Ⅳ式）。

（3）澳门观音堂二进左路青云巷门楼陶塑正脊（D型Ⅰ式）。

（4）澳门观音堂二进右路青云巷门楼陶塑正脊（D型Ⅰ式）。

（5）澳门观音堂三进中路陶塑正脊（B型Ⅳ式）。

（6）澳门观音堂四进中路陶塑正脊（B型Ⅳ式）。

表4-2　清中晚期岭南地区建筑陶塑屋脊地域分布表

屋脊类型	型	式	广东地区			广西地区	港澳地区	
			广府地区	客家地区	雷州半岛		香港地区	澳门地区
正脊	A型	I式	✓			✓		
		II式		✓		✓	✓	
		III式	✓	✓			✓	
		IV式	✓	✓				
		V式	✓		✓		✓	✓
		VI式	✓			✓		
		VII式	✓	✓		✓	✓	
		VIII式					✓	
		IX式	✓					
	B型	I式		✓				
		II式	✓					
		III式	✓				✓	
		IV式	✓	✓		✓		✓
	C型	I式	✓	✓				
		II式	✓					
		III式	✓				✓	
		IV式	✓					
	D型	I式	✓	✓	✓		✓	✓
		II式	✓					
	E型		✓	✓		✓		
	F型		✓			✓	✓	
垂脊	A型		✓					
	B型	I式	✓					
		II式	✓					
		III式	✓					
戗脊	A型		✓					
	B型	I式	✓					
		II式	✓					
角脊	A型		✓					
	B型		✓					
围脊	A型					✓		
	B型		✓					
看脊	A型		✓					
	B型			✓		✓	✓	
	C型		✓					

第五章

岭南地区建筑陶塑屋脊的
保护与传承

陶塑屋脊作为清中晚期岭南地区建筑重要的装饰构件，因安装在建筑物的屋顶上，长期受到日晒、风吹、雨淋等自然耗损以及人为破坏，其现存状况并不乐观。因此，保护和传承这一岭南地区特色的建筑装饰技艺是十分必要和迫切的。

一 现存状况的分析

岭南地区属热带、亚热带季风气候，受季风和台风影响严重。因陶塑屋脊位于建筑物的最高处，由一块块陶塑构件拼接而成，构件之间的缝隙通常用泥灰加固，而上层的鳌鱼、宝珠脊刹等构件常用钢筋进行固定，从而增加其稳固性。但是，台风仍然是导致陶塑屋脊损坏的重要原因，各地重修庙宇的碑记中也多有相关记载。

清道光二十八年（1848年）佛山《修西南武庙并建石狮碑记》记载："关帝庙者，肆水钟灵，西南领袖也。构造数年，岳色河声，美善毕具。无何于戊申秋八月四日，飓风暴雨，虎吼龙翻，将前后卷耳花檐吹压过半。是至鱼鳞瓦解，有心人欲急倡修，奈公款无多余积，若复沿街求助，不惟骚扰，亦且繁难，因想当年帝座鸿升，各行燕贺，彩结华筵，供执事者以千计，珍罗贡器，逐香尘者偏六街，踊跃输诚，亦可想见。是以独向各行题签，数日间恐后输将，果凑得白金三百余两。庀材鸠工，行将修葺矣。讵于九月念四，飓风当前，又将中座衬廓，瓦脊鳌珠，概行吹塌。阖镇士商，皆谓摧撼连番，畴者规模，恐难复睹，何幸福灵默为感召哉！"

香港九龙油麻地天后庙《重修天后庙书院公所碑记》记载："自古圣贤以神道设教，凡山川鬼神，有功德于人民者，皆立庙以祀之，所以养德报功，礼至隆也。我油麻地五约建立天后元君古庙供奉有年矣。缘民国三年，甲寅岁，庙之花脊，被飓拔扬牵动，瓦面几遭倾塌。……因此倡议重修，捐题筹款。"

百色粤东会馆中殿、后殿的陶塑正脊以及中殿左厢的陶塑看脊，均于1972年被龙卷风刮坏。钟山粤东会馆的陶塑屋脊也因台风被刮坏，现改为灰塑屋脊。广州陈家祠中进聚贤堂的陶塑屋脊连同灰塑底座，于1976年8月被台风吹毁。

有些陶塑屋脊虽然躲过了肆虐的台风，但却在文化大革命期间遭到了严重的破坏。这一期间，学宫、庙宇、祠堂、会馆等建筑被视为封建社会的遗存而被摧毁，陶塑屋脊自然也难逃厄运。

1970年2月22日，广东省佛山市革命委员会印发了《关于祖庙问题的处理报告》（佛市革［70］023号）文件，其具体内容摘录如下：

关于祖庙问题的处理报告

专区革命委员会并报省革命委员会：

　　根据毛主席关于"反动文化是替帝国主义和封建阶级服务的，是应该被打倒的东西。不把这种东西打倒，什么新文化都是建立不起来的"伟大教导和广大群众的要求，经市革命委员会常委会研究认为，佛山祖庙是一间封建古庙，继续保留是没有必要的。因此，提出如下处理意见：

　　一、将祖庙用于办工厂或学校；

　　二、对有研究价值的较好的文物暂入库保存，待后研究处理，金属部分用于发展生产，神佛和其他价值不大的文物，一律毁掉；

　　三、望省派人来指导，甄别文物。

　　以上报告当否，请批示。

广东省佛山市革命委员会
一九七〇年二月二十二日

值得庆幸的是，由于佛山祖庙及其供奉的北帝在佛山人心目中是相当神圣和灵应的，因此红卫兵没有进入佛山祖庙进行破坏，其屋顶的陶塑屋脊也得以完好地保存下来。

1972年，红卫兵想捣毁广西恭城文庙，恭城县文化馆的工作人员就请来木工，做了"战无不胜的毛泽东思想万岁！敬祝毛主席万寿无疆！"标语，分别挂在大成门和大成殿的脊山上，将上面的二龙戏珠等珍贵陶塑挡得严严实实[1]，该庙的陶塑屋脊才得以逃过劫难。

但是，平乐粤东会馆却没有那么幸运。该会馆前厅正脊原装饰的以戏剧故事人物为题材的陶塑屋脊，在文化大革命期间被毁坏殆尽。这一期间，广州陈家祠也遭受了很大的破坏，广东民间工艺博物馆收集的两条陶塑屋脊被毁坏[2]。1966年底至1976年，广州南海神庙大殿被毁，后殿改建，不少古碑刻被

[1]　王咏：《恭城文庙、武庙》，北京：中国文献出版社，2004年版，第57～58页。

[2]　广东民间工艺博物馆、华南理工大学：《广州陈氏书院实录》，北京：中国建筑工业出版社，2011年版，第118页。

推倒，原万里波澄碑刻及碑亭等被拆毁，庙内神像全部被砸毁[1]，陶塑屋脊也遭到严重的破坏。花都水仙古庙的陶塑屋脊，也于文化大革命期间被破坏。因文化大革命运动没有波及香港、澳门地区，所以港澳地区庙宇等建筑的陶塑屋脊保存状况较好。

　　陶塑屋脊上面装饰的戏剧故事人物以及花卉、动物等，图案丰富，造型多样，层次感强，多采用贴塑技法进行制作。在长期的风吹、日晒、雨淋之下，许多屋脊上面所塑的人物出现手指手臂断裂、头部残缺甚至整体脱落的现象，一些花卉、动物也有残损和脱落，上层的宝珠脊刹、鳌鱼缺失，情况严重的仅剩下作为背景的陶砖块，残破不堪。目前，残损比较严重的陶塑屋脊案例主要有：玉林大成殿陶塑正脊（图5-1，1）、黄姚古镇宝珠观门厅陶塑正脊（图5-1，2）、深圳新二村康杨二圣庙前殿陶塑正脊（图5-1，3）、横县伏波庙前殿陶塑正脊（图5-1，4）、横县伏波庙大殿陶塑正脊（图5-1，5）、横县伏波庙前殿东厢房陶塑看脊、横县伏波庙前殿西厢房陶塑看脊（图5-1，6）、龙州县伏波庙前殿陶塑正脊（图5-1，7）、新界新田大夫第门厅正面左侧外墙陶塑看脊、新界新田大夫第门厅正面右侧外墙陶塑看脊（图5-1，8）、广州仁威庙中路头门陶塑正脊（图5-1，9）、东莞荣禄黎公家庙二进陶塑正脊（图5-1，10）、郁南狮子庙前殿陶塑正脊（图5-1，11）、百色粤东会馆中殿陶塑正脊（图5-1，12）等。

　　文化大革命以后，有些从旧建筑屋顶拆下来的陶塑屋脊，作为博物馆室外陈列的展品，被摆放在透明玻璃罩内进行展示，以避免其遭受风吹、雨打等自然破坏及人为损坏。但是，由于玻璃罩的密封性差，存在一定的缝隙，使得外界的灰尘能够进入玻璃罩内，并在陶塑屋脊的表面越积越多，遮盖了屋脊原本光亮的釉色。另外，由于岭南地区气候湿热，在强烈的阳光照射下，玻璃罩内的温度很高，陶塑屋脊长期置身于这种闷热、密不透风的环境下，其表面的釉色会失去质感、黯淡无光，例如佛山祖庙公园端肃门前通道左侧陈列的道光乙未岁、奇玉店造陶塑正脊（图5-1，13）和光绪丁酉年、奇玉店造动物花卉陶塑正脊（图5-1，14）。因此，把陶塑屋脊摆放在室外的玻璃罩内进行展示，并非对其最理想的保护措施。如果采用室外玻璃罩展示陶塑屋脊时，一定要做好以下两点：一是处理好玻璃罩的封闭性，避免灰尘的入侵；二是尽量将其摆放在阴凉的位置，以减少光照后玻璃罩内温度过高对陶塑屋脊釉面造成的损害。

　　由于陶塑屋脊是石湾窑代表性产品，经历了岁月的积淀，具有很高的社会历史价值、艺术价值和经济价值，因此有些陶塑屋脊竟然被不法分子偷走。在第三

[1] 黄淼章：《南海神庙》，广州：广东人民出版社，2005年版，第123页。

次全国文物普查过程中，据佛山市顺德区杏坛镇路涌村的村民介绍，当地三帝庙正殿屋顶原先也装饰有一条精美的陶塑屋脊，可惜后来被人偷走，现在只剩下中间的宝珠脊刹；高明媲鲁何公祠首进屋顶上的陶塑屋脊，也于前些年被人偷走，现在屋顶上仅存四块屋脊残件（图5-1，15）。

有些建筑物屋顶上面的陶塑屋脊，因为残破而被拆下来，虽然换成了色彩艳丽的陶塑或灰塑的屋脊，却无法弥补缺失的历史记忆和符号，如东莞迳联罗氏宗祠首进陶塑正脊。有些陶塑屋脊连同其所在的建筑物，都消失在城市建设、改造的洪流中，原广东省湛江市的广州会馆连同其屋顶上的陶塑屋脊就遭受了这样的命运。

有鉴于此，保护和传承岭南地区陶塑屋脊这一建筑装饰技艺，已经迫在眉睫。

1.玉林大成殿陶塑正脊局部

2.黄姚古镇宝珠观门厅陶塑正脊

3.深圳新二村康杨二圣庙前殿陶塑正脊局部

4.横县伏波庙前殿陶塑正脊局部

5.横县伏波庙大殿陶塑正脊局部

6.横县伏波庙前殿西厢房陶塑看脊

7.龙州县伏波庙前殿陶塑正脊局部

8.新界新田大夫第门厅正面右侧外墙陶塑看脊局部

9.广州仁威庙中路头门陶塑正脊局部

10.东莞荣禄黎公家庙二进陶塑正脊局部

11.郁南狮子庙前殿陶塑正脊

12.百色粤东会馆中殿陶塑正脊局部

13.佛山祖庙公园端肃门前通道左侧陈列的道光乙未岁、奇玉店造陶塑正脊背面局部

14.佛山祖庙公园端肃门前通道左侧陈列的光绪丁酉年、奇玉店造动物花卉陶塑正脊局部

15.高明㘵鲁何公祠前殿陶塑正脊

图5-1 岭南地区陶塑屋脊残损情况图

二　保护与传承的思考

自改革开放以来，岭南地区经济迅速发展，人们文物保护意识不断增强，许多曾被破坏的学宫、庙宇、祠堂、会馆等古建筑陆续得到修缮，而这些建筑屋顶残破不堪的陶塑屋脊也急需修复。

20世纪80年代中后期，广东各地开始修复文化大革命期间被破坏的古建筑，很多人到石湾寻找能够修复陶塑屋脊的老艺人。但是，自民国以来至文化大革命期间，石湾陶塑屋脊技艺并未得到很好的传承，一些有名的师傅都已上了年纪，根本无法从事陶塑屋脊的修复工作，他们是心有余而力不足。

在中国古代建筑中，不论是宫殿、寺庙，还是园林和住宅，从总体规划、个体设计到制作施工，除有极少数官吏、文人的领导和参与外，全由工匠主持和实施。他们的手艺和其他民间艺术一样，依靠宗族和徒弟的关系，言传身教，一代继承一代[1]。石湾陶塑屋脊技艺也是靠着师傅带徒弟、言传身教的方式，得以传承下来。

1985年，广州南海神庙进行大规模重修，到处寻找能够修复陶塑屋脊的艺人，最后由石湾劳植师傅接下修复工程。劳植（1916～2000年），佛山南海人，曾就读于广州美术学院绘画专业，1958年经创作考试进入佛山市美术陶瓷厂创作室工作，擅长于仿松、竹、梅、木棉树等树桩的陶瓷壁挂及园林陶瓷[2]。他以制作陶塑屋脊人物最著名，曾在文如璧等店工作，晚年退休后，和友人梁华甫等在石湾下约大基边，合作建窑，发展陶塑和授徒，后因经济原因停业。

何湛泉是劳植师傅的得意弟子，中山市小榄镇人，1983年在小榄镇创办了"菊城陶屋"。他在劳植师傅的指导下，坚持以古老的仿清模式，纯粹的手工制作，发展失传的陶塑屋脊技艺。1985年，劳植师傅带着徒弟何湛泉一起，于次年完成了南海神庙头门、仪门等屋脊的重塑工作。在广州南海神庙陶塑屋脊重塑过程中，劳植师傅的精湛技艺让其徒弟何湛泉受益终生。

[1]　楼庆西：《装饰之道》，北京：清华大学出版社，2011年版，第139～140页。

[2]　邹继艺：《中国陶瓷艺术家辞典·广东卷》，佛山：广东珠江音像出版社，2009年版，第50页。

1.广州南海神庙仪门陶塑正脊,丙寅年造(1986年)

2.德庆悦城龙母祖庙山门陶塑正脊局部,戊辰年重造(1988年)

3.三水胥江祖庙普陀行宫山门陶塑正脊,壬申年重修(1992年)

4.花都水仙古庙中路头门陶塑正脊,乙亥年重修(1995年)

5.德庆悦城龙母祖庙观音殿山门陶塑正脊,庚辰年造(2000年)

6.佛山祖庙灵应牌坊陶塑正脊(2008年)

图5-2 "菊城陶屋"修复、仿制陶塑屋脊图

　　三十多年来，"菊城陶屋"先后承担了广州南海神庙、广州仁威庙、德庆悦城龙母祖庙、三水胥江祖庙、花都水仙古庙、广州纯阳观、佛山祖庙灵应牌坊等古建筑陶塑屋脊的修复和仿制工程（图5-2）。这些陶塑屋脊均采用传统的釉料配方、上釉技法、龙窑柴烧，上面塑有店号和年款，店号款识有"中山菊城陶屋"、"菊城陶屋"、"中山陶屋"、"小榄陶屋"等，并沿袭了石湾窑传统的花卉、动物、戏剧故事人物、器物纹样等装饰题材。"菊城陶屋"的主人何湛泉认为，在上釉的时候，在熟坯上釉远比生坯上釉的效果好，因为烧制过程中，泥坯本身含有少量结晶水和杂质，通过温度把它们逼出来，这样坯体与釉料的黏合度更高，瓦脊作品就更是如此了[1]。2008年10月，"菊城陶屋"承接了佛山祖庙灵应牌坊陶塑屋脊的修复工程后，并不是整个更换屋脊构件，而是新旧构件接合在一起，更加完整地保留了历史信息。修复过的陶塑屋脊构件除了釉色较为鲜艳，其釉质、形态都与原构件相差无几。其中最明显的是灵应牌坊顶层的两条鳌鱼，一条为旧物，一条为新修复过的，其造型、神态完全一致，只是釉色新旧略有差别。

　　此外，石湾美术陶瓷厂、石湾建筑陶瓷厂的一些师傅也对陶塑屋脊进行了修复和仿制。1957年成立的石湾建筑陶瓷厂是石湾花盆行的延续，早期沿用传统生产工艺，但20世纪70年代以后，以隧道窑代替了传统的龙窑。石湾美术陶瓷厂于1976年文化大革命结束后，才开始生产陶塑屋脊、琉璃瓦等。他们均采用现代生产工艺，主要案例有广州陈家祠中进聚贤堂陶塑正脊、东莞南社村谢氏大宗祠首进陶塑正脊以及顺德西山庙山门明、次、梢间正脊等。2010年11月，石湾美术陶瓷厂的苏锦伦、李义鹏等师傅，花费六个多月的时间，完成了佛山祖庙三门陶塑屋脊的仿制工程。他们严格按照原屋脊的比例进行制作，采用传统的陶塑制作手法，严格遵循"先起屋再做人"的原则，即先做好以亭台楼阁为背景的陶砖块后，再将塑好的人物公仔粘贴在楼阁上，所有大小人物都有一些向前倾斜，让下面观众抬头仰望时恰好形成平面相对的视觉效果，便于观瞻。此外，这条陶塑屋脊所用釉料经过多次调试，以求与原脊的色差降到最低，力求恢复原脊的神韵。烧制好的陶塑屋脊现由佛山市博物馆收藏。

　　"菊城陶屋"和石湾美术陶瓷厂、石湾建筑陶瓷厂修复、仿制的陶塑屋脊，通常会在屋脊上面保留修复的时间年款和店号名称，完整地保留了陶塑屋脊的历史信息，使其传承有序。但是，他们所修复或仿制的陶塑屋脊，人物造型、功架等均不如旧脊生动传神，釉色也没有从前光亮有质感，很难再现清中晚期石湾窑

[1]　广东民间工艺博物馆：《坚守与传承：何湛泉的多元故事》，广州：岭南美术出版社，2013年版，第163页。

陶塑屋脊昔日的辉煌。

　　由于岭南地区学宫、庙宇、祠堂、会馆等古建筑保存比较多，随着各地经济的发展，石湾陶塑屋脊的传承和发展，拥有很大的市场空间。近些年，岭南地区有些建筑物的陶塑屋脊不采用传统技艺，只是简单地修复，没有保持陶塑屋脊的原貌和神韵，严重影响了陶塑屋脊的观赏性。例如，九龙城侯王庙正殿两侧的罗汉堂、佛光堂庭院墙上的陶塑看脊，其上一些残损的人物头部用陶泥修补后，人物面部神态与原来相差甚远，神韵全无，后修补的手指粗大，比例失调，美感尽失。此外，澳门观音堂二进中路陶塑正脊、百色粤东会馆中殿前两厢房陶塑看脊和九龙深水埗关帝庙墀头的人物，也只是用泥灰进行修补，未经过上釉和窑烧，与原脊的人物风格极不相符，极不协调（图5-3）。

　　陶塑屋脊是清中晚期岭南地区建筑代表性的装饰手法，具有极高的历史价值和文物价值。岭南地区建筑尚有大量陶塑屋脊残破不堪，急需修复。希望各地文物部门在今后的修复工程中，能够遵循中国建筑遗产保护的"原真性原则"[1]，重视对陶塑屋脊的保护，依据其历史原貌，采用传统材料、传统工艺，尽可能保留陶塑屋脊的全部历史信息，重视陶塑屋脊保护的可读性和其建筑背后的地域文化的真实性，而不是简单地修补或拆掉。陶塑屋脊应该作为清中晚期岭南地区特定的建筑装饰技艺被人们识别，那些未以历史性为基础所进行的修复与更改，都应该被阻止；那些改变陶塑屋脊的材料特征和风格面貌的行为，都应该被避免。此外，希望从事岭南地区建筑陶塑屋脊修复和仿制的店号，能够在继承传统石湾陶塑屋脊技艺的同时，争取做到推陈出新，发扬和光大陶塑屋脊这一独具岭南地域特色的建筑装饰艺术，将祖先留给我们的这一宝贵的建筑文化遗产有效地保护起来并传承给后人。

---

[1]　阮仪三、李红艳：《原真性视角下的中国建筑遗产保护》，《华中建筑》2008年第4期。

1.九龙城侯王庙罗汉堂前陶塑看脊局部

2.澳门观音堂二进中路陶塑正脊局部

3.九龙城侯王庙罗汉堂前陶塑看脊局部

4.百色粤东会馆中殿左厢陶塑看脊局部

5.九龙深水埗关帝庙陶塑墀头

图5-3 简单修复的陶塑屋脊

第六章

结　论

明清时期，岭南地区经济发达，学宫、庙宇、祠堂、会馆等大型公共建筑在各地陆续兴建或维修，十分注重建筑装饰，形成了独特的建筑装饰风格。到了清中晚期，岭南地区学宫、庙宇、祠堂、会馆等重要建筑的屋顶上，流行用陶塑屋脊作为装饰。这些陶塑屋脊均为该建筑当初兴建或后来重修时安装上去的，由广东石湾窑生产。

清中晚期岭南地区建筑陶塑屋脊有正脊、垂脊、戗脊、角脊、围脊、看脊等不同类型。根据其不同的装饰题材，大致正脊可分为六型、垂脊可分为二型、戗脊可分为二型、角脊可分为二型、围脊可分为二型、看脊可分为三型，每一型下面又可以分成若干式。其中，正脊是建筑物的天际线，也是人们抬头远望的视线焦点，因此其装饰题材相当丰富，类型也最为复杂多样。

在中国封建社会的等级制度中，建筑是权力、地位、财富、身份的体现，建筑的营造必须符合礼制或者官方表示门第等级的规定。据《明史·舆服四》记载："明初，禁官民房屋，不许雕刻古帝后、圣贤人物，及日月、龙凤、狻猊、麒麟、犀、象之形。"又据《大清会典事例》记载："……顺治九年定亲王府正门殿寝均绿色琉璃瓦，后楼翼楼房屋均本色筒瓦，正殿上安螭吻"；"又定公侯以下官民房屋，梁栋许画五彩杂花，柱用素油，门用黑饰，官员住屋，中梁贴金，二品以上官，正屋得立望兽，余不得擅用。"由此可见，在封建社会，建筑所用材料、开间、色彩、装饰都有严格的等级制度。但是，封建政权对于公共建筑，尤其是宗教性建筑，常常给予较宽松的等级限制，民间也存在着强烈的"法不责众"的心理支持，因而公共建筑上面表现出来的超等级僭越现象较为普遍[1]。例如，龙本为中华民族的图腾，在百兽之中具有最高的神圣地位，后来成为封建皇帝的象征，所以龙长期被用于宫殿建筑上。但是，在清中晚期岭南地区的学宫、庙宇、会馆等大型公共建筑的陶塑正脊上方，常以跑龙作为装饰，呈现二龙戏珠的画面，形象生动传神，表现出鲜明的岭南地域特色。跑龙也因建筑物等级的不同而有所差异，一般学宫建筑的大成殿正脊上方用三拱跑龙；庙宇、会馆等建筑的主殿正脊上方用二拱跑龙；级别较低的庙宇正脊上方只能用单拱跑龙；祠堂建筑因级别较低，其正脊上方不能用跑龙作为装饰，只可用鳌鱼作为装饰。正脊上方的陶塑跑龙是岭南地区建筑文化对中华民族的龙图腾信仰和龙作为封建皇帝的象征这一封建礼制的遵循。

中国古代建筑物的颜色也要符合封建礼制。汉代"阴阳五行"之说认为"五

---

[1] 张一兵：《飞带式垂脊的特征、分布及渊源》，《古建园林技术》2004年第4期。

行"各有其代表的颜色，金为白，木为青，水为黑，火为红，土为黄。前朱雀、后玄武、左青龙、右白虎等代表方位的颜色就是由此而来，其中土为中心，用黄色来表示，所以黄色象征权力，成为帝王专用的颜色。黄色琉璃瓦成为宫殿屋顶上专用之瓦，象征着神圣和威严。清雍正时期，皇帝特准孔庙使用全黄琉璃瓦，以表示对儒学的独尊。这种封建等级观念也直接影响了清中晚期岭南地区建筑陶塑屋脊的色彩，通常只有学宫建筑的陶塑屋脊才可以大面积使用黄色，其他建筑的陶塑屋脊则综合使用黄、绿、蓝、褐、白等颜色。

中国古人认为世上万物皆分阴阳：男性为阳，女性为阴；天为阳，地为阴；单数为阳，双数为阴。帝王属阳，因此在北京紫禁城的重要殿堂如保和殿、乾清宫、皇极殿的垂脊、戗脊上使用九个小兽，代表最高级别，其他殿堂按照其级别的高低依次用七个、五个、三个、一个小兽。这种阴阳观念在清中晚期岭南地区建筑陶塑屋脊上也得到了充分的体现。除了庙宇建筑山门正面两侧垂脊正前方用代表阴阳的陶塑日神、月神装饰外，屋顶正脊都是由单数的陶塑构件拼接而成，垂脊上面的陶塑构件一般也为单数，但是没有正脊那么严格。陶塑屋脊构件为单数，也是中国传统的阴阳观念在岭南地区建筑文化中的充分体现。此外，在佛山祖庙前殿、正殿屋顶的垂脊和戗脊上方，各均匀地排列着四个垂兽和三个戗兽，既遵循了清代官式建筑琉璃屋脊的等级规定，又融入了石湾陶塑艺人们的艺术创造，具有鲜明的岭南地域风格。

清中晚期岭南地区建筑陶塑屋脊按照其现存的状况以及其自身所呈现出的风格特征，大致可以分为三期：第一期为嘉庆至道光早期，屋脊的整体构图简洁，上面的戏剧故事以文戏为主，人物服饰朴素，人物与背景处于同一平面；第二期为道光中期至咸丰时期，屋脊以戏剧故事人物和动物、花卉等为装饰题材，上面的戏剧故事以武打戏为主，人物行当丰富、服饰华丽，出现了脚穿厚底靴、身穿蟒靠的武将形象，人物尚未出现明显前倾现象；第三期为同治至宣统时期，屋脊上面的戏剧故事以武打戏为主，整体构图繁复，人物行当齐全，服饰极其华丽，人物明显前倾，可使观众抬头仰望时形成良好的视觉效果。清末民国时期，由于外国资本主义势力的入侵以及洋货的大量涌入，石湾制陶业遭受了严重的打击，陶塑屋脊生产也逐渐走向了末路。

陶塑屋脊不仅仅属于物质文化范畴，它也是一种文化符号，透过它可以看到清中晚期岭南地区的一些社会现象和文化现象。以戏剧故事人物为题材的陶塑屋脊，是清中晚期岭南地区建筑装饰的独特之处，也是石湾窑陶塑艺人的一大艺术创举。石湾陶塑艺人在粤剧艺术的熏陶下，仿照剧中的人物服饰、功架造型、亭台楼阁布景等塑造屋脊，将家喻户晓的粤剧剧目中代表性场景搬上屋脊，组成了连景式的演出画面，生旦净末丑等角色一应俱全，生动传神，惟妙惟肖。这些陶塑屋脊可以适应各种文化层次观众的欣赏需求，生动活泼，雅俗共赏，有别于官式建筑琉璃屋脊的严肃和程式化。

清中晚期岭南地区建筑陶塑屋脊上面装饰的戏剧故事人物大多源于粤剧的演出剧目，是在粤剧的文化土壤中发展壮大的，其现存状况与粤剧自身发展的过程是相一致。清嘉庆初年，粤剧属于被禁之列，因此至今未见嘉庆早期以戏剧故事人物为题材的陶塑屋脊。清代道光、咸丰年间，粤剧本地班常演出反抗外族入侵以及歌颂平民百姓中英雄豪杰的武打戏，于是道光中期至咸丰时期陶塑屋脊上面出现了脚穿厚底靴、身穿蟒靠的武将形象，这一时期民间戏剧的服饰与宫廷戏剧服饰趋于一致，服饰华丽，造型生动。清咸丰八年（1858年），粤剧艺人李文茂起义队伍被清廷残酷镇压后，粤剧遭到禁演，直至清同治七年（1868年）的"粤剧中兴"，此间，以戏剧故事人物为题材的陶塑屋脊生产也因此走向低迷，现存实物案例屈指可数。同治七年（1868年）以后，随着粤剧演出的活跃和粤剧剧目的丰富，石湾陶塑艺人们制作了大量以戏剧故事人物为题材的陶塑屋脊产品，广泛地装饰在岭南地区学宫、庙宇、祠堂、会馆等重要建筑的屋顶上，彰显了这一时期岭南地区建筑独特的地域风格。进入民国时期，由于社会风气变革、外国资本主义势力的入侵以及洋货的大量涌入，石湾陶瓷业开始走向衰落，陶塑屋脊也失去了其赖以存在的土壤。

清中晚期石湾窑生产的陶塑屋脊产品，大量装饰在岭南地区的学宫、庙宇、祠堂、会馆等重要建筑物的屋顶上，以显示建筑的庄严与壮观，也是当地经济实力的充分体现。

陶塑屋脊作为广府系文化的一个重要元素，主要装饰在广府地区的广州、佛山、东莞、中山、珠海、肇庆等地大型公共建筑的屋顶上。随着广州帮商人大量而频繁地进入广西从事贸易活动，陶塑屋脊出现在梧州、贺县、钟山、平乐、恭城、玉林、桂平、横县、百色、龙州等地的学宫、庙宇、会馆等重要建筑物的屋顶上。

随着广州帮商人的商贸活动，陶塑屋脊也不断地向北江和东江流域的客家系地区传播和扩张，出现在博罗、长乐、兴宁、始兴等地学宫、庙宇、祠堂等建筑的屋顶上。福佬系所处的潮汕地区，建筑的脊饰多采用嵌瓷，而不像广府系地区采用陶塑屋脊。香港、澳门地区的庙宇等建筑形制与广府地区一致，并大量采用陶塑屋脊作为屋顶装饰，现存实例较多。

梁思成、林徽因曾对中国古建筑屋顶给予很高的评价："历来被视为极特异极神秘之中国屋顶曲线，其实知识结构上直率自然的结果，并没有什么超出力学原则以外的矫揉造作之处，同时在实用及美观上皆异常的成功。这种屋顶全部的曲线及轮廓，上部巍然高耸，檐部如翼轻展，使本来极无趣、极笨拙的实际部分，成为整个建筑美丽的冠冕，是别系建筑所没有的特征。……至于屋顶上许多装饰物，在结构上也有它们的功用，或是曾经有过功用的。诚实的来装饰一个结构部分，而不肯勉强的来掩蔽一个结构枢纽或关节，是中国建筑最长之处。"[1]清中晚期岭南地区建筑陶塑屋脊，已经脱离了屋脊最初压住瓦片的使用功能，发展成为以装饰为主、显示建筑物等级地位的审美功能，实现了装饰性、时代性、地域性二者的统一，反映了这一时期岭南地区的社会历史、地域文化和价值观念。

陶塑屋脊是清中晚期岭南地区建筑独特的装饰工艺，具有极高的历史价值、艺术价值和经济价值。但是，很多陶塑屋脊在长期的风吹、日晒、雨淋、台风等自然破坏之下，出现不同程度的破损，甚至脱釉等现象，有些陶塑屋脊甚至被不法分子偷走。有些陶塑屋脊因为残破而被修复或拆下来，虽然换成了色彩艳丽的灰塑或陶塑的屋脊，但是却无法弥补缺失的历史记忆和符号。岭南地区建筑尚有大量陶塑屋脊残破不堪，急需修复。因此，保护和传承岭南地区陶塑屋脊这一建筑装饰技艺，是十分必要和紧迫的。各地文物部门在今后的修复工程中，应该遵循建筑遗产保护的"原真性原则"，重视对陶塑屋脊的保护，依据其历史原貌，采用传统材料和传统技艺，尽可能保留陶塑屋脊的历史信息，确保陶塑屋脊保护的可读性和其建筑背后的地域文化的真实性，而不是简单地修补或拆掉。希望岭南地区建筑陶塑屋脊这一独具特色的装饰艺术，能够得到很好的保护与传承。

---

[1] 梁思成：《清式营造则例》绪论，北京：中国建筑工业出版社，1981年版，第12～14页。

参考文献

一 参考书目

（一） 历史文献

[1] 司马迁：《史记》，北京：中华书局，1959年版。

[2] 班固：《汉书》，北京：中华书局，1962年版。

[3] 范晔：《后汉书》，北京：中华书局，1975年版。

[4] 房玄龄：《晋书》，北京：中华书局，1974年版。

[5] 李诫撰、邹其昌点校：《营造法式》，北京：人民出版社，2011年版。

[6] 屈大均：《广东新语》，北京：中华书局，1985年版。

[7] 阮元：《广东通志》（道光），上海：上海古籍出版社，1990年版。

[8] 陈炎宗：《佛山忠义乡志》（乾隆），佛山市博物馆影印本，1986年版。

[9] 吴荣光：《佛山忠义乡志》（道光），佛山市博物馆影印本，1986年版。

[10] 冼宝干：《佛山忠义乡志》（民国），佛山市博物馆影印本，1986年版。

[11] 郑荣：《南海县志》（宣统）（中国方志丛书·华南地方），台北：成文出版社有限公司。

[12] 仇巨川纂、陈宪猷校注：《羊城古钞》，广州：广东人民出版社，1993年版。

[13] 张渠撰、程明点校：《粤东闻见录》，广州：广东高等教育出版社，1990年版。

[14] 张一兵点校：《深圳旧志三种》，深圳：海天出版社，2006年版。

（二） 著作与图录

[1] 曹劲：《先秦两汉岭南建筑研究》，北京：科学出版社，2009年版。

[2] 柴泽俊：《山西琉璃》（第二版），北京：文物出版社，2012年版。

[3] 陈春声：《市场机制与社会变迁——18世纪广东米价分析》，北京：中国人民大学出版社，2010年版。

[4] 陈少丰：《中国雕塑史》，广州：岭南美术出版社，1993年版。

[5] 陈泽泓：《岭南建筑志》，广州：广东人民出版社，1999年版。

[6] 陈智亮：《祖庙资料汇编》，佛山市博物馆编印，1981年版。

[7] 程建军：《三水胥江祖庙》，北京：中国建筑工业出版社，2008年版。

[8] 程美宝：《地域文化与国家认同：晚清以来"广东文化"观的形成》，北京：三联书店，2006年版。

[9] 戴逸：《简明清史》，北京：中国人民大学出版社，2006年版。

[10] 东莞市文化局：《东莞文物图册》，北京：中国建筑工业出版社，2005年版。

[11] 费孝通：《中华民族多元一体格局》，北京：中央民族大学出版社，1989年版。

[12] 佛山市博物馆：《佛山市文物志》，广州：广东科技出版社，1991年版。

[13] 佛山市博物馆：《佛山祖庙》，北京：文物出版社，2005年版。

[14] 佛山市文物管理委员会：《佛山文物》（上篇），1992年版（内部交流）。

[15] 佛山市陶瓷工贸集团公司：《佛山市陶瓷工业志》，广州：广东科技出版社，1991年版。

[16] 佛山市第三次全国文物普查领导小组办公室：《佛山市第三次全国文物普查新发现选编》（内部交流资料），2011年5月。

[17] 顾颉刚、史念海：《中国疆域沿革史》，北京：商务印书馆，2000年版。

[18] 广东省博物馆、佛山市博物馆：《佛山河宕遗址》，广州：广东人民出版社，2006年版。

[19] 广东省佛山市文物管理委员会：《佛山文物》（内部交流），佛山：禅印准字（1992）0118号。

[20] 广东省地方史志编纂委员会：《广东省志·文物志》，广州：广东人民出版社，2007年版。

[21] 广东省社会科学院历史研究所中国古代史研究室、中山大学历史系中国古代史教研室、广东省佛山市博物馆：《明清佛山碑刻文献经济资料》，广州：广东人民出版社，1987年版。

[22] 广东民间工艺博物馆、华南理工大学：《广州陈氏书院实录》，北京：中国建筑工业出版社，2011年版。

[23] 广东民间工艺博物馆：《陈氏书院建筑装饰中的故事和传说》，广州：岭南美术出版社，2010年版。

[24] 广东民间工艺博物馆：《坚守与传承：何湛泉的多元故事》，广州：岭南美术出版社，2013年版。

[25] 《广州市文物志》编委会：《广州市文物志》，广州：岭南美术出版社，

1990年版。

[26] 国家文物局：《中国文物地图集广东分册》，广州：广东省地图出版社，
　　　1989年版。

[27] 何兆明：《顺德碑刻集》，广州：广东人民出版社，2012年版。

[28] 胡守为：《岭南古史》，广州：广东人民出版社，1999年版。

[29] 黄海妍：《在城市与乡村之间：清代以来广州合族祠研究》，北京：三联书
　　　店，2008年版。

[30] 黄淼章：《南海神庙》，广州：广东人民出版社，2005年版。

[31] 黄启臣、庞新平：《明清广东商人》，广州：广东经济出版社，2001年版。

[32] 蒋祖缘、方志钦：《简明广东史》，广州：广东人民出版社，1987年版。

[33] 科大卫：《皇帝和祖宗——华南的国家与宗族》，南京：江苏人民出版社，
　　　2009年版。

[34] 科大卫、陆鸿基、吴伦霓霞：《香港碑铭汇编》，香港：香港市政局出版，
　　　1986年版。

[35] 赖伯疆、黄镜明：《粤剧史》，北京：中国戏剧出版社，1988年版。

[36] 李公明：《广东美术史》，广州：广东人民出版社，1993年版。

[37] 李金庆、刘建业：《中国古建筑琉璃技术》，北京：中国建筑工业出版社，
　　　1981年版。

[38] 李平日等：《珠江三角洲一万年来环境演变》，北京：海洋出版社，1991年版。

[39] 李允鉌：《华夏意匠》，天津：天津大学出版社，2005年版。

[40] 李泽厚：《美的历程》，北京：三联书店，2009年版。

[41] 李浈：《中国传统建筑形制与工艺》，上海：同济大学出版社，2010年版。

[42] 梁思成：《清工部〈工程做法则例〉图解》，北京：清华大学出版社，2006
　　　年版。

[43] 梁思成：《中国建筑史》，天津：百花文艺出版社，2005年版。

[44] 梁志敏：《广西百年近代建筑》，北京：科学出版社，2012年版。

[45] 林明体：《佛山工艺美术品志》（内部交流），佛山：佛山市工艺美术工业
　　　公司，禅印准字第044号，1989年版。

[46] 林明体：《石湾陶塑艺术》，广州：广东人民出版社，1999年版。

[47] 凌建：《顺德祠堂文化初探》，北京：科学出版社，2008年版。

[48] 《岭南古建筑》编辑委员会：《岭南古建筑》，广州：广东省房地产科技情
　　　报网、广州市房地产管理局出版，（91）穗印准字第0255号，1991年版。

[49] 刘敦桢：《中国古代建筑史》（第二版），北京：中国建筑工业出版社，

1984年版。

[50] 刘秋霖、刘健、关琪、王秋和：《中华吉祥画与传说》，北京：中国文联出版社，2003年版。

[51] 刘淑婷：《中国传统建筑屋顶装饰艺术》，北京：机械工业出版社，2008年版。

[52] 刘正刚：《广东会馆论稿》，上海：上海古籍出版社，2006年版。

[53] 刘志伟：《在国家与社会之间——明清广东地区里甲赋役制度与乡村社会》，北京：中国人民大学出版社，2010年版。

[54] 楼庆西：《装饰之道》，北京：清华大学出版社，2011年版。

[55] 鲁金：《香港庙趣》，香港：次文化有限公司，1992年版。

[56] 陆琦、唐孝祥、廖志：《中国民族建筑概览·华南卷》，北京：中国电力出版社，2007年版。

[57] 罗一星：《明清佛山经济发展与社会变迁》，广州：广东人民出版社，1994年版。

[58] 马素梅：《屋脊上的愿望》，香港：三联书店（香港）有限公司，2002年版。

[59] 牧野：《雷州历史文化大观》，广州：花城出版社，2006年版。

[60] 南宁市建筑志编纂委员会：《南宁市建筑志》，南宁：广西人民出版社，1998年版。

[61] 《南雄文物志》编委会：《南雄文物志》（内部交流），韶关：韶新出准字第8028号，1998年版。

[62] 欧清煜：《悦城龙母祖庙》，北京：中国文史出版社，2002年版。

[63] 彭适凡：《中国南方古代印纹陶》，北京：文物出版社，1987年版。

[64] 彭泽益：《中国近代手工业史资料》（第一卷），北京：三联书店，1957年版。

[65] 钱正坤、钱正盛：《中华吉祥装饰图案大全——吉祥图谱》，上海：东华大学出版社，2009年版。

[66] 清华大学图书馆科技史研究组：《中国科技史资料选编——陶瓷、琉璃、紫砂》，北京：清华大学出版社，1981年版。

[67] 任美锷：《中国自然地理纲要》，北京：商务印书馆，2009年版。

[68] 孙大章：《中国古代建筑史》第五卷《清代建筑》，北京：清华大学出版社，2011年版。

[69] 深圳市文物管理委员会：《深圳文物志》，北京：文物出版社，2005年版。

[70] 申家仁：《岭南陶瓷史》，广州：广东高等教育出版社，2003年版。

[71] 《石湾艺术陶器》编委会：《石湾艺术陶器》，广州：岭南美术出版社，1987年版。

[72] 司徒尚纪：《岭南历史人文地理——广府、客家、福佬民系比较研究》，广州：中山大学出版社，2001年版。

[73] 司徒尚纪：《中国南海海洋文化》，广州：中山大学出版社，2009年版。

[74] 司徒尚纪：《广东历史地图集》，广州：广东地图出版社，1995年版。

[75] 宋俊华：《中国古代戏剧服饰研究》，广州：广东高等教育出版社，2011年版。

[76] 苏秉琦：《中国文明起源新探》，北京：商务印书馆，1997年版。

[77] 苏秉琦：《苏秉琦考古学论述选集》，北京：文物出版社，1984年版。

[78] 谭棣华：《广东碑刻集》，广州：广东高等教育出版社，2001年版。

[79] 谭其骧：《中国历史地图集（清时期）》，北京：地图出版社，1987年版。

[80] 唐孝祥：《近代岭南建筑美学研究》，北京：中国建筑工业出版，2003年版。

[81] 万国鼎编，万斯年、陈梦家补订：《中国历史纪年表》，北京：中华书局，2007年版。

[82] 王发志、阎煜：《岭南祠堂》，广州：华南理工大学出版社，2011年版。

[83] 王发志、阎煜：《岭南书院》，广州：华南理工大学出版社，2011年版。

[84] 王发志：《岭南学宫》，广州：华南理工大学出版社，2011年版。

[85] 王庚武：《香港史新编》（下册），香港：三联书店有限公司，1997年版。

[86] 王鲁民：《中国古典建筑文化探源》，上海：同济大学出版社，1997年版。

[87] 王咏：《恭城文庙、武庙》，北京：中国文献出版社，2004年版。

[88] 吴良镛：《广义建筑学》，北京：清华大学出版社，1989年版。

[89] 吴庆洲：《建筑哲理、意匠与文化》，北京：中国建筑工业出版社，2005年版。

[90] 徐跃东：《图解中国建筑史》，北京：中国电力出版社，2008年版。

[91] 许桂香：《岭南服饰历史文化地理》，北京：民族出版社，2010年版。

[92] 许永杰：《黄土高原仰韶晚期遗存的谱系》，北京：科学出版社，2007年版。

[93] 《阳春文物志》编辑委员会：《阳春文物志》（内部资料），2004年版。

[94] 杨森：《广东名胜古迹辞典》，北京：北京燕山出版社，1996年版。

[95] 杨振泉：《吴川县文物志》，广州：中山大学出版社，1988年版。

[96] 叶茂荃等：《龙州县志初稿》（上册），南宁：南宁自然美术油印社，1936

年版。

[97] 叶显恩：《广东航运史》，北京：人民交通出版社，1989年版。

[98] 叶喆民：《中国古陶瓷科学浅说》，北京：轻工业出版社，1982年版。

[99] 英德市博物馆：《英德市文物志》，2004年版（粤清内准字004009）。

[100] 余英：《中国东南系建筑区系类型研究》，北京：中国建筑工业出版社，2001年版。

[101] 余勇：《明清时期粤剧的起源、形成和发展》，北京：中国戏剧出版社，2009年版。

[102] 俞伟超：《考古学是什么》，北京：中国社会科学出版社，1996年版。

[103] 云浮县文物志编辑委员会：《云浮文物志》（内部交流），1990年版。

[104] 曾昭璇：《岭南史地与民俗》，广州：广东人民出版社，1994年版。

[105] 《湛江市文物志》编辑委员会：《湛江市文物志》，北京：中国文史出版社，2009年版。

[106] 张驭寰：《中国古建筑装饰讲座》，合肥：安徽教育出版社，2005年版。

[107] 张驭寰：《中国佛教寺院建筑讲座》，北京：当代中国出版社，2008年版。

[108] 肇庆市文物志编辑委员会：《肇庆文物志》（内部交流），1987年版。

[109] 中国大百科全书总编辑委员会：《中国大百科全书·建筑园林城市规划》，上海：中国大百科全书出版社，1988年版。

[110] 中国陶瓷编辑委员会：《中国陶瓷·石湾窑》，上海：上海人民美术出版社，1992年版。

[111] 中国硅酸盐学会：《中国陶瓷史》，北京：文物出版社，2004年版。

[112] 中国硅酸盐学会：《中国古陶瓷论文集》，北京：文物出版社，1982年版。

[113] 张光直：《考古学专题六讲》，北京：文物出版社，1986年版。

[114] 张维持：《广东石湾陶器》，广州：广东旅游出版社，1991年版。

[115] 张荣芳、黄淼章：《南越国史》，广州：广东旅游出版社，1995年版。

[116] 中山市文化局：《中山市文物志》，广州：广东人民出版社，1999年版。

[117] 珠海市文物管理委员会：《珠海市文物志》，广州：广东人民出版社，1994年版。

[118] 邹永祥、吴定贤：《惠州文物志》（内部交流），惠州：广东省惠州市文化局、广东省惠州市博物馆，1987年版。

[119] 邹继艺：《中国陶瓷艺术家辞典·广东卷》，佛山：广东珠江音像出版社，2009年版。

二 参考论文

（一） 论文与报告

[1] 炳文：《古建屋脊上的吻兽》，《古建园林技术》2009年第1期。

[2] 炳文：《太和殿上有多少吻兽》，《古建园林技术》2009年第1期。

[3] 陈万里：《谈山西琉璃》，《文物参考资料》1956年第7期。

[4] 陈玲玲：《对佛山石湾窑业的研究及其他》，《陶瓷研究》1987年第2期。

[5] 陈琳、兰超：《论汉代建筑凤鸟脊饰的文化渊源》，《美术向导》2010年第5期。

[6] 陈炜、吴石坚：《商人会馆与民族经济融合的动力探析——以明清时期广东会馆与广西地区为中心》，《广西地方志》2002年第2期。

[7] 程建军：《岭南古建筑脊饰探源》，《古建园林技术》1988年第4期。

[8] 程建军：《"龙戏珠"与天文》，《古建园林技术》1986年第4期。

[9] 程万里：《古建琉璃作技术》（一），《古建园林技术》1986年第1期。

[10] 程万里：《古建琉璃作技术》（二），《古建园林技术》1986年第2期。

[11] 程万里：《古建琉璃作技术》（三），《古建园林技术》1986年第3期。

[12] 程万里：《古建琉璃作技术》（四），《古建园林技术》1986年第4期。

[13] 程万里：《古建琉璃作技术》（五），《古建园林技术》1987年第1期。

[14] 程万里：《古建琉璃作技术》（六），《古建园林技术》1987年第2期。

[15] 程万里：《古建琉璃作技术》（七），《古建园林技术》1987年第3期。

[16] 程万里：《古建琉璃作技术》（八），《古建园林技术》1987年第4期。

[17] 程万里：《古建琉璃作技术》（九），《古建园林技术》1988年第1期。

[18] 程万里：《古建琉璃作技术》（十），《古建园林技术》1988年第2期。

[19] 程万里：《古建琉璃作技术》（十一），《古建园林技术》1988年第3期。

[20] 村田治郎、学凡：《中国鸱尾史略》（上），《古建园林技术》1998年第1期。

[21] 村田治郎、学凡：《中国鸱尾史略》（下），《古建园林技术》1998年第2期。

[22] 冯双元：《鸱尾起源考》，《考古与文物》2011年第1期。

[23] 佛山市博物馆：《广东石湾古窑址调查》，《考古》1978年第3期。

[24] 高寿田：《山西琉璃》，《文物》1962年第4、5 合刊Z1期。

[25] 广东省文物管理委员会：《广东佛山市郊澜石东汉墓发掘报告》，《考古》1964年第9期。

[26] 广东省文物管理委员会：《广东佛山市郊澜石唐至明墓发掘记》，《考古》1965年第6期。

[27] 何炽垣：《陶塑"瓦脊公仔"与粤剧、建筑艺术》，《陶瓷科学与艺术》2002年第5期。

[28] 侯宣杰：《清代广东会馆与粤商的本土化发展》，《广西右江民族师专学报》2006年第4期。

[29] 胡小安：《粤东会馆与明清广西社会变迁》，《广西民族学院学报（哲学社会科学版）》2005年第2期。

[30] 黄滨：《明清时期广东城镇行业的发展与粤商对广西城镇行业的缔造——广西市镇行业成因的跨域探源》，《广西民族研究》2000年第3期。

[31] 贾福林、李少白：《东方的黄金屋顶——紫禁城琉璃瓦》，《紫禁城》2007年第2期。

[32] 黄启臣：《明清时期两广的商业贸易》，《中国社会经济史研究》1989年第4期。

[33] 黄松坚：《石湾瓦脊公仔的技艺特色及其发展》，《雕塑》1997年第4期。

[34] 黄晓蕙：《广东佛山石湾窑的形成、发展及繁盛成因探析》，《四川文物》2005年第6期。

[35] 黄艳：《从西江流域几处古建筑及其碑记看清代广东商人在广西的活动》，《岭南文史》2009年第2期。

[36] 吉成名：《释二龙戏珠》，《东南文化》2003年第5期。

[37] 蒋玄佁：《古代的琉璃》，《文物》1959年第6期。

[38] 赖瑛、杨星星：《珠三角广客民系祠堂建筑特色比较分析》，《华中建筑》2008年第8期。

[39] 李伯重：《明清时期江南建筑材料生产的发展》，《东南文化》1986年第1期。

[40] 李健敏：《屋脊民俗风情画——论石湾瓦脊公仔的艺术》，《佛山陶瓷》2008年第12期。

[41] 李景康：《石湾陶业考》，《广东文物》，上海：上海书店，1990年版。

[42] 李全庆：《明代琉璃瓦、兽件分析》，《古建园林技术》1990年第1期。

[43] 李小艳：《论宗教文化与石湾陶艺发展的关系》，《佛山陶瓷》2008年第9期。

[44] 梁正君：《广州陈氏书院建筑装饰工艺中的吉祥文化》，《岭南文史》2003年第2期。

[45] 梁正君：《广州陈氏书院建筑装饰工艺中的辟邪物》，《东南文化》2003年第6期。

[46] 林乃燊、邹华、石稳：《石湾陶瓷的源流、特色和历史地位》，《中山大学学报》（社会科学版），1980年第3期。

[47] 刘长春：《浅论中国传统建筑装饰的等级特征》，《东南文化》2005年第3期。

[48] 刘大可：《明清官式琉璃艺术概论》（上），《古建园林技术》1995年第4期。

[49] 刘大可：《明清官式琉璃艺术概论》（下），《古建园林技术》1996年第1期。

[50] 刘东：《石湾的陶业行会》，《佛山陶瓷》2002年第9期。

[51] 刘敦桢：《中国封建制度对古代建筑的影响》，《古建园林技术》2007年第4期。

[52] 刘慧艳：《论元代琉璃》，《装饰》2005年第5期。

[53] 刘原平、康健：《古建脊饰浅谈》，《山西建筑》2008年第3期。

[54] 陆元鼎：《广州陈家祠及其岭南建筑特色》，《南方建筑》1995年第4期。

[55] 罗雨林：《浅论石湾陶塑艺术的形成和发展》，《中国陶瓷》1986年第5期。

[56] 罗雨林：《广州陈氏书院建筑艺术》，《华中建筑》2001年第3期。

[57] 罗雨林：《广州陈氏书院建筑艺术》（续），《华中建筑》2001年第4期。

[58] 罗雨林：《广州陈氏书院建筑艺术》（续），《华中建筑》2001年第5期。

[59] 罗雨林：《广州陈氏书院建筑艺术》（续），《华中建筑》2001年第6期。

[60] 罗雨林：《广州陈氏书院建筑艺术》（续），《华中建筑》2002年第1期。

[61] 麻元彬：《博古之趣——明清时期的民居雕刻纹饰》，《四川文物》2010年第5期。

[62] 马冬梅、咸宝林：《析礼制在传统建筑中的表现》，《同济大学学报》（社会科学版），2005年10月第5期。

[63] 毛萍：《论明清石湾陶艺的美学特色》，《佛山科学技术学院学报（社会科

学版）》1995年第3期。

[64] 潘国欣：《佛山祖庙正殿神案"薛刚反唐"戏曲人物木雕考释》，《文化遗产》创刊号。

[65] 庞鸥、叶雷：《龙与古建筑》，《东南文化》2000年第2期。

[66] 祁英涛：《中国古代建筑的脊饰》，《文物》1978年第3期。

[67] 邱立诚、杨式挺：《西江——岭南史前文化交流的重要通道》，《肇庆学院学报》1998年第2期。

[68] 任志录：《天马——曲村琉璃瓦的发现及其研究》，《南方文物》2000年第4期。

[69] 阮仪三、林林：《文化遗产保护的原真性原则》，《同济大学学报（社会科学版）》2003年第2期。

[70] 阮仪三、李红艳：《原真性视角下的中国建筑遗产保护》，《华中建筑》2008年第4期。

[71] 尚杰、黄佩贤：《论穗港两地祠堂的保护与利用》，《东南文化》2008年第4期。

[72] 申家仁：《略论宋元时期石湾陶瓷艺术的发展》，《佛山科学技术学院学报（社会科学版）》，1995年第3期。

[73] 申家仁：《略论岭南移民及其对岭南陶瓷发展的推动》，《佛山科学技术学院学报（社会科学版）》，2000年第1期。

[74] 宋欣：《广州民间的博古脊饰》，《艺术百家》2005年第2期。

[75] 苏秉琦、殷玮璋：《关于考古学文化的区系类型问题》，《文物》1981年第5期。

[76] 谭棣华：《从〈佛山街略〉看明清时期佛山工商业的发展》，《清史研究通讯》1987年第1期。

[77] 唐玉琴、席兴利：《中国古代建筑脊饰中龙形象的起源与应用探究》，《电影评介》2008年第9期。

[78] 滕兰花：《明清时期两广的地缘政治关系及其影响》，《广西民族研究》2010年第1期。

[79] 滕兰花：《清代桂西南地区伏波庙文化探析》，《广西地方志》2007年第4期。

[80] 王健、王梦章：《琉璃瓦的历史、生产及发展》，《陶瓷工程》1994年第12期。

[81] 王力：《南粤祠堂建筑特色分析——以广东省中山市祠堂为例》，《艺术评

论》2010年第5期。

[82] 王美娜：《百色粤东会馆古建筑的特点及维护》，《广西右江民族师专学报》2002年第1期。

[83] 王贵祥：《关于建筑史学研究的几点思考》，《建筑师》1996年2期。

[84] 王仁杰：《明清时期佛山的商业地》，《探求》2003年第3期。

[85] 王莎维：《佛山陶瓷瓦脊的特点及影响其发展的因素》，《佛山陶瓷》2009年第7期。

[86] 吴庆洲：《陈家祠的建筑装饰艺术》，《广东建筑装饰》1997年第1期。

[87] 吴庆洲：《中国古建筑脊饰的文化渊源初探》，《华中建筑》1997年第2期。

[88] 吴庆洲：《中国古建筑脊饰的文化渊源初探》，《华中建筑》1997年第3期。

[89] 吴庆洲：《中国古建筑脊饰的文化渊源初探》，《华中建筑》1997年第4期。

[90] 吴庆洲：《龙母祖庙的建筑与装饰艺术》，《华中建筑》2006年第8期。

[91] 吴庆洲：《广东佛山祖庙建筑研究》，《古建园林技术》2011年第1期。

[92] 吴庆洲：《龙文化与中国传统建筑（续）》，《华中建筑》2001年第2期。

[93] 吴庆洲：《台湾朝天宫的脊饰艺术》，《广东建筑装饰》2003年第1期。

[94] 吴庆洲：《台湾道教建筑的脊饰艺术》，《世界建筑导报》2006年第7期。

[95] 夏晋：《"礼"论中国传统建筑装饰的等级特征》，《理论月刊》2006年第6期。

[96] 徐华铛：《古建上的主要装饰纹样——麒麟》，《古建园林技术》2001年第2期。

[97] 徐辉：《清代中期的人口迁移》，《人口研究》1998年第6期。

[98] 许慧、刘汉洲：《浅析中国古建筑脊饰的演变情况》，《华中建筑》2008年第12期。

[99] 许红举：《浅谈中国古代建筑艺术》，《开封大学学报》2010年第4期。

[100] 徐苹芳：《中国历史考古学分区问题的思考》，《考古》2000年第7期。

[101] 臧丽娜：《鸱尾考略》，《东南大学学报》（社会科学版）1999年第4期。

[102] 曾广亿、张维持：《略论石湾窑研究中的几个问题》，《学术研究》1983年第3期。

[103] 赵燕平：《古建屋脊上的兽件》，《旅游行业导刊》2003年第4期。

[104] 张斌：《岭南陈家祠脊饰》，《城乡建设》2005年第1期。

[105] 张成渝：《原真性与完整性：质疑、新知与启示》，《东南文化》2012年第1期。

[106] 张华：《云冈石窟的建筑脊饰》，《敦煌研究》2007年第6期。

[107] 张亚祥、刘磊：《孔庙和学宫的建筑制度》，《古建园林技术》2001年第4期。

[108] 张一兵：《飞带式垂脊的特征、分布及渊源》，《古建园林技术》2004年第4期。

[109] 张以红：《新会学宫的古建筑特征》，《古建园林技术》2011年第4期。

[110] 朱启新：《鸱尾与鸱吻》，《文史知识》2003年第6期。

[111] 赵青、马莎：《鸱尾小考》，《装饰》2007年第7期。

[112] 郑林伟：《从"原真性"出发理解建筑遗产保护》，《建筑与文化》2005年第3期。

[113] 周伯军：《试谈粤剧对佛山石湾陶艺的影响》，《艺术教育》2007年第1期。

[114] 周星：《"风狮爷"、"屋顶狮子"及其它》，《民俗研究》2002年第1期。

[115] 周彝馨：《岭南传统陶塑脊饰与岭南传统建筑关系研究》，《顺德职业技术学院学报》2011年第3期。

[116] 朱裕平：《清末民初的石湾陶塑》，《上海工艺美术》1999年第2期。

[117] 邹青：《关于建筑历史遗产保护"原真性原则"的理论探讨》，《南方建筑》2008年第2期。

（二）　其他学位论文

[1] 冯远：《汉代岭南地区陶制建筑明器研究》，中山大学博士学位论文，2011年。

[2] 樊桂敏：《中国古代琉璃瓦初探》，南京大学硕士学位论文，2011年。

[3] 黄如琅：《明清广府地区屋面瓦作初探》，华南理工大学硕士学位论文，2011年。

[4] 曹金燕：《非物质文化遗产视野下的石湾陶塑瓦脊》，中山大学硕士学位论文，2010年。

[5] 王伟：《论山西古建筑中的琉璃装饰》，山西大学硕士学位论文，2007年。

三 音像资料

[1] 广西地方志编纂委员会办公室：《大型电视系列片：广西古建筑志》
（DVD），南宁：广西金海湾电子音像出版社，2010年出版。

附 表

附表1　清中晚期岭南地区建筑陶塑屋脊现状调查表

序号	建筑物名称	屋脊位置	屋脊类型	装饰题材	年款	店号	构件块数	脊端题材	备注	调查时间地点
1-1-1	番禺学宫	大成门	正脊 垂脊	正脊：龙纹，花卉 垂脊：卷草纹			正脊：31 垂脊：7	正脊：夔龙纹	正脊上层：宝珠，两条垂脊各共用一块陶塑	2012年11月 广东广州
		大成殿	正脊 垂脊 戗脊	正脊：花卉 垂脊：卷草纹 戗脊：卷草纹	光绪戊申（1908年）	文如璧造	正脊：23 垂脊：10 戗脊：9	正脊：夔龙纹	正脊上层：宝珠，三拱跑龙，鳌鱼，两条垂脊各共用一块陶塑	
		崇圣殿	正脊 垂脊 戗脊	正脊：花卉 垂脊：卷草纹 戗脊：卷草纹			正脊：23 垂脊：9 戗脊：11	正脊：夔龙纹	正脊上层：宝珠，两条垂脊各共用一块陶塑	
		东、西廊庑	正脊 垂脊	正脊：花卉 垂脊：蝙蝠花卉			正脊：49 垂脊：4	正脊：夔龙纹	两条垂脊各共用一块陶塑	
1-1-2	增城学宫	大成殿	正脊 垂脊	正脊：二龙戏珠图 垂脊：卷草纹			正脊：31 垂脊：8	正脊：卷草纹	正脊上层：宝珠，鳌鱼已缺失，两条垂脊各共用一块陶塑	2009年9月 广东广州
1-1-3	从化学宫 大成殿	大成殿	正脊	二龙戏珠图			17	卷草纹	上层：宝珠，三拱跑龙，鳌鱼（新塑）	2008年5月 广东广州
1-1-4	始兴 大成殿	大成殿	正脊	草龙纹				卷草纹	黄宝珠，二拱跑龙	2009年6月 广东韶关
1-1-5	兴宁学宫	大成门	正脊	草龙纹			41	卷草纹	上层：鳌鱼；垂脊：灰塑；瓷花鸟，重修时新塑	2012年10月 广东梅州
		大成殿	正脊	草龙纹			39	卷草纹	上层：葫芦，鳌鱼，瓷花鸟，嵌瓷花鸟脊；垂脊：灰脊	
1-1-6	长乐学宫	大成门	正脊	花卉	同治七年（1868年）	奇玉造	25	卷草纹	上层：宝珠，鳌鱼	2012年10月 广东梅州
		大成殿	正脊	牡丹花卉	同治七年（1868年）	奇玉造	25	卷草纹	上层：宝珠，二拱跑龙，鳌鱼	

续表1

序号	建筑物名称	屋脊位置	屋脊类型	装饰题材	年款	店号	构件块数	脊端题材	备注	调查时间地点
1-1-7	新会学宫	大成殿上层檐	正脊 垂脊 戗脊	正脊：二龙戏珠图 垂脊：卷草纹 戗脊：卷草纹	咸丰辛酉(1861年)	如璧店造	正脊：33 垂脊：15 戗脊：3	正脊：龙船状 垂、戗脊：卷尾状	上层：宝珠、三拱跑龙；下层：两侧各一块凤凰衔书	2007年10月 广东江门
		大成殿下层檐	角脊	卷草纹			7	卷尾状		
1-2-1	恭城文庙	状元门	正脊	人物、花卉	道光癸卯岁(1843年)	粤东美玉造	7	镂空方块	上层：宝珠、鳌鱼	2007年6月 广西桂林
		大成门	正脊	人物、花卉	同治壬申岁(1872年)	石湾均玉造	29	凤凰衔书	上层：宝珠、鳌鱼	
		大成殿	正脊	花卉、戏剧人物、云龙纹					上层：宝珠、三拱跑龙、鳌鱼	
1-2-2	玉林大成殿	大成殿	正脊	二龙戏珠图、草龙纹、夔龙纹	嘉庆壬申(1812年)	英玉店造	21	卷草纹	上层：宝珠、跑龙（残损、已重修）	
		大成殿	围脊				19		残缺部分用素面陶填补	
2-1-1	广州五仙观	后殿上层檐	正脊 垂脊 戗脊	正脊：二龙戏珠图 垂脊：卷草纹 戗脊：卷草纹			正脊：11 垂脊：7 戗脊：3	正脊：夔龙纹 垂、戗脊：卷尾状	上层：鳌鱼	2012年11月 广东广州
		后殿下层檐	角脊	双蝠云纹			7	卷尾状		
2-1-2	广州纯阳观	纯阳宝殿	正脊	人物	癸未年(2003年)	菊城陶屋	19	夔龙纹	上层：宝珠、三拱跑龙、鳌鱼	2013年1月 广东广州
		慈航殿	正脊	人物	乙酉年造(2005年)	菊城陶屋	21	夔龙纹	上层：宝珠、二拱云龙、鳌鱼	
		文昌殿	正脊	人物		菊城陶屋	17	夔龙纹	上层：宝珠、二拱云龙、鳌鱼	

续表1

序号	建筑物名称	屋脊位置	屋脊类型	装饰题材	年款	店号	构件块数	脊端题材	备注	调查时间地点
2-1-3	广州仁威庙	中路头门	正脊	人物、蝙蝠、云纹	同治丁卯年(1867年)	文如璧店造	15	凤凰衔书	上层:宝珠,二拱云龙、鳌鱼(新塑)	2012年11月 广东广州
		中路正殿	正脊	云纹、花卉	同治六年(1867年)	文如璧店造	15	变体龙	上层:宝珠、鳌鱼(新塑)	
		中路正殿东、西两廊	看脊	人物			各5	婴龙纹	人物破损严重	
		中路中殿	正脊	花卉	戊寅年造(1998年)	菊城陶屋	19	凤凰衔书	上层:宝珠、鳌鱼	
		中路中殿东、西两廊	看脊	单面人物	戊寅年造(1998年)	陶屋	各7	婴龙纹	上层:蝙蝠云纹,内部有"陶屋"款识	
2-1-4	广州南海神庙	头门	正脊 垂脊	正脊:花卉 垂脊:卷草纹		中山菊城陶屋	正脊:27 垂脊:13	正脊:凤凰牡丹 垂脊:卷尾状	原脊为"道光癸卯岁"1843年;"石湾陶珍造";两条垂脊还共用一块陶塑	2012年12月 广东广州
		仪门	正脊 垂脊	正脊:花卉 垂脊:卷草纹	丙寅年造(1986年)	中山菊城陶屋	正脊:25 垂脊:15	正脊:凤凰图案 垂脊:卷尾状	上层:宝珠,三拱跑龙、鳌鱼	
		大殿	正脊 垂脊 戗脊	正脊:花卉 垂脊:卷草纹 戗脊:卷草纹	乙巳年造(1845年)	中山菊城陶屋	正脊:25 垂脊:19 戗脊:19	正脊:团凤纹 垂、戗脊:卷尾状	上层:宝珠、二拱跑龙、鳌鱼,1986年重塑;仍用旧年款	
		后殿	正脊 垂脊	正脊:花卉 垂脊:卷草纹	乙巳年造(1845年)	中山菊城陶屋	正脊:41 垂脊:18	正脊:团凤图案 垂脊:卷尾状	上层:宝珠、二拱跑龙、鳌鱼,1986年重塑;仍用旧年款	
2-1-5	花都水仙古庙	中路头门(原)	正脊	人物、花卉	民国(残)	石湾(残)	17	婴龙纹	现由广州市花都区博物馆收藏	2012年10月 广东广州
		中路头门(新)	正脊	人物、花卉	乙亥年重修(1995年)	中山陶屋造	17	婴龙纹	上层:宝珠、二拱跑龙、鳌鱼	

续表1

序号	建筑物名称	屋脊位置	屋脊类型	装饰题材	年款	店号	构件块数	脊端题材	备注	调查时间地点
2-1-6	花都盘古神坛	正殿	正脊	人物、花卉	光绪廿七年（1901年）	石湾均玉造	17	回首麒麟	上层：宝珠、二拱跑龙	2012年10月 广东广州
2-1-7	深圳新二村康杨二圣庙	前殿	正脊	人物、花卉	道光廿七年（1847年）		11	夔龙纹	上层：宝珠缺失；两侧夔龙纹形制不同，应非原装构件	2012年10月 广东深圳
2-1-8	珠海上栅太保庙	两厢外墙	看脊	人物			各3		人物破损无存，仅剩背景方框	2012年12月 广东珠海
2-1-9	珠海唐家三圣庙	圣堂庙	正脊						灰塑正脊，上方正中为陶塑的花瓶宝珠脊刹，鳌鱼	2012年12月 广东珠海
		金花庙	正脊						灰塑正脊，上方正中为陶塑的花瓶宝珠脊刹，鳌鱼	
2-1-10	佛山祖庙	灵应牌坊上层檐	正脊／垂脊	正脊：团寿、卷草纹　垂脊：草龙纹			正脊：5　垂脊：3	正脊：草龙纹　垂脊：卷尾状	正脊上层两条鳌鱼；垂脊上方各有一条陶塑草龙	2012年6月 广东佛山
		灵应牌坊中层檐	正脊／垂脊	正脊：卷草纹　垂脊：草龙纹			正脊：2　垂脊：3	正脊：卷草纹　垂脊：卷尾状		
		灵应牌坊下层檐	正脊／垂脊	正脊：卷草纹　垂脊：卷草纹			正脊：3　垂脊：3	正脊：卷草纹　垂脊：卷尾状	垂脊上方各有一条陶塑草龙	
		三门	正脊	人物	光绪己亥（1899年）	文如璧造	51	夔龙纹	上层：宝珠、铜制鳌鱼、凤凰、三门前东、两两侧墙头有陶塑日神、月神像	

续表1

序号	建筑物名称	屋脊位置	屋脊类型	装饰题材	年款	店号	构件块数	脊端题材	备注	调查时间地点
2-1-10	佛山祖庙	前殿	正脊 垂脊 戗脊	正脊：人物 垂脊：花卉 戗脊：花卉	光绪廿五年（1899年）	正脊：文 如璧造 戗脊：石 湾宝玉造	正脊：13 垂脊：8 戗脊：7	正脊：凤凰衔书 垂脊、戗脊：卷尾状	正脊上层：黄宝珠、铜制鳌鱼；垂脊上方各四个垂兽；戗脊上方各三个饮兽一龙头	2012年6月 广东佛山
		前殿东、西两廊	看脊	单面人物	光绪廿五年（1899年）	石湾均玉造	各7	东：禄寿人物 西：八仙人物	东：题材为"郭子仪祝寿"；西：题材为"哪吒闹东海"	
		文魁阁武安阁	正脊	动物、花卉			各9	吞脊鳌鱼		
		正殿	正脊 垂脊 戗脊	正脊：人物 垂脊：花卉 戗脊：花卉	光绪廿五年（1899年）	石湾吴宝玉造	正脊：13 垂脊：10 戗脊：10	正脊：凤凰衔书 垂脊、戗脊：卷尾状	正脊上层：黄宝珠、铜制鳌鱼；垂脊上方各四个垂兽；戗脊上方各三个饮兽	
		庆真楼	正脊	人物	光绪廿五年（1899年）	石湾宝玉店造	23	夔龙纹	上层：宝珠、二拱跑龙	
		祖庙牌坊	正脊	动物、花卉			7	龙船状	上层：红宝珠、鳌鱼	
		藏珍阁	正脊	花卉	光绪廿叁年（1897年）	奇玉造	9	夔龙纹	上层：如意、花卉纹、鳌鱼	

续表1

序号	建筑物名称	屋脊位置	屋脊类型	装饰题材	年款	店号	构件块数	脊端题材	备注	调查时间地点
2-1-11	南海云泉仙馆	前殿	正脊	动物、花鸟	光绪戊申(1908年)	文如璧造	17	夔龙纹	上层：禹门，二拱跑龙、鳌鱼	2006年10月 广东佛山
		前殿两侧保护墙	看脊	左侧为六骏图 右侧为百鸟朝凤图		左侧：美华店造	左：9 右：7	左：鳌鱼凤凰 右：鳌鱼		
		后殿	正脊	云龙纹			15	夔龙纹	上层：禹门，二拱跑龙、鳌鱼	
2-1-12	顺德西山庙	山门 明间、次间、梢间	正脊	明间正脊：人物 次间正脊：人物 梢间正脊：动物		石湾美陶厂	正脊：明间各3 次间各7 梢间左7，右6	明间：日神、月神 次间：和合二仙 梢间：夔龙纹	明间上方：二龙戏珠；该脊为新塑	2012年11月 广东佛山
		山门	看脊	二龙争珠		文逸安堂造			分别安装在"西山庙"金漆木雕竖匾的左右两旁	
2-1-13	顺德路涌三帝庙	正庙头门	正脊	人物、花卉	光绪庚寅年(1890年)	洪永玉店造	9	凤凰衔书	二进陶塑屋脊已被人偷走	2012年10月 广东佛山
2-1-14	三水胥江祖庙	武当行宫 山门	正脊	人物	光绪戊子(1888年)	文如璧造	15	凤凰衔书	上层：11块，一块鲤鱼跳龙门，各五块二拱云龙；鳌鱼	2012年2月 广东佛山
		武当行宫 正殿	正脊	人物	咸丰三年(1853年)	文如璧造	17	夔龙纹	上层：七块，一块鲤鱼跳龙门，宝珠，各三块二拱云龙；鳌鱼。该脊为1992维修时重塑	

序号	建筑物名称	屋脊位置	屋脊类型	装饰题材	年款	店号	构件块数	脊端题材	备注	调查时间地点
2-1-14	三水胥江祖庙	普陀行宫山门	正脊	人物	壬申年重修（1992年）	菊城陶屋造	15	凤凰衔书	上层：云龙、鳌鱼	2012年2月广东佛山
		普陀行宫正殿	正脊	人物	癸酉年重修（1993年）	菊城陶屋造	13	凤凰衔书	上层：九块，各四块云龙跳龙门、宝珠、鲤鱼跳龙案；鳌鱼	
		文昌宫山门	正脊	人物	壬申年重修（1992年）	菊城陶屋造	17	凤凰衔书	上层：七块，各三块云龙门、宝珠、一块二攥云龙；鲤鱼跳龙鳌鱼	
		文昌宫正殿	正脊	人物	癸酉年重修（1993年）	菊城陶屋造	17	凤凰衔书	上层：九块，各四块云龙跳龙门、宝珠、一块鲤鱼案；鳌鱼	
2-1-15	博罗冲虚观	山门	正脊	人物、花鸟	光绪丁未（1907年）	吴奇玉造	21	夔龙纹	上层：夔龙花卉禹门宝珠，灰塑云龙；鳌鱼	2006年11月广东惠州
2-1-16	博罗酥醪观	正殿	正脊	人物、花卉			23	夔龙纹	上层：花瓶宝珠，灰塑云龙；鳌鱼。该脊为维修时新塑	2012年8月广东惠州
2-1-17	惠州陈孝女祠	头门	正脊	人物、花卉			17	镂空凤凰	店号、年款的部分被记灰涂抹无法辨认；上层：宝珠、云龙为维修时新塑	2012年8月广东惠州
		过殿	正脊	花卉			15	夔龙纹	上层：宝珠、云龙为维修时新塑	
2-1-18	东莞康王庙	首进	正脊	人物、花卉	光绪戊子年（1888年）	宝玉号店造	19	凤凰衔书	上层：宝珠、鳌鱼	2007年1月广东东莞

续表1

序号	建筑物名称	屋脊位置	屋脊类型	装饰题材	年款	店号	构件块数	脊端题材	备注	调查时间地点
2-1-19	中山北极殿，武帝庙	檐上	看脊	人物	光绪己亥（1899年）	文如壁造			1995年重修	2010年10月 广东中山
2-1-20	中山涌头村武帝殿	山门	垂脊						脊端分别安装陶塑日神、月神 修时新塑	2010年10月 广东中山
2-1-21	中山龙环古庙	山门	正脊	人物、花卉			21	夔龙纹	上层：宝珠、二拱跑龙，为重修时新塑	2010年10月 广东中山
2-1-22	鹤山大凹关帝庙	山门	正脊	人物	光绪丙申（1896年）			夔龙纹	上层：宝珠、单拱跑龙；陶塑构件残损，中间缺失的部分现用灰塑填补	2013年2月 广东江门
2-1-23	吴川香山古庙	山门	正脊	人物、花卉	咸丰八年（1858年）	石湾奇玉造	17	凤凰衔书	上层：七块、一块鲤鱼，宝珠，各三块二拱云龙；鳌鱼	2009年7月 广东湛江
			正脊	人物	光绪二十七年（1901年）	石湾均玉造	33	夔龙纹	上层：葫芦、二拱云龙、鳌鱼。该脊于1988年重修，背面有"戊辰年重造"（1988年）年款，"中山菊城陶屋"店号	
2-1-24	德庆悦城龙母祖庙	香亭上层檐	正脊 垂脊 戗脊	垂脊：花卉瓜果图 戗脊：花卉			垂脊：5 戗脊：1		灰塑正脊上方莲花葫芦脊刹，鳌鱼	2012年1月 广东肇庆
		香亭前下层檐	角脊	花卉瓜果图			3		端部施夔龙吻兽，形制特异	
		香亭前东、西廊	看脊	单面人物	东：光绪廿七年（1901年）西：乙丑年重修（1985年）	东：石湾均玉造 西：菊城陶屋造	东：19 西：19	仙人图案	以"封神演义"戏剧故事为题材	

序号	建筑物名称	屋脊位置	屋脊类型	装饰题材	年款	店号	构件块数	脊端题材	备注	调查时间地点
2-1-24	德庆悦城龙母祖庙	大殿	正脊 垂脊 戗脊 围脊	正脊：人物 垂脊：牡丹 戗脊：花鸟 围脊：人物	正脊：庚午年重修（1990年）	正脊：菊城陶屋造	正脊：25 垂脊：10 戗脊：3 围脊：23	正脊：夔龙纹	正脊上层：葫芦，二拱云龙，鳌鱼；两条垂脊相交处各共用一块云纹陶塑	2012年1月 广东肇庆
		大殿前东、西廊	看脊	人物	东：光绪甘年（1894年） 西：庚午年造（1990年）	东：石湾均玉造 西：菊城陶屋	东：23 西：23	东：仙人故事 西：八仙故事	东：脊端左侧为刘海戏金蟾，右侧为福星、寿星；和合二仙	
		龙母寝宫	正脊	人物	乙酉年重修（2005年）	菊城陶屋造	29	夔龙纹	上层：鲤鱼跳龙门宝珠，二拱跑龙，鳌鱼	
		龙母寝宫前东、西廊	看脊	人物	东：光绪廿七（1901年） 西：辛未年重修（1991年）	东：石湾均玉造 西：小榄陶屋造	东：12 西：13	东：戏剧人物 西：花板		
		观音殿山门	正脊	花卉动物	庚辰年造（2000年）	菊城陶屋	21	夔龙纹	上层：蝙蝠祥云宝珠，鳌鱼	
		观音殿正殿	正脊	花卉	庚辰年造（2000年）	菊城陶屋	21	夔龙纹	上层：鳌鱼	
		西客厅山门	正脊	云龙、花卉	戊寅年造（1998年）	菊城陶屋	27	变体龙图	上层：蝙蝠祥云宝珠，鳌鱼	
		西客厅中庭	正脊	蝙蝠祥云			11	夔龙纹	上层：莲花宝珠，鳌鱼	
		西客厅	正脊	花卉	戊寅年造（1998年）	菊城陶屋	27	夔龙纹	上层：缠枝牡丹宝珠，回首凤凰，鳌鱼	

续表1

序号	建筑物名称	屋脊位置	屋脊类型	装饰题材	年款	店号	构件块数	脊端题材	备注	调查时间地点
2-1-25	郁南狮子庙	前殿	正脊	人物、花卉	光绪戊戌年（1898年）	石湾奇玉造	11	凤凰衔书	屋脊右半部分缺失	2009年3月 广东云浮
2-1-26	新兴国恩寺	正殿	正脊	花鸟	光绪戊戌岁（1898年）	石湾奇玉造	17	夔龙纹	上层：云纹宝珠、鳌鱼。	2013年1月 广东云浮
		山门牌坊	看脊	龙虎汇		奇玉店造	3		左为云龙，右为猛虎	
2-2-1	邕宁五圣宫	头门	正脊	人物					2004年11月维修时，将屋脊残件拆下，现存在库房里	2007年11月 广西南宁
		前殿	正脊	人物	道光戊申岁（1848年）	石湾如璧造	15	团凤纹	上层仅存宝珠脊刹残痕	
2-2-2	横县伏波庙	前殿东、西厢房	看脊	人物	东：道光戊申（1848年）西：戊申岁（1848年）	东：如璧造店 西：如璧造	各5	夔龙纹		2007年10月 广西南宁
		大殿	正脊	人物、花鸟	背：光绪廿三年（1897年）	正：石湾造 背：粤东奇玉造	17	卷龙纹	上层禹门已残缺，两侧二拱跑龙的头部和尾部均已破损	
2-2-3	梧州龙母庙	龙母宝殿	正脊	人物	正：同治辛未（1871年）同治十年（1871年）背：同治十年 同治辛未岁	正：吴奇玉造、奇玉造 背：粤东吴奇玉造、吴奇玉造玉店造	7		该脊是从旧时梧州西江边的谭公庙、关太史第屋脊上拆下来的，1987年龙母庙修复时拼装在此处，因此才会出现正面、背面各有两处店号、年款	2007年7月 广西梧州

续表1

序号	建筑物名称	屋脊位置	屋脊类型	装饰题材	年款	店号	构件块数	脊端题材	备注	调查时间地点
2-2-4	东兴三圣宫	前殿	正脊	人物、花卉	光绪二年(1876年)				屋脊上现只剩下两块陶塑花卉纹图案	2011年12月 广西防城港
2-2-5	桂平三界庙	前殿	正脊	人物	同治乙丑年(1865年)	石湾奇玉造	13	夔龙纹	上层：禹门宝珠、鳌鱼	2007年11月 广西贵港
		后殿	正脊	人物、花卉	同治乙丑年(1865年)	石湾奇玉造	13	夔龙纹	上层：禹门宝珠、鳌鱼	
		真武亭	正脊	人物			4	博古纹	中间为灰塑宝珠葫芦脊刹，两侧共四块陶塑构件，其中两块故事人物，两块博古纹	
2-2-6	黄姚古镇	宝珠观门厅	正脊	人物、花卉	道光八年季秋(1828年)	正：奇玉造、石湾奇玉店造 背：粤东奇玉店造	12	博古纹	该脊由陶残件拼接而成，人物部分破损严重	2007年6月 广西贺州
		古戏台	正脊	人物、动物、花卉			6	博古纹	题材零乱，非原装陶塑屋脊	
2-2-7	龙州县伏波庙	前殿	正脊	人物	道光戊申岁(1848年)	石湾奇新店造	15	夔龙纹	中间部分的陶构件已缺失，左侧存九块，右侧存六块	2006年4月 广西崇左
2-3-1	铜锣湾天后庙	前殿	正脊	人物、花卉			9		该脊两侧陶塑已缺失，用灰泥填补。上层：嵌瓷宝珠、跑龙，维修时新塑	2008年1月 香港香港岛
		正殿	正脊	人物、花卉			13	灰塑夔龙纹	非原装陶屋脊，部分构件已缺失	

续表1

序号	建筑物名称	屋脊位置	屋脊类型	装饰题材	年款	店号	构件块数	脊端题材	备注	调查时间地点
2-3-2	湾仔洪圣古庙	前殿	正脊	人物	宣统元年(1909年)	李万玉作，徐志稳、徐荣辉造	11	双蝠托花瓶牡丹图	上层：七块陶塑拼成，一块鲤鱼跃龙门宝珠，各三块；花瓶。一拱云龙，二拱云龙上有陶塑日神，月神，其中月神的头部已缺失	2008年1月香港香港岛
2-3-3	湾仔北帝庙	前殿	正脊	人物、花卉	光绪三拾三年(1907年)	石湾门红宝珠，各五块；鳌鱼。正面垂脊的脊端有陶塑日神，月神。两侧曜头各一块戏剧人物陶塑	21	凤凰衔书	上层：11块陶塑拼成，一块鲤鱼禹门红宝珠，各五块；鳌鱼。正面垂脊的脊端有陶塑日神，月神。两侧曜头各一块戏剧人物陶塑	2008年1月香港香港岛
2-3-4	香港仔天后庙	前殿	正脊	人物、花卉	同治癸酉(1873年)	陆溢昌店造	13	夔龙纹	上层：宝珠、鳌鱼。正面垂脊的脊端各有一只陶塑狮子	2013年2月香港香港岛
2-3-5	上环文武庙	前殿	正脊	人物、花卉	光绪十九年(1893年)	曜头：德玉造	19	凤凰衔书	由屋脊残件拼接成，残损部分灰泥修补。上层：鳌鱼，两侧曜头（右侧鳌鱼为新塑），有各一块戏剧人物陶塑，"德玉造"、"癸巳岁"款识	2008年1月香港香港岛
2-3-6	西环鲁班先师庙	前殿	正脊	人物	民国十七年(1928年)	石湾均玉窑造，省城聚兴选办，香港钟照记建	9	凤凰衔书	上层：花瓶、蝙蝠、宝珠、鳌鱼。正面垂脊的脊端处分别安装有陶塑日神，月神和狮子	2008年1月香港香港岛
		正殿	正脊	人物			9	凤凰衔书	上层：五块陶塑拼成，一块荷叶，宝珠脊刹，各为两块一组的二拱云龙；鳌鱼	

续表1

序号	建筑物名称	屋脊位置	屋脊类型	装饰题材	年款	店号	构件块数	脊端题材	备注	调查时间地点
2-3-7	鸭脷洲洪圣庙	前殿	正脊	人物			15	博古纹	上层：鳌鱼，左侧脊端古纹缺失部分用灰泥填补	2013年2月香港香港岛
2-3-8	筲箕湾天后古庙	前殿	正脊	人物、花卉		石湾大桥头；文如璧店造	17	凤凰衔书	上层：宝珠、鳌鱼	2008年1月香港香港岛
2-3-9		罗汉堂前院墙上	看脊	人物		石湾均玉造	各3		共两条看脊，2006年维修过，人物面部无神韵	2008年1月香港九龙
		佛光堂前院墙上	看脊	人物		石湾均玉造；美玉造	各3		共四条看脊，2006年维修过，人物面部无神韵	
2-3-10	九龙红磡观音庙	正座	正脊	人物、花卉	宣统元年（1909年）	李万玉造	15	凤凰衔书	上层：鲤鱼跃龙门脊刹，宝珠已缺失，二拱云龙，鳌鱼	2008年1月香港九龙
2-3-11	九龙油麻地天后庙	前殿	正脊	人物、花鸟	民国甲寅年（1914年）	石湾均玉造	21	人物陶塑	上层：13块陶塑拼成，一块陶塑鲤鱼跃龙门宝珠，各为六块一组的三拱云龙；鳌鱼	2008年1月香港九龙
2-3-12	九龙深水埗武帝庙	正殿	正脊			巧如璋造			正脊上装饰有陶塑宝珠、鳌鱼，两侧墀头各有一块戏剧人物陶塑。	2008年1月香港九龙
2-3-13	新界吉澳天后宫	正殿	正脊	人物	光绪六年（1880年）		17	夔龙纹	上层：宝珠、鳌鱼	2013年2月香港新界
2-3-14	新界塔门天后古庙	正殿	正脊	人物		石湾沙头街；吴奇玉店造	15	夔龙纹	上层：宝珠、鳌鱼	2013年2月香港新界

续表1

序号	建筑物名称	屋脊位置	屋脊类型	装饰题材	年款	店号	构件块数	脊端题材	备注	调查时间地点
2-3-15	新界荃湾天后宫	前殿	正脊	人物	二〇〇五		19	凤凰衔书	上层：宝珠、鳌鱼	2013年2月 香港新界
2-3-16	大屿山东涌侯王古庙	前殿	正脊	人物	宣统贰年（1910年）	九如安造	15	凤凰衔书	上层：宝珠、鳌鱼（新塑）	2013年2月 香港离岛
2-3-17	大屿山大澳杨侯古庙	前殿	正脊	人物	光绪戊子年（1888年）	石湾巧如璋造	13	凤凰衔书	上层：花瓶托蓝宝珠、二拱跑龙、鳌鱼	2013年2月 香港离岛
2-3-18	大屿山大澳关帝古庙	前殿	正脊	人物	光绪廿□年	均玉□	17	凤凰衔书	上层：花瓶托蓝宝珠、鳌鱼	2013年2月 香港离岛
2-3-19	大屿山大澳天后古庙	正殿	正脊	人物、花卉	光绪十八年（1892年）	石湾均玉造	15	凤凰衔书	上层：宝珠、鳌鱼（新塑）	2013年2月 香港离岛
2-3-20	长洲洪圣庙	正殿	正脊	人物	光绪丁酉年（1897年） 同治十四年		13	凤凰尾部	该脊是重修将两条屋脊的构件进行拼装，因此出现"光绪丁酉年""同治十四年"两个年款。清代无"同治十四"的纪年，应为后来重修搞错	2013年2月 香港离岛
2-3-21	长洲西湾天后宫	前殿	正脊	人物	民国己巳年（1929年）		5	凤凰衔书	上层：宝珠、鳌鱼（新塑）	2013年2月 香港离岛
2-3-22	长洲大石口天后宫	正殿	正脊	人物	同治乙丑年（1865年）	石湾奇玉造	11	夔龙纹	上层：宝珠、鳌鱼（新塑）	2013年2月 香港离岛
2-3-23	澳门观音堂	一进中路	正脊	人物、花卉	光绪二年（1876年）	新怡怡彰造	19	凤凰衔书	上层：鲤鱼跳龙门宝珠、二拱跑龙、鳌鱼	2008年1月 澳门

续表1

序号	建筑物名称	屋脊位置	屋脊类型	装饰题材	年款	店号	构件块数	脊端题材	备注	调查时间地点
2-3-23	澳门观音堂	二进中路	正脊	人物、动物、花卉	嘉庆丁丑岁（1817年）	石湾奇玉造	17	夔龙纹	上层：莲花、金钱、蓝宝珠，两侧塑头各一组陶塑；上层：鳌鱼	2008年1月 澳门
		二进左路	正脊	人物、动物花鸟		塑头：奇华造	17	夔龙纹	上层：莲花、金钱、蓝宝珠；上层：鳌鱼	
		二进右路	正脊	人物、动物花鸟			17	夔龙纹	上层：莲花、金钱、蓝宝珠；上层：鳌鱼	
		二进左路青云巷门楼	正脊	人物、动物	光绪二年（1876年）	新怡章造	3	夔龙纹		
		二进右路青云巷门楼	正脊	人物、动物花卉	光绪二年（1876年）	新怡章造	3	夔龙纹		
		三进中路	正脊	花卉			17	夔龙纹	上层：三幅红宝珠，鳌鱼	
		四进中路	正脊	花卉、动物			17	夔龙纹	上层：莲花、绿宝珠，鳌鱼	
3-1-1	广州陈家祠	首进正厅	正脊	人物	光绪辛卯年（1891年）	文如璧店造	23	变体龙	上层：鳌鱼	2012年6月 广东广州
		首进正厅东侧	正脊	人物	光绪辛卯（1891年）	文如璧造	7	凤凰衔书	上层：鳌鱼	
		首进正厅西侧	正脊	人物	光绪辛卯（1891年）	文如璧造	7	凤凰衔书	上层：鳌鱼	
		首进东厅	正脊	人物	光绪癸巳年（1893年）	文如璧店造	21	凤凰衔书	上层：鳌鱼	

续表1

序号	建筑物名称	屋脊位置	屋脊类型	装饰题材	年款	店号	构件块数	脊端题材	备注	调查时间地点
3-1-1	广州陈家祠	首进西厅	正脊	人物	光绪癸巳年（1893年）	文如璧店造	21	凤凰衔书	上层：鳌鱼	2012年6月 广东广州
		中进聚贤堂	正脊	人物	光绪辛卯岁次（1891年）公元一九八一年重修	吴奇玉石湾建筑陶瓷厂仿制	39	麒麟送子等	原脊由吴奇玉店于清光绪辛卯年（1891年）烧制，1976年毁于台风，1981年由石湾建筑陶瓷厂仿制	
		中进东厅	正脊	人物	光绪甲午年（1894年）	石湾宝玉荣造	23	人物故事	上层：鳌鱼	
		中进西厅	正脊	人物	光绪甲午年（1894年）	宝玉荣记造	23	人物故事	上层：鳌鱼	
		后进正厅	正脊	人物	光绪十陆年（1890年）	美玉成记造	45	团龙图案	上层：鳌鱼	
		后进东厅	正脊	人物	光绪壬辰年（1892年）	石湾宝玉店造	21	凤凰衔书	上层：鳌鱼	
		后进西厅	正脊	人物	光绪壬辰年（1892年）	石湾宝玉荣造	21	凤凰衔书	上层：鳌鱼	
3-1-2	广州宋名贤陈大夫宗祠	前座	正脊	花卉	道光丁未（1847年）	英华店造	21	夔龙纹	上层：卷草纹，绿宝珠，鳌鱼（1986年新塑）	2013年1月 广东广州
		前座东廊	正脊	山水、花卉		齐华造	10	夔龙纹		
		前座西廊	正脊	山水花卉			10	夔龙纹		
		后座	正脊	花卉			21	夔龙纹	上层：卷草纹，红宝珠，鳌鱼（1986年新塑）。正脊左侧两块夔龙纹陶塑缺失，用灰塑填补	

续表1

序号	建筑物名称	屋脊位置	屋脊类型	装饰题材	年款	店号	构件块数	脊端题材	备注	调查时间地点
3-1-3	高明媲鱼何公祠	首进	正脊	人物			4		前些年被人偷走了一部分，现仅存四块新人物残件	2013年1月 广东佛山
3-1-4	东莞方氏宗祠	前厅	正脊	人物、花鸟		石湾万玉造	16	凤尾纹	原脊人物图案左、右两侧拼接所致呼应，疑为重修时	2013年2月 广东东莞
		牌坊	正脊	人物			明间：7 次间：5	夔龙纹	2008年重修时，原脊被拆下来，替换成新塑的屋脊	
3-1-5	东莞黎氏大宗祠	首进	正脊	人物、花卉	光绪乙未(1895年)	文如璧造	19	夔龙纹	上层：鳌鱼。该脊除两侧脊端的夔龙纹为原物外，其他均为2004年重塑，由佛山石湾美术陶瓷厂重新烧制	2007年11月 广东东莞
		二进	正脊	人物、花卉	民国三十二年三月造(1943年)	广州市二沙头东源工厂出品	25	夔龙纹		
		三进	正脊	人物、花卉	光绪乙未(1895年)	文如璧造	31	夔龙纹	上层：鳌鱼。2004年重塑	
3-1-6	东莞荣禄黎公家庙	二进	正脊	人物、花卉	光绪己亥(1899年)	口永玉造	17	夔龙纹	上层：现仅剩右侧的一条鳌鱼	2007年11月 广东东莞
		三进	正脊	人物、花卉	光绪己亥(1899年)		17	夔龙纹	上层：现仅剩右侧的一鳌鱼。现仅剩右侧的一鳌鱼，店号已缺损无存	
3-1-7	东莞苏氏宗祠	首进	正脊	花卉	丙子年(1876年)	意新造	25	夔龙纹	上层：鳌鱼	2009年4月 广东东莞
		二进	正脊	动物、花卉			25	夔龙纹	上层：鳌鱼	
		三进	正脊	动物、花鸟			25	夔龙纹	上层：鳌鱼	

续表1

序号	建筑物名称	屋脊位置	屋脊类型	装饰题材	年款	店号	构件块数	脊端题材	备注	调查时间地点
3-1-8	东莞李氏大宗祠	首进	正脊	人物、花卉	光绪捌年（1882年）	石湾均玉店造	15	嵌瓷彩凤	上层：鳌鱼（新塑）	2007年1月 广东东莞
3-1-9	东莞迳联罗氏宗祠	首进	正脊	花卉	同治三年（1864年）				原脊上仅剩一块残件，上方为仅剩头部的鳌鱼。2007年维修时，残件被拆卸下来，现改为灰塑屋脊，上方有两条新塑的陶塑鳌鱼	2012年11月 广东东莞
3-1-10	东莞南社村谢氏大宗祠	首进	正脊	人物	公元一九九六年重修	石湾美术陶瓷厂	23	夔龙纹	村民将从祠堂等建筑上拆下来的陶塑屋脊残件，砌在自家墙头顶部。图案有山公人物、花卉、夔龙纹等，还保留"石湾均玉造"、"光绪廿七年"（1901年）等字样	2009年7月 广东东莞
3-1-11	新会书院	头门	正脊	人物、花卉			45	凤凰衔书	上层：宝珠脊刹	2013年2月 广东江门
		二进中路	正脊	人物、花卉			45	夔龙纹	上层：宝珠脊刹	
		三进中路	正脊	人物、花卉			45	夔龙纹		
3-1-12	英德白沙镇邓氏宗祠	首进	正脊	动物、花鸟		吴奇玉造	11	夔龙纹	正面中间五块为"五伦全图"，居中为"麒麟吐火"；背面为"玉堂富贵"	2013年5月 广东清远
3-1-13	清远东坑黄氏大宗祠	头门	正脊	人物、花卉	中华民国叁十六年	南海石湾均玉铭造	19	凤凰衔书	上层：鳌鱼	2013年5月 广东清远
3-1-14	郁南峻峰李公祠	首进	正脊	花卉	光绪戊申年（1908年）	吴宝玉造	7			2009年3月 广东云浮

续表1

序号	建筑物名称	屋脊位置	屋脊类型	装饰题材	年款	店号	构件块数	脊端题材	备注	调查时间地点
3-2-1	新界新田大夫第	门厅	正脊	人物	同治四年(1865年)	文如壁造	11		屋脊两侧其余部分为灰塑，脊端向上翘起，呈龙船状	2008年1月 香港新界
		门厅正面左、右侧外墙	看脊	人物		文如壁造	各5			
4-1-1	广州锦纶会馆	首进	正脊	花卉			15	夔龙纹	上层：祥云宝珠脊刹，鳌鱼	2012年11月 广东广州
		二进	正脊	花卉、动物			17	夔龙纹	上层：蝙蝠捧金钱祥云宝珠脊刹，鳌鱼	
		三进	正脊	花卉			15	夔龙纹	上层：祥云宝珠脊刹，鳌鱼。左侧外端的夔龙纹为新塑	
4-1-2	湛江广州会馆	三进各屋顶	正脊	花卉					原装饰有陶塑屋脊，20世纪90年代在湛江城市改造过程中，会馆被拆，陶塑屋脊构件也已无存	2012年11月 广东湛江
4-2-1	平乐粤东会馆	头门	正脊	人物					文化大革命期间被毁坏殆尽	2007年7月 广西桂林
4-2-2	钟山粤东会馆	前殿	正脊	人物					陶塑屋脊毁于台风，现改为灰塑屋脊装饰	2007年6月 广西贺州
4-2-3	百色粤东会馆	前殿	正脊	人物	正：同治壬申(1872年) 背：同治十一年(1872年)	正：吴奇玉重造 背：粤东奇玉造	19	麒麟	上层：中间为禹门，宝珠脊刹，两侧各为一条由五块陶塑拼接的二拱云龙，鳌鱼	2010年6月 广西百色

续表1

序号	建筑物名称	屋脊位置	屋脊类型	装饰题材	年款	店号	构件块数	脊端题材	备注	调查时间地点
4-2-3	百色粤东会馆	中殿	正脊	人物、花卉			19	夔龙纹	1972年被卷龙刮坏，1989年维修时用屋脊残存构件重新拼装	2010年6月 广西百色
		中殿左、右厢	看脊	人物	左：同治壬申年（1872年）	左：吴奇玉店造 右：奇玉重造，粤东南邑	各21	夔龙纹	1989年对屋面和陶塑屋脊进行修补，2002年、2003年对陶塑屋脊上的人物头面部进行修补	
		后殿	正脊	人物、花卉	同治十一年 同治壬申年（1872年）	吴奇玉重造 吴奇玉店造	17	夔龙纹	1972年被卷龙刮坏，1989年维修时用屋脊残存构件重新拼装。上层单面陶塑人物	
4-2-4	恭城湖南会馆	戏台	正脊	人物			6	人物	从人物造型和构图判断，应为同治十一年（1872年）建造时所塑	2007年6月 广西桂林
5-1-1	广州镇海楼	上层檐	正脊	花卉	民国戊辰年（1928年）	石湾均玉造	19	花卉	上层：鲤鱼跳龙门，宝珠脊刹，鳌鱼	2012年4月 广东广州
5-1-2	佛山祖庙公园	端肃门前通道左侧	正脊	动物、花卉	道光乙未岁（1835年）	奇玉店造	6	夔龙纹	这些屋脊是佛山市博物馆于20世纪50年代起，在佛山旧城区改造过程中陆续保存下来的。由于佛山市博物馆当年征集的这些屋脊保存条件较差，并经历多次搬迁，后来经过挑选、拼接后陈列在祖庙公园内，因此这些陶塑屋脊很可能不是原装装组合	2012年6月 广东佛山
		端肃门前通道左侧	正脊	动物、花卉	光绪丁酉年（1897年）	奇玉店造	7	夔龙纹		
		褒宠牌坊前面	正脊	花卉、配有草书诗句			9	夔龙纹		
		展厅前面	看脊	人物	光绪癸卯（1903年）	均玉店造	7	右侧一块镂空方框		
		展厅前面	看脊	八仙过海	□绪□□	均玉店造	10	夔龙纹		
		展厅前面	正脊	人物、花卉			6	左：镂空方框 右：夔龙纹		

续表1

序号	建筑物名称	屋脊位置	屋脊类型	装饰题材	年款	店号	构件块数	脊端题材	备注	调查时间地点
5-1-3	广东粤剧博物馆	三进天井	正脊	人物	光绪庚寅（1890年）	文如璧造	20	夔龙纹	由佛山市博物馆所藏旧脊拼接而成，2003年广东粤剧博物馆筹建时陈设于此，构件应有缺失	2011年9月 广东佛山
5-1-4	广东石湾陶瓷博物馆	二楼展厅	正脊	人物、花卉	光绪五年（1879年）	吴奇玉造	12		由广东石湾陶瓷博物馆征集，非完整的原装屋脊，脊上所塑人物多处残损	2012年11月 广东佛山
5-1-5	佛山中国陶瓷城	四楼展厅	正脊	人物、花卉	庚午年（1870年）	意新造	11	镂空方框		2008年8月 广东佛山
5-1-6	三水区博物馆	二楼展厅	垂脊	卷草纹			2	卷草纹	此两件屋脊构件为三水魁岗文塔清代道光三年（1823年）重修时，代替第九层檐垂脊的原构件	2013年11月 广东佛山
5-2-1	澳门艺术博物馆	陶瓷展厅	正脊	人物、花卉	光绪元年（1875年）	吴奇玉造	13	麒麟叶玉书		2013年2月 澳门

附表2 清中晚期岭南地区建筑陶塑屋脊的生产店号简表

序号	店号	年款	屋脊所在建筑物名称、位置及类型	装饰题材
1	英玉店	嘉庆壬申（1812年）	玉林大成殿陶塑正脊	花卉、人物、云龙纹、脊端呈龙船状
2	奇玉店 （吴奇玉、石湾奇玉店，粤东奇玉店，石湾沙头街吴奇玉店）	嘉庆丁丑岁（1817年）	澳门观音堂二进中路陶塑正脊	人物、动物、花卉、脊端为夔龙纹
		道光八年季秋（1828年）	黄姚古镇宝珠观门厅陶塑正脊	人物、花卉、脊端为博古纹
		道光乙未岁（1835年）	佛山祖庙公园端肃门前通道左侧，陶塑正脊	动物、花卉、脊端为夔龙纹
		咸丰八年（1858年）	吴川香山古庙山门陶塑正脊	人物、花卉、脊端为凤凰衔书
		同治乙丑年（1865年）	桂平三界庙前殿陶塑正脊	人物、脊端为夔龙纹
		同治乙丑年（1865年）	桂平三界庙后殿陶塑正脊	人物、花卉、脊端为夔龙纹
		同治乙丑年（1865年）	长洲大石口天后宫正殿陶塑正脊	人物、脊端为夔龙纹
		同治七年（1868年）	长乐学宫大成门陶塑正脊	花卉、脊端为卷草纹、呈龙船状
		同治七年（1868年）	长乐学宫大成殿陶塑正脊	牡丹花卉、脊端为卷草纹、呈龙船状
		同治辛未（1871年）	梧州龙母庙龙母殿宝陶塑正脊	人物
		同治壬申（1872年）	百色粤东会馆前殿陶塑正脊	人物、脊端为麒麟
		同治壬申（1872年）	百色粤东会馆中殿左厢陶塑看脊	人物、脊端为夔龙纹

序号	店号	年款	屋脊所在建筑物名称、位置及类型	装饰题材
2	奇玉店（吴奇玉、石湾奇玉店、粤东奇玉店、石湾沙头街吴奇玉店）	同治壬申（1872年）	百色粤东会馆中殿右厢陶塑看脊	人物，脊端为夔龙纹
		光绪元年（1875年）	百色粤东会馆后殿陶塑正脊	人物，花卉，脊端为夔龙纹
		光绪五年（1879年）	澳门艺术博物馆陶瓷馆展厅，陶塑正脊	人物，花卉，脊端为麒麟吐玉书
			广东石湾陶瓷博物馆二楼展厅，陶塑正脊	人物，花卉
		光绪辛卯年（1891年）	广州陈家祠中进聚贤堂陶塑正脊	人物，原屋脊1976年毁于台风，1981年由石湾建筑陶瓷厂仿制
		光绪廿叁年（1897年）	佛山祖庙藏珍阁陶塑正脊	花卉，脊端为夔龙纹
		光绪丁酉年（1897年）	佛山祖庙公园端肃门前通道左侧，陶塑正脊	动物，花卉，脊端为夔龙纹
		光绪廿三年（1897年）	横县伏波庙大殿陶塑正脊	人物，花卉，脊端为卷龙纹
		光绪戊戌年（1898年）	郁南狮子庙前殿陶塑正脊	人物，花卉，脊端为凤凰衔书
		光绪戊戌岁（1898年）	郁南狮子庙正殿陶塑正脊	花鸟，脊端为夔龙纹
		光绪丁未（1907年）	博罗冲虚观山门陶塑看脊	人物，花鸟，脊端为夔龙纹
			新兴国恩寺山门牌坊，陶塑看脊	龙虎汇
			新界塔门天后古庙正殿陶塑正脊	人物，脊端为夔龙纹

续表2

序号	店号	年款	屋脊所在建筑物名称、位置及类型	装饰题材
2		道光癸卯岁（1843年）	英德白沙镇邓氏宗祠首进陶塑正脊	动物、花鸟，脊端为夔龙纹
3	粤东美玉店（美玉成记）		恭城文庙状元门陶塑正脊	人物、花卉，脊端为镂空方块
		光绪十陆年（1890年）	九龙城侯王庙佛光堂前院墙上陶塑看脊	人物
4	石湾陶珍店	道光癸卯岁（1843年）	广州陈家祠后进正厅陶塑正脊	人物、脊端为夔龙纹
			原广州南海神庙头门陶塑正脊	人物、花鸟，现脊为1986年维修时重塑
5	英华店	道光丁未（1847年）	广州宋名贤陈大夫宗祠前座陶塑正脊	花卉，脊端为夔龙纹
6	石湾奇新店	道光戊申岁（1848年）	龙州县伏波庙前殿陶塑正脊	人物，脊端为夔龙纹
7	文如璧店（石湾如璧店、如璧）	道光戊申岁（1848年）	横县伏波庙前殿陶塑正脊	人物，脊端为团凤纹
		道光戊申（1848年）	横县伏波庙前殿东厢陶塑看脊	人物，脊端为夔龙纹
		戊申岁（1848年）	横县伏波庙前殿西厢陶塑看脊	人物，脊端为夔龙纹
		咸丰三年（1853年）	三水胥江祖庙武当行宫正殿陶塑正脊	人物、花卉，脊端为夔龙纹。1992维修时重塑
		咸丰辛酉（1861年）	新会学宫大成殿陶塑正脊、垂脊、戗脊	正脊：二龙戏珠图，垂、戗脊：螭龙纹。正脊脊端为龙纹，呈龙船状
		同治四年（1865年）	新界新田大夫第门厅陶塑正脊	人物，屋脊两端为灰塑，呈船状

序号	店号	年款	屋脊所在建筑物名称、位置及类型	装饰题材
7	文如璧店 （石湾如璧店、如璧）		新界新田大夫第门厅正面左侧外墙陶塑看脊	人物
			新界新田大夫第门厅正面右侧外墙陶塑看脊	人物
		同治丁卯年（1867年）	广州仁威庙中路头门陶塑正脊	人物，蝙蝠云纹，脊端为凤凰衔书
		同治六年（1867年）	广州仁威庙中路正殿陶塑正脊	云纹，花卉，脊端为变体龙
		光绪戊子（1888年）	三水胥江祖庙武当行宫山门陶塑正脊	人物，脊端为凤凰衔书
		光绪庚寅（1890年）	广东粤剧博物馆三进天井，陶塑正脊	人物，脊端为夔龙纹
		光绪辛卯（1891年）	广州陈家祠首进正厅陶塑正脊	人物，脊端为变体龙
		光绪辛卯（1891年）	广州陈家祠首进正厅东侧陶塑正脊	人物，脊端为凤凰衔书
		光绪辛卯（1891年）	广州陈家祠首进正厅西侧陶塑正脊	人物，脊端为凤凰衔书
		光绪癸巳年（1893年）	广州陈家祠首进东厅陶塑正脊	人物，脊端为凤凰衔书
		光绪癸巳年（1893年）	广州陈家祠首进西厅陶塑正脊	人物，脊端为凤凰衔书
		光绪乙未（1895年）	东莞黎氏大宗祠首进陶塑正脊	人物，花卉，脊端为夔龙纹
		光绪乙未（1895年）	东莞黎氏大宗祠三进陶塑正脊	人物，花卉，脊端为夔龙纹

续表2

序号	店号	年款	屋脊所在建筑物名称、位置及类型	装饰题材
7	文如璧店（石湾如璧店，如璧）	光绪己亥（1899年）	佛山祖庙三门陶塑正脊	人物，脊端为夔龙纹
		光绪廿五年（1899年）	佛山祖庙前殿陶塑正脊	人物，脊端为凤凰衔书
		光绪己亥（1899年）	中山北极殿，武帝庙前檐下陶塑正脊	人物，1995年重塑
		光绪戊申（1908年）	番禺学宫大成殿陶塑正脊、垂脊、戗脊	正脊：花卉，脊端夔龙纹；垂、戗脊：卷草纹
		光绪戊申（1908年）	南海云泉仙馆前殿陶塑正脊	动物，花鸟，脊端为夔龙纹
			筲箕湾天后古庙前殿陶塑正脊	人物，花卉，脊端为凤凰衔书
8	均玉店（石湾均玉，南海石湾均玉窑）	同治壬申岁（1872年）	恭城文庙大成门陶塑正脊	人物，花卉，脊端为凤凰衔书
		光绪捌年（1882年）	东莞李氏大宗祠首进陶塑正脊	人物，花卉，脊端为嵌瓷彩凤
		光绪十八年（1892年）	大屿山大澳天后古庙正殿陶塑正脊	人物，花卉，脊端为凤凰衔书
		光绪廿五年（1899年）	佛山祖庙前殿东廊陶塑看脊	人物，脊端为禄星、寿星
		光绪廿五年（1899年）	佛山祖庙前殿西廊陶塑看脊	人物，脊端为八仙故事
		光绪廿七年（1901年）	花都盘古神坛陶塑正脊	人物，花卉，脊端为回首麒麟
		光绪二十七年（1901年）	德庆悦城龙母祖庙山门陶塑正脊	人物，脊端为夔龙纹

序号	店号	年款	屋脊所在建筑物名称、位置及类型	装饰题材
8	均玉店 （石湾均玉、南海石湾均玉舍）	光绪廿七年（1901年）	德庆悦城龙母祖庙大殿前东廊前陶塑看脊	人物，脊端为八仙故事
		光绪廿七年（1901年）	德庆悦城龙母祖庙香亭前东廊前陶塑看脊	人物，脊端为八仙故事
		光绪廿七年（1901年）	德庆悦城龙母祖庙龙母寝宫前东廊陶塑看脊	人物，脊端为戏剧人物
		光绪廿□年	大屿山大澳关帝古庙前殿陶塑正脊	人物，脊端为凤凰衔书
		光绪癸卯（1903年）	佛山祖庙公园展厅前，人物陶塑看脊	人物
		□绪□□	佛山祖庙公园展厅前，"八仙过海"陶塑看脊	八仙人物
		光绪三拾三年（1907年）	湾仔北帝庙前殿陶塑正脊	人物
			九龙城侯王庙罗汉堂前院墙上陶塑看脊	人物，花卉，脊端为凤凰衔书
			九龙城侯王庙佛光堂前院墙上陶塑看脊	人物
		民国甲寅年（1914年）	九龙油麻地天后庙前殿陶塑正脊	人物，脊端为人物
		民国戊辰年（1928年）	广州镇海楼上层檐陶塑正脊	花卉
		民国叁拾六年（1947年）	清远东坑黄氏宗祠头门门陶塑正脊	人物，花卉
9	陆遂昌店	同治癸酉（1873年）	香港仔天后庙前殿陶塑正脊	人物，脊端为夔龙纹

续表2

序号	店号	年款	屋脊所在建筑物名称、位置及类型	装饰题材
10	意新店	同治庚午年（1870年）	佛山中国陶瓷坡四楼展厅，陶塑正脊	人物、花卉，脊端为镂空方框
		丙子年（1876年）	东莞苏氏宗祠首进陶塑正脊	花卉，脊端为夔龙纹
11	新怡彰（新怡章）	光绪二年（1876年）	澳门观音堂一进中路陶塑正脊	人物、花卉，脊端为凤凰衔书
		光绪二年（1876年）	澳门观音堂二进左路青云巷门楼陶塑正脊	人物、花卉、动物花鸟，脊端为夔龙纹
		光绪二年（1876年）	澳门观音堂二进右路青云巷门楼陶塑正脊	人物、动物花卉，脊端为夔龙纹
12	宝玉号店（石湾宝玉店、宝玉荣记、石湾吴宝玉）	光绪戊子年（1888年）	东莞康王庙头门陶塑正脊	人物、花卉，脊端为凤凰衔书
		光绪壬辰年（1892年）	广州陈家祠后进东厅陶塑正脊	人物，脊端为凤凰衔书
		光绪壬辰年（1892年）	广州陈家祠后进西厅陶塑正脊	人物，脊端为凤凰衔书
		光绪甲午年（1894年）	广州陈家祠中进东厅陶塑正脊	人物、人物故事
		光绪甲午年（1894年）	广州陈家祠中进西厅陶塑正脊	人物、人物故事
		光绪廿五年（1899年）	佛山祖庙前殿陶塑垂脊、戗脊	花卉，垂脊、戗脊脊端翘起，呈卷尾状
		光绪廿五年（1899年）	佛山祖庙正殿陶塑正脊、垂脊、戗脊	正脊：人物；垂脊：花卉，戗脊脊端翘起，呈卷尾状
		光绪廿五年（1899年）	佛山祖庙庆真楼陶塑正脊	人物，脊端为夔龙纹

续表2

序号	店号	年款	屋脊所在建筑物名称、位置及类型	装饰题材
13	巧如璋（石湾巧如璋）	光绪六年（1880年）	新界吉澳天后宫正殿陶塑正脊	人物，脊端为夔龙纹
		光绪戊子年（1888年）	大屿山大澳杨侯古庙前殿陶塑正脊	人物，脊端为凤凰衔书
14	洪永玉店	光绪庚寅年（1890年）	顺德路涌三帝庙正庙头门陶塑正脊	人物，脊端为凤凰衔书
		光绪己亥（1899年）	东莞茶禄黎公家庙二进陶塑正脊	人物，花卉，脊端为夔龙纹
15	德玉店	癸巳岁（1893年）	上环文武庙前殿陶塑墀头	人物
16	美华店		南海云泉仙馆前殿左侧保护墙陶塑看脊	六骏图，脊端为鳌鱼凤凰
17	文逸安堂		顺德西山庙山门陶塑看脊	二龙争珠
18	奇华店（齐华）		澳门观音堂二进左路陶塑墀头	人物
			广州末名贤陈大夫宗祠前座东廊陶塑正脊	山水，花卉
19	李万玉（石湾万玉）	宣统元年（1909年）	湾仔洪圣古庙前殿陶塑正脊	人物，脊端为双蝠托花瓶牡丹图
		宣统元年（1909年）	九龙红磡观音庙正座陶塑正脊	人物，动物，脊端为凤凰衔书
			东莞方氏宗祠前厅陶塑正脊	人物，花鸟，脊端为凤尾纹
20	九如安	宣统贰年（1910年）	大屿山山东涌侯王古庙前殿陶塑正脊	人物，脊端为凤凰衔书

附表3 岭南地区建筑陶塑屋脊传承店号简表

序号	店号	年款	屋脊所在建筑物名称、位置及类型	装饰题材
1	石湾建筑陶瓷厂	公元一九八一年重修	广州陈家祠中进聚贤堂陶塑正脊	人物，脊端为麒麟送子等。原脊由吴奇玉店于光绪辛卯年（1891年）烧制，1976年毁于台风，1981年石湾建筑陶瓷厂仿制
2	石湾美术陶瓷厂（石湾美术陶厂）	公元一九六六年重修	东莞南社村谢氏大宗祠首进陶塑正脊	人物，脊端为夔龙纹。村中墙头上还保留屋脊残件，有"石湾均玉造"，"光绪廿七年"（1901年）等字样
			顺德西山庙山门明、次、梢间陶塑正脊	人物，脊端为日神、月神、和合二仙
3	中山菊城陶屋（菊城陶屋、中山陶屋、小榄陶屋）	乙丑年重修（1985年）	德庆悦城龙母祖庙香亭前西廊陶塑看脊	人物，脊端为仙人图案
		丙寅年造（1986年）	广州南海神庙头门陶塑正脊、垂脊	正脊：花卉、动物，垂脊：卷草纹，脊端为凤凰牡丹。原屋脊为"道光癸卯岁"（1843年），"石湾陶造"
		丙寅年造（1986年）	广州南海神庙仪门陶塑正脊、垂脊	正脊：花卉、动物，脊端为凤凰；垂脊：卷草纹
		乙巳年造（1845年）	广州南海神庙大殿陶塑正脊、垂脊、饮脊	正脊：花卉，脊端为团凤纹；垂、重塑；饮脊：卷草纹。1986年仍用旧脊年款
		乙巳年造（1845年）	广州南海神庙后殿陶塑正脊、垂脊	正脊：花卉，脊端为团凤图案，垂脊：卷草纹。1986年重塑，仍用旧脊年款
		戊辰年重造（1988年）	德庆悦城龙母祖庙山门陶塑正脊	正脊：人物，脊端为夔龙纹。正面仍用旧脊"光绪二十七年"年款，"石湾均玉造"店号
		庚午年重修（1990年）	德庆悦城龙母祖庙大殿陶塑正脊、围脊	正脊：人物，脊端为夔龙纹；围脊：人物
		庚午年重修（1990年）	德庆悦城龙母祖庙大殿前西廊陶塑看脊	人物，脊端为八仙故事

序号	店号	年款	屋脊所在建筑物名称、位置及类型	装饰题材
3	中山菊城陶屋（菊城陶屋、中山陶屋、小榄陶屋）	辛未年重修（1991年）	德庆悦城龙母祖庙龙母寝宫前西廊陶塑看脊	人物，脊端为花板
		壬申年重修（1992年）	三水胥江祖庙普陀行宫山门陶塑正脊	人物，脊端为凤凰衔书
		壬申年重修（1992年）	三水胥江祖庙文昌宫山门陶塑正脊	人物，脊端为凤凰衔书
		癸酉年仿制（1993年）	三水胥江祖庙武当行宫正殿陶塑正脊	人物，脊端为夔龙纹
		癸酉年重修（1993年）	三水胥江祖庙普陀行宫正殿陶塑正脊	人物，脊端为凤凰
		癸酉年重修（1993年）	三水胥江祖庙文昌宫正殿陶塑正脊	人物，脊端为凤凰
		乙亥年重修（1995年）	花都水仙古庙中路头门陶塑正脊	人物、花卉，脊端为夔龙纹
		戊寅年造（1998年）	德庆悦城龙母祖庙西客厅山门陶塑正脊	云龙、花卉，脊端为变体龙
		戊寅年造（1998年）	德庆悦城龙母祖庙西客厅陶塑正脊	花卉，脊端为夔龙纹
		戊寅年造（1998年）	广州仁威庙中路中殿陶塑正脊	花卉，脊端为凤凰图案
		戊寅年造（1998年）	广州仁威庙中路中殿东、西两廊陶塑看脊	人物，脊端为夔龙纹
		庚辰年造（2000年）	德庆悦城龙母祖庙观音殿山门陶塑正脊	花卉动物，脊端为夔龙纹
		庚辰年造（2000年）	德庆悦城龙母祖庙观音殿正殿陶塑正脊	花卉，脊端为夔龙纹
		癸未年（2003年）	广州纯阳观纯阳宝殿陶塑正脊	人物，脊端为夔龙纹

序号	店号	年款	屋脊所在建筑物名称、位置及类型	装饰题材
3	中山菊城陶屋、中山菊城陶屋（菊城陶屋、小榄陶屋陶屋、小榄陶屋）	乙酉年造（2005年）	广州纯阳观慈航殿陶塑正脊	人物，脊端为夔龙纹
			广州纯阳观文昌殿陶塑正脊	人物，脊端为夔龙纹
		乙酉年重修（2005年）	德庆悦城龙母祖庙龙母寝宫陶塑正脊	人物，脊端为夔龙纹
			佛山祖庙灵应牌坊陶塑屋脊	鳌鱼、卷草纹等

后　记

2010年9月，我重新踏入校园，开始了我的博士学习生活。能够成为中山大学的学生，还需从我和导师许永杰教授的相识谈起。

2002年9月，我来到佛山市博物馆工作。当时，佛山市博物馆还在佛山祖庙里面。佛山祖庙是供奉道教北帝的庙宇，也是佛山著名的旅游景点。2005年春，中山大学人类学系许永杰教授来佛山祖庙参观，当得知祖庙也有一名来自吉林大学的研究生时，他很兴奋，便让同事把我叫来，我们才结识。两个毕业于吉林大学的东北人，能够在佛山祖庙相识，不能不算是一种缘分！在之后的交往过程中，许教授多次鼓励我，要趁着年轻多学习，注重自身素质的提升。虽然当时我没有过多精力考虑读博的事情，但是许教授的鼓励与鞭策，却让我萌生了继续读博的念头。经过2009年一年的准备后，我终于如愿以偿地成为许教授的学生，同时也要感谢我的另一位导师郑君雷教授给予我的理解、支持和帮助！

经过一年的专业课学习之后，我进入到了博士论文的开题阶段，并把石湾陶作为研究对象。但是，目前关于石湾陶的研究著作很多，如何创新、突破前人的研究成果，却是一个难题。为此，许教授和广东省文物考古研究所卜工研究员帮我出谋划策，费心良多。我还请教了深圳市文物考古鉴定所的张一兵博士，他多年来致力于岭南古建筑的调查与研究工作，对石湾陶塑屋脊也比较熟悉。他们一致认为应该发挥我之前做过石湾陶塑屋脊田野调查和具有扎实的文献学功底这一优势，用考古学的理论方法来研究石湾陶塑屋脊，一定能有突破和创新！最后，我的博士论文选题为《清中晚期岭南地区建筑陶塑屋脊研究》。

我的论文所用材料，一部分来自于我参加"石湾瓦脊专题研究小组"田野调查所获取的资料。2006年9月，佛山市博物馆与广东民间工艺博物馆联合成立了"石湾瓦脊专题研究小组"，并签订了合作协议。我是研究小组的成员之一，其他成员包括佛山市博物馆的朱培建、孙丽霞、陈为民，广东民间工艺博物馆的崔惠华、何慕华、黄艳。我与研究小组成员一起，到广东、广西、香港、澳门等地对一些古建筑进行调查，拍摄了大量的图片资料。但是，2008年以后由于两个单位领导的变更、小组成员退休或调离等诸多原因，石湾瓦脊课题研究也被迫终止，让我觉得非常遗憾！于是，我决定继续关注这一课题研究，利用假期时间，自己背上相机，四处寻找资料，这一过程中获得了大量的图片和文献资料，同时也收获了发现的快乐与惊喜。这些材料是我博士论文的基石！因论文写作时间所限，肯定会有一些岭南地区建筑陶塑屋脊的案例尚未被发现和记录，我希望能够在今后的工作或游玩的时候，不断丰富本课题的研究材料，避免挂一漏万造成的缺憾。

由于我本科、研究生都是历史专业，并未受过严格的考古学训练，因此在对陶塑屋脊材料的类型学处理上，显得力不从心。许教授知道这一情况后，马上让我到他的办公室，单独给我补课，教我如何进行分类、制作图表，令我茅塞顿开。许教授还就我博士论文的篇章布局、文字表述等方面，提出了许多宝贵的修改意见。《清中晚期岭南地区建筑陶塑屋脊研究》这一论文的完成，离不开许教授的辛勤指导！另外，在博士论文开题和预答辩期间，人类学系的郑君雷、刘昭瑞、刘文锁、姚崇新、郭立新等老师，都曾给予我许多的帮助和指导，在此表示感谢！

在我论文材料收集和写作过程中，还得到了冯远、刘长、刘业沣、朱雪菲、陈德好、陈靖云、吴敏等同门师弟、师妹的帮助；广东省文物考古研究所邱立诚副所长、广州市文化广电新闻出版局文物处郑小炉处长、中山市博物馆吴春宁副馆长、东莞市博物馆张龙副馆长、惠州市博物馆陈碧霞、湛江市博物馆陈志坚副馆长、新会博物馆林文斌副馆长、王柏中、娄欣利、余远辉、张一兵、叶建芳、何绍鉴等，都曾为我提供宝贵的资料；我的同事梁志斌、游宝仪在电脑技术上给予了大力的支持。感谢我之前和现在的领导刘建乐、关宏、曹学群对我学业上的支持！在此，向一直以来支持、关心、帮助我的老师、同学、朋友、同事、领导们表示深深的谢意！

最后，我要特别感谢我的先生纪德广和我的儿子纪天佑。在我去中大上课、田野调查和论文写作期间，我的先生承担了全部的家务，并充当司机，利用假期或周末，带着我和儿子四处去做田野调查，他任劳任怨，全力支持我；我的儿子堪称我的小老师，他常常会提醒我做事要专心、不许打瞌睡，还监督我每天论文的进展情况，比我的导师许教授还要严厉！每天晚饭后，我们一家三口齐聚书房，我和儿子在书桌前学习，我的先生则在一旁检查儿子的功课或者看书，这样的情景是温馨和幸福的！

王海娜

2013年5月15日